'태고의 신비를 만나다!'
한국의 지질공원

머리말

"내일은 없다, 늘 오늘, 늘 지금처럼"

여행을 한다는 것은 또 다른 나를 만나는 시간인 것 같습니다.
목적지에 가는 것이 중요한 것이 아니라 여행을 가는 과정이 행복한 시간이 되시길 바랍니다.

국가지질공원은 지구과학적으로 중요하고 경관이 뛰어난 지역으로, 국가가 인증한 공원을 말합니다. 2021년 1월 기준으로, 2012년 12월 27일 처음 지정된 울릉도·독도 국가 지질공원(지질명소 23개소) 및 2020년 7월 27일 지정된 단양 국가지질공원(지질명소 12개소)로 총 13개 지질공원과 218개소 지질명소로 이루어져 있으며, 이 중 3곳 제주도, 청송, 무등산권이 유네스코 세계지질공원으로 인증되어 있습니다.

한국의 지질공원 책을 내면서 많은 생각을 하게 되었는데, 처음엔 무작정 국가지질공원을 한번 돌아봐야겠다고 생각하고 시작한 것이 1년 6개월이라는 시간이 흘렀고, 지질학자도 아니고 지질과 지형에 관하여 한번 도 공부하지 않은 상태에서 아무런 지식도 없이 다니다 보니 처음에는 이게 무슨 소린지, 뭐가 뭔지 하다가, 어느 순간부터 지질과 지형들을 조금이나마 이해할 수 있었습니다.

꼭 지질을 이해하는 것보다 대한민국 산하에 있는 자연과 풍광을 보는 것이 정말 즐거운 일상들이 되었고, 수 억년 전에 일어난 지구의 역사와 그 시대의 현상들과 마주하는 기분 또한 경이스러웠습니다.

이 책은 지질학적 전문서적이 아닙니다. 현장에 있는 모습 그대로를 사진으로 옮겨 보고자 최선을 다했습니다.

책에 수록된 글들은 국가지질공원 사이트에서 발췌한 글이며 부득이하게 촬영을 할 수 없는 곳은 각 기관들로부터 사진을 제공받아 수록하였습니다.
일선 현장에 계시는 지질공원 해설사님들과 관계자분 들게 지면을 통해서 다시 한번 감사 말씀 드립니다.

여러분들도 지인과 가족 그리고 모든 여행에서 만나는 분들과 좋은 추억을 간직하고 기억하시길 바랍니다.

"높은 산이든, 낮은 산이든 오르는 것보다는 내려올 때 조심해야 하는 것 같이, 우리네 삶도 그리하면 좋을 것 같습니다."

2022년 2월

목차

머리말 •2

1. 울릉도·독도 국가지질공원

울릉도
1. 관음도(깍새섬)•14 2. 삼선암•16 3. 죽암 몽돌해안•18 4. 성인봉 원시림(천연기념물 제189호)•19 5. 알봉•20 6. 용출소•21 7. 코끼리바위(공암)•22 8. 송곳봉•23 9. 노인봉•24 10. 황토굴•25 11. 태하 해안산책로 및 태풍감•26 12. 학포해안•28 13. 버섯바위•29 14. 국수바위•30 15. 죽도•31 16. 거북바위 및 향나무 자생지•32 17. 도동 해안산책로•34 18. 저동 해안산책로•36 19. 봉래폭포•38

독도
1. 천장굴•42 2. 삼형제굴바위•43 3. 독립문바위•44 4. 숫돌바위(동도나루터)•45

독도(동도)

2. 제주도 국가지질공원

1. 천지연폭포•48 2. 만장굴(천연기념물 제98호)•50 3. 중문-대포주상절리대(천연기념물 제443호)•54 4. 한라산(천연기념물 제182호)•56 5. 서귀포 패류 화석산지(천연기념물 제195호)•57 6. 용머리 응회환(천연기념물 제526호)•58 7. 성산일출봉 응회구(천연기념물 제420호)•60 8. 산방산 용암돔•61 9. 수월봉 응회환•62 10. 차귀도(천연기념물 제422호)•64 11. 선흘 곶자왈•68 12. 교래삼다수 마을•71 13. 우도•72 14. 비양도•74

3. 부산 국가지질공원

1. 태종대•78 2. 이기대•82 3. 오륙도•88 4. 몰운대•90 5. 두도•94 6. 장산 에추(테일러스)•95 7. 금정산•96 8. 구상반려암(천연기념물 제267호)•100 9. 백양산•102 10. 두송반도•104 11. 송도반도•106 12. 낙동강하구•112

4. 청송 국가지질공원

1. 기암단애•118 2. 주방천 페퍼라이트•120 3. 급수대 주상절리•121 4. 연화굴•122 5. 용추협곡•124 6. 용연폭포•126 7. 절골협곡•128 8. 주산지(명승 제105호)•130 9. 청송 얼음골•131 10. 법수도석•132 11. 병암 화강암 단애•134 12. 나실 마그마 혼합대•136 13. 청송 자연휴양림 퇴적

제주 바다(청둥오리)

암증•137   14. 면봉산 칼데라•138   15. 수락리 주상절리•139   16. 방호정 감입곡류천•140   17. 신성리 공룡발자국•142   18. 만안자암 단애•144   19. 파천 구상 화강암•145   20. 백석탄 포트홀•146   21. 송강리 습곡구조•148   22. 청송 구과상 유문암(꽃돌)•150   23. 달기약수탕•151   24. 노루용추 계곡•152   25. 절구폭포•153   26. 무장굴•153

5. 강원 평화지역 국가지질공원

화천군
1. 곡운구곡•158   2. 비래암•160   3. 화천 백립암 복합체•161   4. 양의대 하천습지•162   5. 용화산•164

양구군
1. 양구백토•169   2. 해안분지•170   3. 두타연•172

인제군
1. 대암산 용늪•174   2. 소양강 하안단구•176   3. 내린천 포트홀•178   4. 진부령•180

고성군
1. 화진포(강원도 기념물 제10호)•182   2. 송지호 해안(서낭바위)•184   3. 능파대•186   4. 고성 제3기 현무암•188

송지호 해안(서낭바위)

6. 무등산권 국가지질공원

광주권역

1. 무등산 정상3봉(천왕봉/지왕봉/인왕봉)•192 2. 서석대 (천연기념물 제465호)•194 3. 입석대(천연기념물 제465호)•196 4. 광석대•198 5. 신선대와 억새평전•200 6. 덕산너덜•201 7. 지공너덜•202 8. 무등산풍혈•203 9. 백마능선•204 10. 장불재•205 11. 시무지기폭포•206 12. 윤필봉 자연동굴•208 13. 충효동 점토 광물산지(사적 제141호)•209 14. 의상봉•210 15. 세인봉•211 16. 증심사 계곡 안산암질•212 17. 무등산 광주화강암•214 18. 만연사 선캄브리아기 화강편마암•215

화순권역

1. 적벽(전라남도 기념물 제60호)•218 2. 백아산 석회동굴(전라남도 기념물 제24호)•219 3. 서유리 공룡화석지•220 4. 운주사 층상응회암•222 5. 화순 고인돌 장동응회암(사적 제410호)•224

7. 한탄강 국가지질공원

포천시

1. 대교천 현무암 협곡(천연기념물 제436호)•229 2. 고남산 자철석 광산•230 3. 지장산 응회암•231 4. 구라이골•232 5. 아우라지 베게용암(천연기념물 제542호)•233 6. 화적연(명승 제93호)•234 7. 교동 가마소•236 8. 멍우리 협곡(명승 제94호)•238 9. 비둘기낭폭포(천연기념물 제537호)•240 10. 백운계곡과 단층•242 11. 아트벨리와 포천석•243

무등산(광석대)

연천군
1. 동막골 응회암•246 2. 임진강 주상절리•247 3. 재인폭포•248 4. 백의리층•250 5. 차탄천 주상절리•251 6. 좌상바위•252 7. 은대리 판상절리와 습곡구조•254 8. 전곡리유적 토층•256 9. 당포성•258

철원군
1. 철원 용암대지•262 2. 고석•266 3. 삼부연 폭포•267 4. 직탕폭포•268

8. 강원 고생대 국가지질공원

태백시
1. 검룡소(명승 제73호)•274 2. 용연동굴•276 3. 금천골 석탄층•278 4. 장성 전기고생대 화석산지(천연기념물 제416호)•279 5. 구문소 전기고생대 지층 및 하식지형(천연기념물 제417호)•280

영월군
1. 요선암 돌개구멍(천연기념물 제543호)•286 2. 건열구조 및 스트로마톨 라이트(천연기념물 제413호)•288
3. 선돌•289 4. 한반도지형(명승 제75호)•290 5. 어라연(명승 제14호)•292 6. 물무리골 생태습지•293
7. 청령포(명승 제50호)•294 8. 영월 고씨굴(천연기념물 제219호)•296

평창군
1. 고마루 카르스트 지형•300 2. 백룡동굴(천연기념물 제260호)•301

병방산(한반도지형)

정선군
1. 백복령 카르스트 지대(천연기념물 제440호)•304 2. 쥐라기 역암(천연기념물 제556호)•306 3. 화암약수•307 4. 화암동굴(천연기념물 제557호)•308 5. 소금강•310 6. 동강•312

9. 경북 동해안 국가지질공원

경주시
1. 양남 주상절리군(천연기념물 제536호)•320 2. 골굴암 타포니•322 3. 남산 화강암•324 4. 경주 감은사지 동·서 삼층석탑(국보 제112호)•327

포항시
1. 구룡소 돌개구멍•330 2. 달전리 주상절리(천연기념물 제415호)•332 3. 두호동 화석산지•334 4. 호미곶 해안단구•335 5. 내연산 12폭포•336

영덕군
1. 죽도산 퇴적암•342 2. 경정리 백악기 퇴적암•344 3. 원생대 변성암•346 4. 영덕 대부정합•347 5. 고래불 해안•348 6. 철암산 화석산지•349 7. 영덕 화강섬록암 해안•350

울진군
1. 성류굴(천연기념물 제155호)•354 2. 왕피천•357 3. 불영계곡•358 4. 덕구계곡•361

경주 양남(주상절리군)

10. 전북 서해안 국가지질공원

부안군
1. 직소폭포·368   2. 적벽강·370   3. 채석강·374   4. 솔섬·378   5. 모항·379   6. 위도·380   7. 굴바위·381

고창군
1. 소요산(용암돔)·383   2. 운곡습지 및 고인돌군·384   3. 병바위(암석의 침식과 지형)·388   4. 선운산·389   5. 고창갯벌(조간대 퇴적환경)·390   6. 명사십리 및 구시포(해빈환경과 기반암)·391

11. 백령·대청 국가지질공원

백령도
1. 두무진(명승8호)·396   2. 용틀임 바위와 남포리 습곡(남포리 습곡 천연기념물 제 507호)·398   3. 진촌리 현무암(감람암 포획 현무암 분포지 천연기념물 제 393호)·400   4. 콩돌해안(천연기념물 제392호)·402   5. 사곶해변(천연기념물 제391호)·403   6. 용기포 등대 해안·404

대청도
1. 농여해변과 미아해변·408   2. 서풍받이·410   3. 옥죽동 해안사구·411   4. 검은낭·412   5. 지두리 해변·413   6. 모래울해변·414   7. 동백나무 자생북한지(천연기념물 제66호)·416   8. 매바위·417

삼척(촛대용굴)

소청도

1. 스트로마톨라이트와 분바위(천연기념물 제508호) • 420

12. 진안·무주 국가지질공원

진안군

1. 마이산 • 426 2. 구봉산 • 430 3. 천반산 • 432 4. 운일암 반일암 • 434 5. 운교리 삼각주 퇴적층 • 435

무주군

1. 용추폭포 • 437 2. 외구천동지구 • 438 3. 오산리 구상화강편마암(천연기념물 제 249호) • 440 4. 적상산 천일폭포 • 441 5. 금강벼룻길 • 442

13. 단양 국가지질공원

1. 도담삼봉(명승 제44호) • 446 2. 다리안부정합(옥동단층) • 448 3. 삼태산 • 449 4. 노동동굴(천연기념물 제262호) • 450 5. 고수동굴(천연기념물 제256호) • 451 6. 구담봉 • 454 7. 만천하경관 • 455 8. 온달동굴(천연기념물 제261호) • 456 9. 여천리 카르스트 지형 • 458 10. 두산활공장 • 459 11. 사인암 • 460 12. 선암계곡 • 462

단양(도담삼봉)

울릉도·독도 국가지질공원

울릉도는 면적 72.9km2, 해안선 길이 64.43km로 울릉읍, 북면, 서면으로 구성되어 있으며, 지질학적으로 제 3~4기 초에 걸쳐 동해에 솟아난 거대한 화산의 정상부에 해당하며, 현무암과 조면암 등으로 이루어진 알칼리성 화산암 지역으로, 섬의 중앙부에는 울릉도의 최고봉인 성인봉 (984m)이 솟아 있고, 북면에는 울릉도에서 유일하게 산으로 둘러싸인 평지인 나리분지(칼데라)가 있습니다. 섬 전체가 하나의 화산체여서 해안의 대부분이 절벽을 이루고 있으며, 섬 전체에 걸쳐 모양과 생김새가 독특한 형태의 바위들이 있습니다.

지질공원으로 등재 된 곳은 봉래폭포, 저동·도동해안산책로, 거북바위 및 향나무자생지, 국수바위, 학포해안, 황토굴, 노인봉, 송곳봉, 코끼리바위, 용출소, 알봉, 성인봉원시림, 죽암몽돌해안, 삼선암, 관음도, 죽도 등 19개의 지질명소가 있습니다.

독도는 숫돌바위, 독립문바위, 천장굴, 사형제굴바위 4곳의 지질명소가 있습니다.
울릉도, 독도 전체 지질명소 수는 총 23개소로 지정되어 있습니다.

1. 관음도(깍새섬)

울릉도 북면 천부리 산143

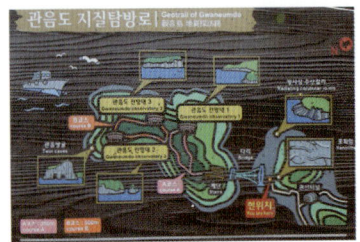

안내도

관음도는 총 면적 71,405m², 높이 106m, 둘레 약 800m로, 죽도 (207,868m²), 독도(187,554m²)에 이어 세 번째로 큰 울릉도 부속섬입니다.
 현재는 사람이 살지 않는 무인도지만, 2012년 울릉도 섬목 지역과 관음도 사이에 걸어서 이동할 수 있는 다리, 즉 연도교가 놓여져 관음도를 도보로 탐방할 수 있게 되었습니다.
관음도는 바람이 세게 불 때는 출입을 통제하기 때문에 반드시 사전에 확인하시고 방문하시는 것이 좋습니다. 원래는 울릉도와 붙어 있었는데 오랜 차별침식을 받아 현재와 같은 섬으로 분리 된 것입니다.

관음도는 깍새가 많아 깍새섬 또는 깍개섬 이라고도 하는데 굶주린 주민이 이 섬에서 슴새 (울릉도 방언 으로 깍새)를 잡아 먹었다고 해서 붙여진 지명으로, 계절별로 다양한 식생이 자리하여 생태탐방지로 추천하는 곳으로 봄에는 보리밥나무 열매, 후박나무 새순, 말오줌나무 꽃, 여름에는 섬바디 꽃, 갯까치수염 꽃, 초종용 꽃을 볼 수 있고, 가을에는 억새와 갈대,

연육교

보리밥나무 꽃과 연자주색의 왕해국을 볼 수 있으며, 송악, 감탕나무와 후박나무, 동백나무 꽃을 볼 수 있습니다.

관음도는 조면암질 용암이 여러 번 분출하여 형성되었으며, 섬의 표면은 부석(화산이 폭발할 때 나오는 분출물 중에서 다공질의 지름이 4mm 이상의 암괴)으로 덮여있습니다. 관음도 북동쪽 해안절벽에는 높이 14m 가량의 두 개의 해식동굴이 있는데, 이를 관음쌍굴이라고 하는데, 이 쌍굴은 조면암에 발달한 주상절리와 수평절리를 따라 암석이 무너져 내려 생성되었습니다. 예전에는 해적의 소굴로 이용되었다고 전해지며, 동굴의 천장에서 떨어지는 물을 받아 마시면 장수한다는 전설이 내려오고 있습니다.

관음쌍굴

주상절리 형성과정 모식도

방사성 주상절리

포획암

 *도동항(울릉여객선터미널) 출발 → 도보 1분 → 도동 버스정류장에서 천부방면 버스승차 → 천부 버스정류장 하차 → 천부 버스정류장 관음도 방면 승차 → 관음도 버스정류장 하차 → 도보 1분 → 관음도 관리소(매표소) 도착

2. 삼선암

울릉군 북면 천부리 산4-1, 2

삼선암은 울릉도의 아름다운 3대 해양 절경 중 하나로, 삼선암 이라는 이름은 세 명의 선녀라는 의미로 바위 세 개를 각각 일선암, 이선암, 삼선암 이라고 부릅니다.

삼선암은 본섬의 일부였고, 수직절리를 따라 약한 부위가 차별침식을 받아 떨어져 나간 것입니다.
삼선암은 조면암으로 이루어져 있으며, 발달된 주상절리가 파도의 작용을 받아 떨어져나가면서 기둥의 시스택을 이루고 있으며 표면에는 풍화에 의해 벌집처럼 구멍이 생긴 지형인 타포니가 발달해 있습니다.

전설에 따르면 삼선암 의 빼어난 경치에 반한 세 선녀가 하늘로 돌아갈 시간을 놓쳐 옥황상제의 노여움을 사서 바위가 되었다는 이야기도 전해지고 있는데, 세 선녀 중 가장 늑장을 부린 막내선녀가 변한 바위 에는 풀조차 자라지 않는다고 합니다.

해식애(해식절벽, sea cliff)
해수면 부근 암석이 파도에 가장 많이 침식됩니다. 해수면 부근이 어느 정도 깎이고 난 다음, 그 위쪽의 암석이 무게를 못 이겨 무너져 내리면서 해식 절벽이 만들어집니다.
해식애 밑에는 해식애가 후퇴하면서 만들어진 파식대가 발달하는데, 파식대 위에는 기반암의 단단한 부분이 작은 바위섬으로 남는데 이것을 시스텍이라 부릅니다.
파도의 침식 작용이 계속되면 시간이 지나면서 시스택은 점점 없어지고 해식애는 육지 쪽으로 이동합니다.

파식대(wave-cut shelf)
암석해안에서 해면 아래에, 또는 해수면 위에 파식작용이 미치는 범위에 나타나는 침식면으로 바다 쪽으로 완만하게 경사진 평탄한 암반면을 말하는데, 단순히 파식작용만으로 형성되는 것이 아니고 풍화작용이 파식작용을 도와주는 경우가 많습니다.
파식대는 대부분 밀물일 때는 해수에 잠기고, 썰물일 때는 해수면 위로 올라옵니다.

시스텍(sea stack)
암석 해안에서 기반암이 육지로부터 분리되어 고립된 촛대와 같이 생긴 바위를 말하는데, 우리나라에서 외돌개, 촛대바위, 등대 바위 등으로 불리는 것은 대부분 이에 해당된다고 할 수 있습니다.

시아치(sea arch)
독립문, 코끼리바위 처럼 암석 기저부가 뚫린 모양의 파식지형이 아치형 다리와 비슷하게 생긴 해안침식지형입니다.

해식지형

본섬과 분리된 삼선암

일선암, 이선암

삼선암

타포니

 *도동항(울릉여객선터미널) 출발 → 도보 1분 → 도동 버스 정류장에서 천부 방면 버스승차 → 천부 버스 정류장 하차 → 천부 버스 정류장 관음도 방면 승차 → 삼선암 하차.

3. 죽암 몽돌해안

울릉도 북면 천부리 산143

죽암 몽돌해안은 울릉도의 거센 파도에 의해 만들어진 둥근 자갈로 이루어진 넓이 약 9,500m², 길이 500m, 폭 20m의 몽돌해안입니다. 해안지형이 지속적으로 파도의 침식작용을 받게 되면 약한 부분은 깎여 만이 되고 이곳에 퇴적작용이 일어나면서 해변이 발달하는데 죽암 몽돌해안에는 주변의 조면암, 현무암 등의 구성 암석들이 거센 파도에 의해 이리저리 휩쓸려 모서리가 마모되면서 만들어진 둥글둥글한 몽돌이 퇴적되어 해안을 이루고 있습니다.

해안은 어떻게 만들어질까요?

해안 지형이 지속적인 파도의 침식을 받으면, 강한 부분은 바다 쪽으로 돌출 되어 곶이 되고, 약한 부분은 육지쪽으로 들어가 만이 됩니다.
곶에서는 파랑에너지가 집중되어 침식이 활발하여 시스택, 해식절벽이 발달하고, 만에서는 퇴적이 활발하여 해빈(비치)이 발달합니다.

딴바위

암석의 약한 부분이 차별침식을 받아 본섬과 분리된 바위입니다. 즉 시스택 으로 천부해변에서 바라보면 삼선암에 속하는 것처럼 보이나 다른 바위라고 해서 "딴바위"라고 합니다.

딴바위

*도동항(울릉여객선터미널) 출발 → 도보 1분 → 도동 버스정류장에서 천부방면 버스승차 → 천부 버스정류장 하차 → 천부 버스정류장 관음도 방면 승차 → 죽암마을 버스정류장 하차 → 도보 1분 → 죽암 몽돌해안 도착

4. 성인봉 원시림(천연기념물 제189호)

울릉군 북면 나리 산44-1

성인봉 원시림은 울릉도에서 유일하게 평지에 위치하며 직경은 약 2km에 달합니다.
과거 화산활동이 끝나갈 무렵, 지하의 마그마가 지표로 빠져나오고 형성된 지하의 빈공간이 지반의 무게를 이기지 못하고 무너져 대접과 같이 움푹한 지형이 형성되었으며 여기에 물이 고여 칼데라 호수가 되었고, 그 후 호수 안에 인근의 퇴적물이 흘러들어와 쌓이고 물이 빠져나감으로써 지금과 같은 평평한 지대가 형성된 것입니다. 또한 성인봉 원시림은 오랜 기간 동안 인간의 간섭을 받지 않은 곳이라 희귀식물들이 많이 자라고 있습니다.

양치류

성인봉 원시림은 성인봉을 중심으로 만들어진 숲으로 울릉도에서만 자라는 나무와 풀 등 희귀식물들이 많이 자라고 있는데 육지에서 볼 수 없고 섬에서만 자라는 희귀식물 이름 앞에 '섬'이라고 붙입니다. 섬 조릿대, 섬단풍나무, 섬노루귀, 섬바디 등이 그것입니다.

울릉장구채

왕해국

섬자리공

 *도동항(울릉여객선터미널) 출발 → 도보 1분 → 도동 버스정류장에서 천부방면 버스승차 → 추산 버스정류장 하차 → 추산 버스정류장에서 나리분지 방면 버스 승차 → 나리분지 버스종점 하차 → 도보 1분 → 성인봉 원시림 방면 등산로 입구 도착

5. 알봉

울릉군 북면 나리 산28

알봉은 약 5천년 전 울릉도 마지막 화산폭발의 결과물로, 점성이 강한 조면안산암질 용암이 멀리 흐르지 못하고 봉긋한 돔 형태로 그대로 굳어져 만들어진 것으로, 마치 새의 알처럼 생겼다고 하여 붙여진 이름입니다.

알봉은 나리분지 내에 위치하고 있으며, 나리분지는 화산폭발로 마그마가 지표로 분출되자 마그마가 빠져나가 비게 된 지하의 공동이 지반의 무게를 이기지 못하고 무너져 내려 만들어진 칼데라입니다.

칼데라 형성 후, 다시 한 번 화산폭발이 일어난 것으로, '분화구 안의 분화구'라는 의미로 '이중분화구'라고도 하는데, 실제로 알봉에는 분화구가 뚜렷하지 않으며, 살짝 패인 꼭대기를 분화구로 추정하고 있습니다.

알봉 분화구탐방로(2km)를 이용하여 알봉 꼭대기까지 오를 수 있으며, 울릉 해담길 5구간인 알봉 둘레길(6km)을 통해 알봉을 중심으로 한 바퀴 돌 수 있는 탐방로가 조성되어 있습니다.

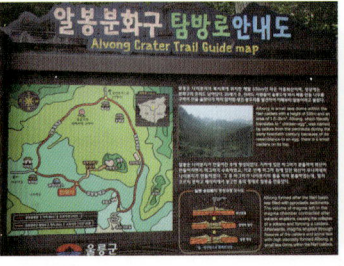

탐방로 안내도

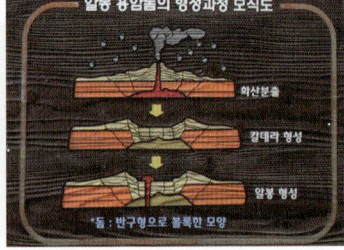

용암돔 모식도

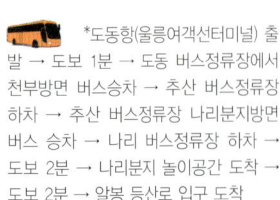

*도동항(울릉여객선터미널) 출발 → 도보 1분 → 도동 버스정류장에서 천부방면 버스승차 → 추산 버스정류장 하차 → 추산 버스정류장 나리분지방면 버스 승차 → 나리 버스정류장 하차 → 도보 2분 → 나리분지 놀이공간 도착 → 도보 2분 → 알봉 등산로 입구 도착

투막집

투막집 내부

6. 용출소

울릉군 북면 현포리 산26-1

용출소는 지하수가 저절로 지표로 솟아난 샘에 해당하며, 지하수면이 급사면이나 단층 등에 의해 갑자기 지표로 노출되는 경우에 만들어지는데, 화산이 함몰되어 나리칼데라 호수가 형성된 이후, 투수율이 높은 부석 혹은 부석질 응회암이 호수 바닥에 퇴적되어 지하수 저장고의 역할을 하게 되었습니다.

즉 스며든 지하수가 투수율이 높은 부석 퇴적층을 따라 이동하는데, 그러다 나리분지 외곽을 이루는 불투수층인 조면암을 만나게 되면 더 이상 흐르지 못하고 조면암에 생긴 절리(틈)를 따라 지표로 솟아올라 용출소가 만들어지게 되었습니다.

용출소는 하루에 유량이 2만톤 정도 나오며, 연중 수온은 평균 10.2°C인 저온성 지하수입니다.

용출소는 울릉도 북부 일대의 주요 상수원으로 소수력 발전용으로 이용 중이며, 먹는 샘물 개발 사업이 진행 중입니다.

투수율: 암석 속에서 물이 얼마나 쉽게 통과할 수 있는가를 나타내는 값을 말합니다.(부석은 구멍이 많아 투수율이 높습니다.)
불투수층: 물이 통과하기 어려운층, 즉 투수율이 낮은층을 말합니다.

안내도

나리분지

이정표

*도동항(울릉여객선터미널) 출발 → 도보 1분 → 도동 버스정류장에서 천부방면 버스승차 → 추산 버스정류장 하차 → 추산 버스정류장 나리분지방면 버스 승차 → 나리 버스정류장 하차 → 도보 2분 → 나리분지 놀이공간 도착 → 지질안내센타 지나서도보 10분 → 용출소 입구 도착

7. 코끼리바위(공암)

울릉군 북면 현포리 산113

마치 물속에 코를 박고 있는 코끼리 형상을 하고 있는 '코끼리바위'는 과거에는 울릉도와 이어져 있었으나 파도에 의해 깎이면서 육지와의 연결부가 끊어져 바다에 덩그러니 바위섬으로 남게 된 것으로, 이렇게 만들어진 지형을 시스택 이라고 합니다.

이 바위의 높이는 약 59m, 길이 약 80m 이며, 표면에는 이리저리 다양한 방향으로 뻗은 주상절리가 있는데, 주상절리 방향이 다양한 것은 용암이 분출한 직후 지형기복이나 다른 용암의 유입 등에 의해 용암이 식었던 방향이 여러 번 바뀌었다는 것을 말합니다.

코끼리바위를 또 다른 이름인 공암 이라고 하는 것은 바위의 아랫부분에는 높이 10m 가량의 아치형 해식동굴이 있기 때문입니다. 바위에 구멍이 있다는 의미로 '공암' 이라하는 것입니다.

이렇게 양쪽에서 만나 구멍이 만들진 것을 시아치 라고 합니다.

본섬과 분리된 코끼리바위

코끼리바위

시아치(공암)

주상절리

*도동항(울릉여객선터미널) 출발 → 도보 1분 → 도동 버스정류장에서 천부방면 버스승차 → 추산 버스정류장 하차 → 도보 5분 → 코끼리바위 조망점 도착.

8. 송곳봉

울릉군 북면 현포리 산2, 산21-3

뾰족한 봉우리가 마치 송곳을 세워 놓은 것 같다 하여 붙여진 이름인 송곳봉은 해발 430m의 큰 암벽으로, 노인봉과 마찬가지로 마그마의 통로인 화도가 굳어서 만들어진 바위입니다.

상대적으로 점성이 높은 조면암질 용암은 쉽게 흐르지 못하기 때문에 지표에 봉긋하게 올라와 용암돔을 만들었고, 이후 오랜 시간 동안 용암돔 상부와 주변을 감싸고 있던 집괴암 상부가 침식되어 현재와 같이 경사가 가파르고 뾰족한 형태를 갖게 된 것입니다.

송곳봉 중간 뒤편에는 여러 개의 구멍이 숭숭 뚫려 있는데 이것은 바람이 뚫고 지나간 것으로(차별침식)입니다. 옥황상제가 죄를 짓지 않고 살아가는 착한 사람을 하늘로 데려가기 위해 뚫어 놓았다는 이야기가 전해지고 있습니다.

차별침식

용암돔

 *도동항(울릉여객선터미널) 출발 → 도보 1분 → 도동 버스정류장에서 천부방면 버스승차 → 추산 버스정류장 하차 → 도보 10분 → 송곳봉 도착.

9. 노인봉

울릉군 북면 현포리 산33

암석 표면에는 수평에 가까운 수많은 절리(틈)들이 발달하는데, 그 모양이 꼭 노인의 주름살처럼 쭈글쭈글해 보인다고 하여 붙여진 이름입니다.

노인봉은 마그마의 통로인 화도가 굳어서 형성된 바위로 높이는 약 200m에 달하며, 노인봉을 구성하는 암석은 포놀라이트이고, 일부는 조면암으로, 이들을 만든 마그마는 점성이 높기 때문에 봉긋한 돔 형태로 만들어졌으며, 용암돔이 만들어진 후, 주변 집괴암층과 용암돔의 윗부분이 침식되어 사라지고 화도만 남아 현재의 모습을 갖추게 되었습니다.

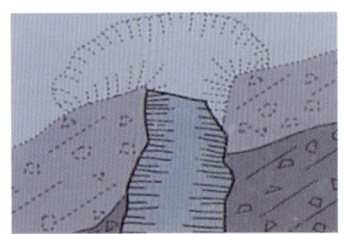

형성과정

상부(돔)

주상절리

*도동항(울릉여객선터미널) 출발 → 도보 1분 → 도동 버스정류장에서 천부방면 버스승차 → 현포 버스정류장 하차 → 도보 5분 → 노인봉 도착

10. 황토굴

울릉군 서면 태하리 659-2

화산이 폭발할 때 뿜어져 나온 화산재들이 굳어져 형성된 응회암이 파도에 의한 차별침식을 받아 형성된 해식동굴로써, 동굴의 크기는 높이 6m, 폭 32m, 길이 44m로 바닥은 평탄하고 천장은 반구형 또는 둥근 덮개모양이며, 천장을 이루는 조면암은 냉각되는 과정에서 수축하여 울퉁불퉁한 벽면을 만들었습니다.

동굴 내부 응회암이 붉은색을 띠는 이유는 응회암에 포함된 광물이 변질되는 과정에서 철이 빠져나와 생성된 산화철 입자가 응회암에 골고루 퍼져있기 때문이며, 응회암층은 계속 이어지지 않고 조면암과 부정합을 나타내며, 지반의 좌측이 미끄러져 내려앉은 정단층도 관찰됩니다. 옛날 울릉도로 파견된 관리들이 실제 근무했다는 증거로 이곳의 황토와 향나무를 바치게 했다고 전해지며, 또한 아홉 가지 맛을 낸다는 의미로 황토구미라고 부르기도 합니다.

황토굴 각 부분의 특징

① 용암 냉각구조: 조면암이 냉각되면서 수축하여 울퉁불퉁한 벽면이 된것입니다.
② 단층: 지층이 잘린면을 따라 어긋난 것을 단층 이라 합니다. 이곳은 지반이 좌측으로 미끄러져 내려앉은 정단층이 관찰됩니다.
③ 조면암과 적색층의 부정합: 붉은 화산재(응회암) 지층이 계속 이어지지 않고 조면암에 의해서 잘린형태가 나타나는데 이것을 부정합이라고 합니다.
④ 소금: 흰색 가루로 보이는 것이 소금인데 소금은 철의 산화를 촉진시키는 역할을 합니다.
⑤ 붉은색: 응회암이 변질 되는 과정에서 철이 빠져나와 만들어진 '산화철'이 응회암에 골고루 퍼져서 붉은색을 띠는 것입니다.

부분별 특징

*울릉도 북서쪽, 태하항 인근 도동항(울릉여객선터미널) 출발 → 도보 1분 → 도동 버스정류장에서 천부방면 버스 승차 → 태하 버스정류장 하차 → 도보 10분 → 황토굴 도착

11. 태하 해안산책로 및 대풍감

울릉군 서면 태하리 산99-1

태하 해안산책로는 황토굴 옆 교량을 올라가면 만날 수 있으며 조면암과 집괴암으로 이루어져 있고, 해식절벽을 따라 대풍감과 울릉도 등대(태하등대)까지 이어집니다.
태하 해안산책로 입구에는 화성암에 포함된 외래암석인 '포획암'을 볼 수 있는데, 지하에 있던 마그마가 밖으로 나오는 과정에서 주변에 있던 돌을 부숴서 함께 올라온 것을 말하며,

매바위는 조면암이 해풍에 의해 지속적으로 깎여 나간 것으로, 매바위를 돌아서면 해풍에 의해 특이하게 침식된 지형이 발달하여 수려한 해안절경을 볼 수 있습니다.

특히 이곳에는 타포니가 발달해 있는데, 타포니란 코르시카 말로 '구멍투성이'라는 뜻인 타포네라(tafonera)라는 말에서 유래하였으며, 암석표면에 벌집처럼 구멍이 생긴 지형을 의미합니다. 이는 '소금이 갉아먹은 자국'으로, 해풍에 포함된 소금이 암석 틈으로 들어가 화학적 풍화작용으로 만들어진 것입니다.

매바위

태풍감 향나무(천연기념물 제49호)

대풍감은 돛단배가 육지로 나가기 위해 바람을 기다리는 언덕이라는 뜻으로, 절벽에는 주상절리가 발달해 있고, 대풍감에 자생하는 향나무들은 주상절리, 즉 암석 틈이 풍화되어 만들어진 소량의 토양에 뿌리를 내려 자라면서 오랫동안 육지와 격리되어 독특한 생태환경을 이루었으며, 그 가치가 높아 천연기념물 제49호로 지정되었습니다.

용암 집괴암 교호층

용암이 분출하면 용암층의 하부에는 지표면에 있던 암석들과 섞이면서 집괴암이 형성되고 상부에는 순수한 용암이 굳어서 화산암이 만들어집니다. 이런 과정을 통해 용암과 집괴암이 반복하여 쌓인 층을 용암 집괴암 교호층이라고 합니다. 이곳에서는 교호층이 3회 관찰되는데 이는 용암이 최소한 3차례 흘렀음을 의미합니다.

가재굴 가재굴 설명 집괴암 교호층

조면암 타포니 전망대 등대

조면암: 알칼리 원소(Na+K)가 많이 함유된 화산암입니다.
집괴암: 크고 작은 암석 조각들이 무질서하게 뭉쳐져서 만들어진 화산암을 말합니다.

 *도동항(울릉여객선터미널) 출발 → 도보 1분 → 도동 버스정류장에서 천부방면 버스승차 → 태하 버스정류장 하차 → 도보 10분 → 황토굴 도착

12. 학포해안

울릉군 서면 태하리 산126

학포해안 에는 침식에 약한 집괴암과 응회암 위로 침식에 강한 조면암이 놓여 있습니다.
암질의 차이로 인해서 학포해안은 만으로 이루어져 있고, 파도가 강한 해안에는 둥글고 큰 자갈이 분포 합니다.

학포만 생성과정

집괴암은 조면암에 비해 파도에 의한 침식작용에 약합니다. 따라서 오랜 침식작용 후, 조면암으로 된 지역은 남아있게 되고 집괴암으로 된 부분은 침식 되게 됩니다. 따라서 조면암으로 형성된 지역은 곶(바다로 튀어나온 육지)을, 집괴암과 응회암층은 풍화와 침식에 약해 깎여져 해변 쪽으로 움푹 들어간 만(바다가 육지로 들어간 곳)을 형성하게 되는 것입니다.

학포의 해안(해식)절벽

학포를 이루는 해안절벽에는 수직 방향으로 주상절리가 발달하고 있는데, 파도가 절벽의 아래쪽을 침식시키면 절벽의 위쪽은 중력에 의해 붕괴되는데, 이 과정이 반복되면서 가파른 절벽이 만들어지게 됩니다.

해식절벽

학포의 역사

학포는 아름다운 해안과 더불어 울릉도 개척역사를 기록한 유적이 있는 곳으로도 유명합니다.

조선 고종임금이 450년간 시행해 온 쇄환정책(울릉주민들을 육지로 이주시키는 것)을 개척정책(육지주민들을 울릉으로 이주 시킨 정책)으로 바꾸기 위해 울릉도에 사람을 파견하게 되었는데 가장 처음 도착한곳이 이곳 학포 라고 하며 그 이후 고종임금이 개척령(육지 주민을 울릉도로 이주 시키라는 명령)을 내려 그 이듬해부터 조정의 주도하에 공식적으로 이주하게 되었으며 그 후 매년 개척민들이 울릉도로 들어오게 되었다고 합니다.

안내도

 *도동항(울릉여객선터미널) 출발 → 도보 1분 → 도동 버스정류장에서 천부방면 버스승차 → 학포 버스정류장 하차 → 도보 15분 → 학포해안 도착

13. 버섯바위

울릉군 서면 남서리 산162

버섯바위는 물속에서 뜨거운 용암이 흘러나오면서 만들어진 미세한 화산쇄설물 알갱이가 퇴적된 응회암입니다. 이 바위는 점이층리에 의한 차별침식을 받아 형성된 것으로 버섯을 닮아 붙여진 이름입니다.

화산쇄설물은 상대적으로 크기가 크고 밀도가 높은 입자는 빠르게 가라앉고, 상대적으로 크기가 작고 밀도가 낮은 입자는 천천히 가라 앉아 퇴적물의 입자의 크기가 밑에서 위로 갈수록 작아지는 점이층리를 보여줍니다.

과거 버섯바위는 현재 위치가 아닌 현재보다 높은 위치에 있었는데, 산사면 일부가 붕괴된 후 중력에 의해 아래로 떨어져 현재 위치에 자리 잡게 되었습니다. 이처럼 암반이 수직으로 깨져 아래로 떨어지는 것을 토플링 파괴라고 합니다.

차별침식

입자의 크기가 상대적으로 작은 층은 침식을 많이 받아 내부로 들어가 있고, 상대적으로 입자의 크기가 큰 층은 침식을 적게 받아 외부로 돌출되면서 들쭉날쭉한 형상을 지니고 있는것으로 이렇게 물질들이 침식을 견디는 정도가 다를 때 침식속도의 차이가 나는 것을 말합니다.

점이층리

화산쇄설물은 알갱이의 크기나 밀도에 따라 가라앉는 속도가 달라지는데 알갱이의 크기가 크고 밀도가 높은 것은 빠르게 가라앉고, 반대로 알갱이가 작고 밀도가 낮은 입자는 천천히 가라 앉습니다. 이런 원리로 만들어진 층리를 말하는 것으로 퇴적물 입자의 크기가 밑에서 위로 갈수록 작아지는 층리를 점이층리라고 합니다.

강한층
약한층

차별침식

 *도동항(울릉여객선터미널) 출발 → 도보 1분 → 도동 버스정류장에서 천부방면 버스승차 → 국민여가캠핑장 버스정류장 하차 → 도보 10분 (700m) → 버섯바위 도착

14. 국수바위

울릉군 서면 남양리 산168

국수바위는 약 157만 년 전, 조면암질 용암 분출로 만들어진 높이 약 30m, 길이 약 300m에 달하는 거대한 바위로, 벽면에 수많은 주상절리가 국수 가락처럼 긴 띠를 이루고 있다고 해서 국수바위라고 합니다.

주상절리란, 뜨거운 용암이 공기나 물을 만나 빠르게 식을 때, 용암이 수축하면서 각진 기둥 형태로 갈라져 만들어진 틈을 말하는 것으로, 주상절리가 뚜렷하게 나타나는 부분(칼러네이드-상부,하부)과 뚜렷하지 않은 부분(엔테블러춰)으로 구분할 수 있으며, 또한 주상절리의 간격은 용암의 식는 속도가 빠를수록 더 좁게 나타나는 것으로 알려져 있습니다.

조면암 주상절리인 국수바위는 오랫동안 깎여나가 상부 칼러네이드는 사라지고, 하부 칼러네이드와 엔테블러춰만이 남아있습니다. 국수바위 동쪽이 서쪽보다 주상절리 간격이 좁은 것은 더 빨리 식었다는 것을 의미 합니다. 이런 형태의 주상절리는 제주도, 경주, 무등산 등지 에서도 관찰됩니다.

우산국에는 우해라는 왕이 있었는데, 용맹이 뛰어나 대마도(일본)까지 가서 대마도주의 항복을 받고 그의 셋째 딸인 풍미녀를 왕후로 삼았다고 합니다.
우해왕은 사랑하던 왕후가 죽자 이를 슬퍼하여 뒷산에 병풍을 치고 백일 제사를 지냈다고 하는데, 그때 대마도에서 데리고 온 열 두 시녀로 하여금 매일 비파를 연주하도록 하였는데, 이렇게 병풍을 치고 비파를 뜯던 곳을 '비파산(국수바위)'이라고 부른다고 합니다.

주상절리

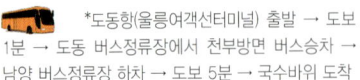
*도동항(울릉여객선터미널) 출발 → 도보 1분 → 도동 버스정류장에서 천부방면 버스승차 → 남양 버스정류장 하차 → 도보 5분 → 국수바위 도착

15. 죽도

울릉군 울릉읍 저동리 산1-1

죽도는 울릉도의 부속 섬 44개 중 가장 크며 대나무가 많이 자생한다고 하여 붙여진 이름으로,죽도는 원래 울릉도와 붙어있었으나 파도에 의한 차별침식으로 현재와 같이 섬으로 떨어져 나오게 되었습니다.
죽도를 구성하는 암석은 조면암과 현무암질 집괴암인데 울릉도를 구성하는 암석과 동일하다는 점에서 이들이 과거 하나의 섬에서 분리되었음을 알 수 있습니다.죽도 해안절벽에는 주상절 리가 많은데, 암석이
절리를 따라 쉽게 떨어져 나가기 때문에 침식을 돕는 역할을 하였습니다. 또한 죽도 표면은 기공이 많고 풍화에 약한 부석층 으로 덮여있는데, 이들이 잘게 부서져 형성한 토양에는 죽도의 특산물인 더덕이 재배되고 있습니다.

 *육로 없음 배로 접안

16. 거북바위 및 향나무 자생지

울릉군 서면 남양리 산18-1

거북바위는 보는 방향에 따라 거북이 6~9마리가 바위 위로 오르는 형상을 닮아 거북바위라 이름 붙여졌고, 거북이가 통(마을)으로 들어가는 것처럼 보여 통구미 마을이라고 합니다.

거북바위는 울릉도 초기 화산활동으로 현무암질 용암류가 생성된 후 이보다 점성이 높은 조면암 혹은 포놀라이트 용암이 관입해 형성된 암체입니다.

따라서 현무암질 용암이 경사면을 따라 반복적으로 흐른 구조를 관찰할 수 있으며, 곳곳에 관입한 암맥과 냉각대(chilled margin)를 볼 수 있습니다.

이곳은 바다 쪽으로 돌출된 단단한 암석이 파랑에 의해 주변부만 침식되어 고립된 바위섬, 즉 시스택이다.

특히 거북바위 서쪽 절벽에는 향나무가 자라고 있으며 마을 이름인 '통구미'를 따서 통구미 향나무자생지라 부르며, 천연기념물 제48호로 지정되어 있습니다.

향나무 자생지(천연기념물 제48호)

이곳 향나무 자생지는 지세가 매우 험준한 능선에서 자라기 때문에 강풍의 영향을 많이 받아 성장속도가 더뎌 그 크기가 작다.

클링커: 점성이 높은 아아용암이 식으면서 껍질이 깨져 생성된 조각을 말합니다.

냉각대: 뜨거운 용암이 물, 공기, 또는 차가운 암석의 틈을 따라 들어가 빠르게 식으면 검정바둑알 표면과 보이는데 이것을 냉각대라고 합니다.

라바볼: 점성이 높은 아아용암이 경사면을 따라 흐르는 동안 클링커와 용암덩어리가 눈덩어리처럼 달라붙어 만들어지는 화산암덩어리.

클링커

냉각대

라바볼

거북바위 뒷면

*도동항(울릉여객선터미널) 출발 → 도보 1분 → 도동 버스정류장에서 천부방면 버스승차 → 통구미 버스정류장 하차 → 도보 2분 → 거북바위 도착

17. 도동 해안산책로

울릉군 울릉읍 도동리 산4

도동 해안산책로는 저동 해안산책로와 이어지며, 이들을 통틀어 행남 해안산책로라고 부르며, 해안누리길34코스로 알려져 있고, 무지개다리, 지질공원 로고가 들어간 LED가로등 등의 산책로 기반시설이 잘 조성되어 있기 때문에 접근성이 우수하여 관광객들에게 인기 있는 지질명소입니다.

도동 해안산책로는 울릉도 초기 화산활동의 특징을 간직한 다양한 지질구조가 관찰됩니다.
도동항에서 도동(행남) 등대로 갈수록 암석 생성연대가 대체로 젊어지는 경향을 보이며, 하부로부터 현무암질 용암류, 암석조각들이 산사태로 운반되어 만들어진 재퇴적쇄설암, 화산재가 뜨거운 상태에서 쌓여 생성된 이그님브라이트, 분출암의 일종인 조면암이 순서대로 분포하고 있습니다.

하이알로 클라스타이트

클링커

산책로

해식동굴

타포니

도동항 새벽

향나무(울릉석향)

*도동항(울릉여객선터미널) 출발 → 도보 1분 → 도동 해안산책로 입구 도착

17. 도동 해안산책로

18. 저동 해안산책로

울릉군 울릉읍 도동리 산4

저동 해안산책로는 도동 해안산책로와 이어지며, 이들을 통틀어 행남 해안산책로라고 하며, 울릉도 초기 화산활동 당시에 만들어진 화산암이 분포하며, 주로 현무암에 해당합니다.

산책로를 따라가다보면 베개용암, 클링커, 해안폭포, 해식동굴, 기공과 행인, 암맥 등 다양한 지질학적 특징들을 볼 수 있습니다.

특히 이곳에서 볼 수 있는 베개용암은 용암의 모양이 베개모양과 유사하며, 용암이 수중에서 분출하면서 치약을 짜놓은 것과 같이 둥글고 긴 형태로 나타난다.

재설 퇴적암

재퇴적쇄설암(Epiclast Deposit)
경사면에 쌓여있던 암석조각들이 산사태로 인해 다시 이동 후 굳은 암석입니다.

이그님브라이트(Ignimbrite)
화산활동으로 분출된 뜨거운 화산재가 쌓여서 굳으면 응회암이 됩니다. 응회암 중에서 화산재와 부석덩어리 들이 고온에서 눌리고 서로 엉겨 붙어 만들어진 암석을 말합니다.

기공과행인(Vesicle and Amygdale)
화산암에 있는 구멍을 기공이라고 하며, 용암속의 기체가 빠져나가지 못해 만들어지는것입니다. 이 기공안에 다른 광물들이 채우고 있는 것을 행인이라고 합니다.

해안폭포(Coast Waterfall)
해안폭포는 드물게 보이는곳으로 오랜 시간 동안 암석에 물이 흐르게 되면 약한 부분이 더 많이 깍여 나가면서 생성되는 것입니다. 제주도 소정방 폭포도 이러한 형태 입니다.

기공과 행인

암맥(Dike)
지하의 마그마가 지층의 틈 사이를 뚫고 올라와서 생성된 납작한 판 모양의 암석을 말합니다.

해안폭포   암맥

베개용암(Pillow Lava)
베게모양의 용암덩어리로 뜨거운 용암이 차가운 물속으로 흘러 들어가거나 물속에서 분출되어 만들어집니다.

베개용암   촛대바위   저동항

*도동항(울릉여객선터미널) 출발 → 도보 1분 → 도동 버스정류장에서 봉래폭포 혹은 내수전방면 버스승차 → 저동 버스정류장 하차 → 도보 7분(400m) → 저동항(촛대암) 도착

18. 저동 해안산책로

19. 봉래폭포

울릉군 울릉읍 도동리 산39

봉래폭포는 저동항으로부터 약2km떨어진 저동천의 상류인 주사골 안쪽에 위치하고 있고, 폭1m, 낙차는 약 30m가량의 3단구조로 울릉도에서는 가장 웅장한 폭포로써, 유량은 하루 3,000톤 이상으로 울릉도 남부일대의 중요한 상수원으로 활용되고 있습니다.

봉래폭포는 암석의 차별침식에 의해 3단 폭포를 이루며, 하부로부터 화산 폭발 시 분출된 각력들이 모여 형성된 집괴암이 3단과 2단을 이루며, 화산재가 굳어져 생성된 응회암, 분출암의 일종인 조면암이 1단을 이루고 있습니다.

조면암은 강도가 커서 하부의 암석에 비해 침식이 덜 되는 편이지만 아래에 놓인 집괴암과 응회암이 깎여 나가면서 균열이 많아 무게를 이기지 못하고 떨어져 나갔고, 앞으로 하부 응회암과 집괴암이 더욱 침식되면, 상부 조면암은 무너지게 되어 폭포는 점차 뒤로 물러나게 됩니다.

봉래폭포관리소에서 봉래폭포까지는 산책로가 만들어져 있으며, 찬바람이 불어나와 '천연에어컨'이라 불리는 풍혈(바람구멍), 산사태 피해를 막기 위해 설치한 사방댐, 아토피성 피부염 완화 및 스트레스 해소를 위한 산림욕장이 있습니다.

풍혈: 땅속에서 차갑거나 따뜻한 바람이 불어나오는 구멍을 말합니다.

풍혈은 산비탈이나 계곡에 쌓인 돌무더기(애추, 너덜)가 있을 때 만들어지는데, 이 돌무더기들이 보온 및 통로의 역할을 하기 때문이죠. 여름에는 돌무더기 틈새 공기는 햇빛을 받지 못할뿐더러 차가운 땅과 맞닿아 있어 쉽게 차가워지며 차가워진 공기는 아래쪽으로 이동하여 바위 틈사이로 나와 따뜻한 공기와 만나게 되면 가지고 있던 물을 기화 시키면서 열을 빼앗겨 더 더욱더 차가워져서 바람이 불어 나오게 됩니다. 차가워지는 세기가 강하면 한여름에도 얼음이 어는 '얼음골'이 됩니다. 대표적으로는 청송 얼음골, 무

풍혈의 원리

봉래폭포

1단 조면암, 화산력 응회암

2단 집괴암

3단 집괴암

등산 풍혈, 밀양 얼음골 등이 있습니다.

또한 섬노루귀(큰노루귀), 겨자냉이(고추냉이), 노란물봉선, 큰연영초, 섬남성(우산천남성), 왕호장(왕호장근)의 풀 종류와 너도밤나무, 우산고로쇠, 삼나무, 헛개나무, 말오줌나무(말오줌때나무), 편백나무의 나무 종류 등 다양한 식생을 볼 수 있어 지질 뿐만이 아니라 생태 교육장소로도 좋은곳입니다.

산림욕장

사방댐

청송(얼음골)

무등산(풍혈)

밀양(얼음골)

*도동항(울릉여객선터미널) 출발 → 도보 1분 → 도동 버스정류장에서 봉래폭포방면 버스승차 → 봉래폭포 버스정류장(종점) 하차 → 도보 1분 → 매표소(관리소) 도착, 왕복 1시간 정도 소요

독도 국가지질공원

독도는 460만년 전 형성된 것으로 추정되며, 울릉도(250만년), 제주도(120만년)보다 훨씬 오래 된 화산섬으로 울릉도에서 동남쪽으로 87.4Km떨어져 있는 섬입니다.
지형적으로 해저 2,068m 정도에서 솟아오른 용암의 작용에 의해 생성된 섬이며 우리나라 동쪽 제일 끝에 위치한 섬으로 두 개의 바위섬과 중간의 작은 바위들로 이루어져 있으며 섬 자체가 1982년 천연기념물 제336호로 지정되어 있습니다.
특징적으로 주상절리, 탄낭구조와 같은 화산지형과 파식대, 시스택, 역빈해안, 해식동굴, 해식아치, 노찌, 해식애와 같은 해안지형 및 애추, 암맥, 타포니, 침식와지 등 기타 지형으로 구성된 가히 세계적인 지형박물관이라 할 수 있습니다.
동해 해저 화산활동으로 분출한 화산성해산으로, 물위로 솟아있는 독도의 면적은 비록 작지만(0.186㎢), 수면아래 독도의 면적을 합하면 울릉도의 2배 이상되는 거대한 해산이며, 동도와 서도를 중심으로 주변에 물개바위를 비롯한 크고 작은 89개 이상의 바위섬과 암초로 구성되어있습니다.
동도는 최고봉이 98.6m로 정상에 비교적 평탄한 부분이 있으며 둘레는 2.8km이고, 서도는 최고봉이 168.5m로 산정이 뾰족한 원뿔형이며 둘레는 2.6km입니다. 동·서도간의 폭은 110~160m이고, 해안선은 약 5.4km 이며, 전체 면적은 187,453㎡입니다.
지질공원으로 등재 된 곳은 숫돌바위, 독립문바위, 천장굴, 삼형제굴바위 4곳이 있습니다.

독도를 부르는 다양한 이름

오늘날 우리가 부르는 '독도' 라는 이름은 1904년 일본군함 니타카 호의 항해일지에서 처음으로 기록되었으며, 우리나라 문서중에서는 1906년 심흥택 울릉군수의 보고서에서 확인할수 있고, '독도' 라는 이름은 울릉도 주민들이 부르던 '독섬'의 뜻을 취하며 한자로 표기한 것으로 '독섬'은 '돌섬'의 사투리입니다. 그 이전에는 다양한 이름으로 독도가 문서와 지도에 나타나 있습니다.

우산도(于山島)- 울릉도에 있었던 고대 우산국에서 비롯된 이름.
삼봉도(三峰島)- 섬이 세 개의 봉우리로 보인다는 뜻(성종실록).
가지도(可支島)- 가지가 사는 섬 "가지"란 바다사자의 일종으로 "강치"또는"가제"로도 불린다.(성종. 정조실록)
석도(石島)- 1900년 대한제국[칙령 제41호]에 등장한 말로, 돌섬을 의미하는 사투리 "독섬"의 뜻을 취하여 한자로 표기한 것.
마쓰시마(송도(松島))- 일본에서 메이지 유신 이전에 독도를 부르던 이름.
다케시마(죽도(竹島))- 1905년 일본의 독도영토 편입조치에서 처음등장한 이름입니다.

일본은 독도를 '마쓰시마', 울릉도를 '다케시마'라고 불렀으나, 1905년 이후 독도를 '다케시마'라고 부르고 있습니다.

리앙쿠르 암(Liancourt Rocks)- 1849년 독도를 발견한 프랑스 포경선(고래잡이배)리아쿠르호의 선박 이름에서 가져왔다. 독도가 서양에 알려졌을 때 붙여진 이름으로 서양인들은 독도를 리앙쿠르 암으로 불렀습니다.

호넷 암(Hornet Rocks)- 독도를 발견한 영국함대 함장 이름을 따서 호넷((Hornet) 이라고 이름을 붙였다. 영국인은 독도를 호넷 암 으로 불렀습니다.

메넬라이-올리부차(Menelai-Olivutsa)- 러시아 극동함대가 독도를 발견한 후 붙인 이름으로 서도는 '올리부차' 로 동도는 '메넬라이'라고 불렀습니다.

*사진: 독도항공사진(경찰청)

*사진: 괭이갈매기(외교부)

1. 천장굴
울릉군 울릉읍 독도리 30

*사진(외교부)

천장굴은 울릉도 동도의 중앙에 위치한 해식동굴로 우물과 같이 천장이 뻥 뚫려있는데, 이런 형태로 인하여 과거에는 화산 분화구라고 알려져 있었으나 최근 조사에 따르면 동도 내에 발달한 여러 방향의 수많은 단층들이 교차하는 지점에 오목하게 패인 침식 지형이 형성된 후 구멍이 뚫린 것이라 보고 있으며, 이를 침식와지라 합니다.

천장굴 절벽에는 독도 사철나무가 자라고 있으며, 천연기념물 538호로 지정되었습니다.

동도

타포니

2. 삼형제굴바위

울릉군 울릉읍 독도리 25

동도와 서도 사이에 삼형제굴 바위가 있는데 서도에 속합니다.
삼형제굴바위는 마치 형을 따르는 두 형제의 모습과 같다고 하여 붙여진 이름이라고하며, 세 방향의 해식동굴이 발달하여 한점에서 만난다고 하여 삼형제굴바위 라고 한다고 합니다.
삼형제굴바위는 시스택 으로 육지에서 분리되어 바다에 동떨어진 섬입니다. 이중 가장 큰 바위섬에는 세 방향으로 난 동굴이 형성되어 있는데 파도에 의한 침식작용으로 약한 부분이 깊숙이 침식되면서 만들어진 해식동굴입니다.
이 바위섬은 먼 바다에서 오는 파도가 워낙 높아 바닷물이 바위 꼭대기까지 올라가는 경우가 있어서 염분으로 인해 식물이 자랄 수 가 없다고 합니다.

서도

삼형제굴바위

촛대바위

3. 독립문바위

울릉군 울릉읍 독도리 30

*사진(외교부)

독립문바위는 청나라로부터 자주적인 독립을 하기 위해 세운 독립문과 같다고 해서 붙여진 이름입니다. 독립문을 구성하는 암석은 응회암으로 겹겹이 쌓인 수평층리가 잘 발달하며 차별적인 침식작용으로 파도와 접하는 암석부분이 뚫려 둥근 아치형의 지형인 시아치가 나타납니다.

또한 독립문바위 부근에는 육지에서 완전히 분리되어 고립된 촛대와 같이 생긴 여러 개의 시스택이 분포하고 있습니다.

서대문 독립문

탕건봉

서도

김바위

4. 숫돌바위(동도나루터)

울릉군 울릉읍 독도리 28

숫돌바위는 독도 의용수비대원들이 동도에서 생활할 당시 칼을 갈았던 곳으로 바위의 암질이 숫돌과 비슷하다고 하여 붙여진 이름으로, 숫돌바위는 독도에서 분리된 시스택 으로 표면은 계단과 같은 형태를 띠고 있는데 이는 응회암 틈 사이로 조면암질 용암이 끼어들어가면서 판 모양으로 굳은(암맥) 후 상대적으로 약한 응회암이 파도에 의해 깎여나가 형성된 것입니다.

특히 이 바위에서 볼 수 있는 장석 입자가 여러 개 뭉쳐있거나 방사상의 배열을 보이는 것도 특징적입니다.

부채바위

방사성 배열

제주도 국가지질공원

제주도의 형성

제주도는 화산섬이 만들어지기 전 제주도 일대는 굳어지지 않은 점토와 모래층이 있던 얕은 바다였는데 약 180만년 전 바다 속 지하로부터 약한 지층을 뚫고 마그마가 상승하면서 물과 격렬하게 반응한 수성화산 활동이 발생하여 수 많은 응회환과 응회구가 생겨났습니다.
이 후 오랜 시간동안 이 화산체들이 파도에 깍이고, 해양퇴적물과 함께 섞이기를 반복하면서 서귀포층이 형성되었고, 서귀포층 퇴적이후,

원시 제주도는 해수면 위로 점점 성장하였으며, 이후 55만 년 이후부터는 용암이 분출하면서 넓은 용암대지들이 만들어 졌으며, 용암이 겹겹이 쌓이면서 한라산을 중심으로한 방패 형태의 순상화산체가 형성되었습니다.
현재와 해수면이 거의 비슷해진 약 18,000년 최종 빙하기 이후부터 제주의 해안지역을 중심으로 수성화산활동이 발생하여 성산일출봉 응회구와 송악산 응회환과 같은 수성화산체들이 생겨 났고, 문헌에 기록된 약 1,000년 전의 화산활동을 끝으로 현재 제주도의 모습을 갖춰지게 되었습니다.

제주의 화산

제주도는 전체적으로 방패를 엎어놓은 형태의 순상화산이며, 곳곳에는 '오름'으로 알려진 화산체들이 약370여개 분포하고 있습니다. 오름 형태와 기원에 따라 분석구, 응회환, 응회구, 용암돔, 함몰 분화구, 마르 등으로 구분합니다.

분석구: 화산 활동시 분수처럼 뿜어져 나온 용암이 분화구 주변에 계속 떨어져서 쌓이면서 원뿔 모양으로 만들어진 화산체로 제주도 "오름"은 대부분이 여기에 속합니다.

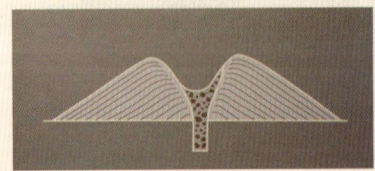 

오름

응회환: 응회환은 뜨거운 마그마가 지표로 올라오다가 물과 접촉하면서 큰 폭발을 일으켜 만든 화산체로, 주로 바닷가 근처에 분포하며, "수월봉"과 "송악산"이 대표적입니다.

수월봉

응회구: 응회구는 응회환과 같이 수성화산활동에 의해 형성되었지만 응회환보다 반응한 물의 양이 많고, 더 깊은 곳에서 폭발에 의해 형성된 것이 다릅니다. "성산일출봉"이 그 대표적입니다.

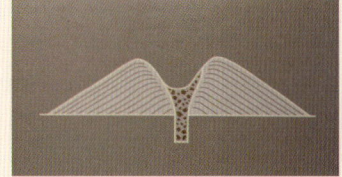

성산일출봉

용암돔: 용암돔은 점성이 높은 꿀과 같은 용암이 멀리 흘러가지 못하고 볼록한 형태로 굳으면서 만들어진 화산체이며 "산방산"이 대표적입니다.

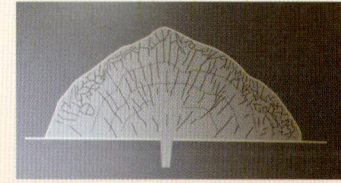

산방산

마르: 물과 마그마의 강력한 폭발로 생성된 화산 지형의 하나로, 분화구가 지표보다 낮은 특징을 보입니다. 지표면 보다 낮은 저지대에 쉽게 물이 고여 습지가 잘 발달하며 "하논"이 대표적입니다.

하논

함몰분화구: 용암분출을 일으킨 마그마의 공급이 갑자기 줄어들거나 마그마가 다른 곳으로 이동함으로써 생긴 지하의 빈 공간이 무너져 내리면서 생긴 함몰지형으로, "산굼부리"가 여기에 속합니다.

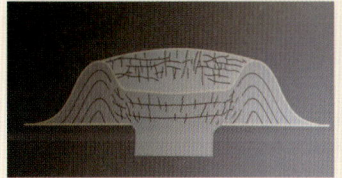

산굼부리

1. 천지연폭포

제주 서귀포시 서귀동 973번지

하늘(天)과 땅(地)이 만나 이룬 연못(淵)이라 하여 이름 붙여진 천지연폭포는 높이 약 22m이며 유량이 많을 때에는 폭이 약 12m에 달하고, 폭포 아래는 수심 약 20m에 이르는 깊은 웅덩이가 있습니다. 천지연폭포뿐만 아니라 제주의 다른 폭포들은(정방폭포, 소정방폭포 등) 모두 남쪽 해안을 따라 발달하고 있는데, 이는 서귀포 주변 해안선을 따라 대규모 단층운동이 발생하여 절벽지형이 형성된 결과로 추정되고, 과거 천지연폭포는 지금보다 바다에 가까운 쪽에 위치해 있었으나, 오랜 시간에 걸친 두부침식으로 폭포가 내륙 쪽으로 이동된 것으로 추정됩니다.

천지연 조면안산암
(More resistant volcanic rock)

서귀포층
(Seogwipo Formation)

천지연폭포의 하부에는 화산물질과 해양 퇴적물로 구성된 서귀포층이 분포하고, 그 상부에는 약 40만년전 분출된 용암이 서귀포층을 덮고 있습니다. 40만년 이후 서귀포 주변 해안선을 따라 대규모 단층운동이 발생하여 계단형 지형들이 형성되었고, 이 후 하천이 발달하면서 여러개의 폭포들이 만들어졌으며,

천지연모식도

용암아래 놓인 서귀포층은 계속되는 폭포수의 침식작용에 의해 깍이면서 점점 아래로 깊어져 20m에 이르는 깊은 웅덩이가 만들어 졌습니다.

두부침식(頭部侵蝕, headward erosion)

하천 침식형태의 하나로 하천이 상류 쪽으로 침식하여 그 길이를 증가해 가는 현상을 말합니다. 지반(地盤)이 융기하거나 해수면이 하강하면 하천의 침식력이 부활되어 하방침식을 활발히 하게 되는데, 그 침식은 기준면(base level)으로부터 상류 쪽을 향해 진행됩니다. 하천에 발달한 폭포가 상류 쪽으로 점차 그 위치를 변동시키는 것은 두부침식의 전형적인 예입니다.

정방폭포 소정방폭포

무태장어

제주어로 '붕애'라고 부르는 무태장어는 뱀장어과에 속하는 열대성 대형 물고기로서 암갈색구름모양의 무늬와 작은 반점이 몸과 지느러미에 있기 때문에 일반뱀장어와 쉽게 구분할 수 있으며, 길이 2m, 무게 23kg이상 자라기도 합니다. 아프리카 동부에서 남태평양, 동남아시아, 일본, 대만 등에 걸쳐 널리 분포하며, 우리나라에는 섬진강, 거제도, 영덕오십천 등의 하천에서 매우 드물게 발견되고 있으며, 천지연에서 가끔 발견되고 있습니다. 매우 희귀종에 속하는 물고기이므로 분포지역에 관계없이 무태장어 종 자체를 천연기념물로 지정하여 보호하고 있으며, 무태장어는 민물에서 5~8년간 서식하다가 깊은 바다로 내려가 알을 낳습니다.

2. 만장굴(천연기념물 제98호)

제주시 구좌읍 만장굴길 182

입구

용암 석주

만장굴은 세계에서 가장 긴 용암동굴로 알려져 있습니다.
제주에는 용암동굴이 약 80여 개에 이르며, 용암동굴은 주로 섬의 북서쪽과 북동쪽에 분포하는데, 섬의 북동쪽에서는 이곳 만장굴이 가장 대표적입니다.

제주말로 '아주 깊다'는 의미에서 '만쟁이 거머리굴'로 불려온 만장굴은 약 10만 년전~30만년 전에 생성, 제주도는 180만 년 전에 형성된 것으로 추정되지만, 1958년에야 당시 김녕초등학교 교사였던 부종휴씨에 의해 발견되어 세상에 알려지게 되었습니다. 만장굴은 총 길이가 약 7,416m에 이르며, 부분적으로 다층구조를 지니는 용암동굴이며, 주 통로는 폭 23m, 높이가 30m에 달합니다.
입구는 총 세 곳으로, 제1 입구는 둘렁머리굴, 제2 입구는 남산거머리굴, 제3 입구는 만쟁이거머리굴이라 불리는데, 일반인에게 공개된 곳은 제2 입구 이며 용암석주까지 1km만 탐방이 가능합니다
만장굴 내부에는 용암종유, 용암석순, 용암유석, 용암유선, 용암선반, 용암표석 등의 다양한 용암동굴생성물이 발달하며, 특히 개방구간 끝에서 볼 수 있는 약 7.6m 높이의 용암석주는 세계에서 가장 큰 규모로 알려져 있습니다.

계단 입구에서 400m 정도 들어가면 낙반석을 무더기로 모아둔 곳이 나오는데 이곳은 높이가 15m로, 공개된 구간 가운데 천장이 가장 높으며, 안쪽으로 약 200m쯤 더 들어가면 용암표석(거북이)이 그대로 굳어버린 듯한 너비 2m 높이 0.7m 길이 3m의 타원형 돌이 나오는데, 전체 모양이 제주 지형을 축소한 것 같은 형태이며, 용암선반, 용암조유를 거쳐 가다보면 용암 발가락을 마주하게되며, 마지막 지점에는 만장굴의 자랑인 용암석주를 마주하게 됩니다. 제2입구에서 공개된 구간까지 왕복하는 데 걸리는 시간은 대략 1시간 정도 입니다.

비공개 구간인 3.8㎞ 지점에는 굴 양쪽에 새의 날개 모습을 하고 있는 날개벽이 있고, 이보다 더 안쪽에는 지네·진드기·톡톡이 등을 먹고 사는 2만여 마리의 박쥐와 남조류·녹조류 등의 식물이 살고 있는데, 학술상 보호를 위해 공개하지 않고 있습니다.

만장굴과 이웃한 S자형의 소규모 용암동굴인 김녕사굴은 만장굴이 길고 웅장한 데 견주어 단조롭고, 굴의 모양이 뱀이 벗어놓은 허물 같다고 해서 '뱀굴'이라고도 불리기도 합니다.

유선구조

만장굴 벽면에는 용암이 흐르던 흔적이 그대로 남아 있는데 동굴 속을 흐르던 용암의 최상부가 벽면에 선으로 자국이 남은 것입니다. 이러한 선 구조는 동굴이 형성된 후 용암이 얼마나 자주, 얼마나 많이 흘렀는지를 보여주는 것입니다.

용암종유

동굴내부로 용암이 흘러갈 때, 뜨거운 열에 의해 천장의 표면이 열에 녹으면서 만들어진 동굴생성물로써 상어이빨, 빨대모양, 고드름 모양등 불규칙한 모양을 하고 있고, 주로 높이가 낮은 좁은 통로에서 많이 관찰됩니다.

좁은 통로와 넓은 통로

만장굴 내에는 통로가 넓은 부분과 좁은 부분이 반복적으로 나타나는데, 용암동굴은 내부로 공급되는 용암의 열에 의해 바닥은 녹고 천장에는 용암이 달라붙어 매우 불규칙한 동굴의 형태가 만들어지는데요. 특히 통로가 좁아지는 곳을 지나면 천장이 높아지고 위로 오목하게 들어가 있는 지형들이 나타나는데 이와 같이 위로 오목하게 높아진 천장의 구조를 '큐폴라'라고 합니다.

좁은 통로

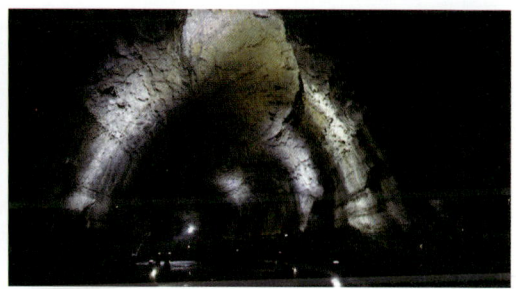

넓은 통로

낙반

용암동굴 바닥에는 천장으로부터 떨어진 암석(암괴)이 많이 발견되는데, 이것을 낙반이라 합니다. 낙반은 주로 용암동굴이 형성될 때, 혹은 형성된 후에 천장의 암석이 떨어진 것입니다.

바닥의 용암이 굳으면서 더 이상 흐르지 않을경우에는 떨어진 낙반이 그대로 쌓여 있지만, 용암이 흐르는 경우에는 대부분의 낙반은 용암에 의해 하류로 이동되거나 녹아서 없어집니다.

용암표석(돌거북)

동굴천장에서 떨어진 낙반이 흐르는 용암과 함께 흐르다가 굳어버린 암석덩어리이며, 만장굴의 명물인 거북이 모양의 표석은 입구에서부터 600m 지점에 있습니다.

용암선반

동굴 내부를 흘러가던 용암이 동굴 벽면에 달라붙거나, 동굴바닥이나 상부표면이 용암이 흐르는 동안 녹아 깎여나가면서 선반이나 탁자 형태로 만들어진 것을 말합니다.

밧줄구조

만장굴 바닥에서 볼 수 있는 생성물로 용암이 흘러갈 때 표면이 먼저 꾸덕꾸덕 굳으면서 밀리게 되어 마치 표면에 밧줄모양의 구조가 발달합니다.

규암편

만장굴의 낙반은 대부분 현무암질 암석으로 구성되어 있으나, 그 내부에는 간혹 현무암과 구별되는 백색이나 회색을 띠는 암편들이 포함되어 있습니다. 이들 암편은 크기가 약 1~5cm 정도로 백색을 띠며 용암이 지표로 올라올 때 제주도 기반을 이루고 있는 변성암류(규암)가 함께 끌려 올라와 용암과 함께 굳은 것으로 추정됩니다.

용암발가락

용암이 흐르면서 먼저 굳어진 표면의 틈을 따라 내부에 있던 용암이 코끼리 발톱 모양으로 빠져 나온 형태를 말하는데, 만장굴에서는 용암석주를 만든 용암이 동굴바닥으로 흐르면서 형성된 것입니다.

용암유석

용암유석은 동굴 내부로 용암이 지나갈 때 뜨거운 열에 의해 천장이나 벽면이 녹아 벽면을 타고 흘러내리다가 굳어서 생긴 동굴생성물입니다. 벽면을 따라 흘러내린 용암은 온도와 공급량에 따라 다양한 크기와 형태의 용암유석을 만들게 됩니다. 용암동굴이 형성된 후 동굴 벽 속에 굳지 않은 용암이 벽면의 작은 구멍을 통해 흘러나오며 용암유석이 만들어지기도 합니다.

용암석주

만장굴이 만들어진 뒤 무너진 천장(상층 굴) 틈으로 흘러들어온 용암이 바닥에 기둥모양으로 만들어진 동굴생성물입니다. 이 용암 기둥은 약 2만 년 전에 생긴 것이며, 높이는 7.6m입니다.

세계 최대의 용암석주

3. 중문-대포주상절리대(천연기념물 제443호)

서귀포시 중문동 2767외

중문대포 해안 주상절리대는 서귀포시 중문동에서 대포동에 이르는 해안을 따라 약 2km에 걸쳐 발달해 있습니다.
기둥형태의 주상절리는 뜨거운 용암이 식으면서 수축작용 때문에 부피가 줄어들어 수직으로 쪼개져 생기는 육각형의 돌기둥을 주상절리라고 하는데, 대체로 5~6각형의 기둥형태가 가장 흔하게 보입니다. 이곳 주상절리대는 최대 높이가 약 25m에 달하며 상부층으로 갈수록 주상절리가 발달하지 않고 아아용암류의 클링커로 바뀌는 것을 관찰할 수 있습니다.
대포마을 상류에 위치한 녹하지악이라는 오름에서 흘러나온 용암류에 의해 생성된 중문-대포, '지삿개'라는 중문의 옛 이름을 따서 '지삿개 주상절리'라고도 합니다.

클링커　　　　　　　　　　　　　　　　　　주상절리

주상절리의 형성과정

주상절리는 액체 상태인 뜨거운 용암이 고체 암석으로 굳으면서 부피가 줄어들어 형성되며, 육각형으로 갈라진 형태가 거북이의 등 모양과 비슷하여 '거북등절리'라고 합니다. 현무암질 용암에서 주상절리는 약 900℃에서 만들어지는데, 용암이 빨리 식을수록 주상절리 기둥의 굵기는 가늘어지고, 주상절리 표면에 발달한 띠구조의 간격은 좁아집니다.

주상절리가 차가운 바닷물과 만나서 형성된다는 것은 잘못된 사실입니다.
뜨거운 용암이 차가운 바닷물과 만나면 주상절리가 형성되는 것이 아니고 둥근 베게 모양의 구조가 만들어 집니다.

제주도에는 이 곳 외에도 예래동 해병대길 주상절리, 천제연폭포 주상절리, 갯깍 주상절리, 등이 있습니다.

베게용암

여래동 해병대길 주상절리

천제연폭포 주상절리

갯깍 주상절리

갯깍 주상절리대

이곳 갯깍 주상절리는 몽돌 가득한 해안을 따라 제주 남단의 푸른바다를 감상하며 가까이 다가갈 수 있는 곳으로 국내 최대 규모의 주상절리입니다. 이 일대는 신생대 제4기의 빙하성 해수면 변동을 연구하는데 중요한 학술자원으로 1.75km에 이르는 해안에 걸쳐 높이가 다른 사각형, 또는 육각형 돌기둥이 깍아 지른 절벽을 이루고 있습니다.
최근에 낙석등의 위험으로 출입이 통제 되고 있습니다.

4. 한라산(천연기념물 제182호)

서귀포시 토평동 산15외

제주도의 한라산은 완만한 경사를 지닌 방패형 화산(순상화산)으로 높이는 약 1,950m이고, 남한에서 가장 높은 산입니다. 한라산은 제주도의 상징이자 한반도와 주변 해역에서 일어난 제4기 화산활동의 대표적인 산물이기도 합니다. 가파른 암벽과 약 40여개의 오름 등 다양한 화산지형을 갖고 있으며, 특히 정상부에 있는 백록담 분화구는 깊이 108m, 폭 550m이며, 서쪽 절반은 조면암, 동쪽 절반은 현무암질 용암으로 구성되어 있는데, 이는 점성이 높고 유동성이 적은 조면암질 용암 아래로 쉽게 흘러내리지 못해 돔(dome) 형태의 봉우리를 만들고 이후 한라산 동쪽에서 현무암질 용암이 한 번 더 폭발하면서 형성된 것입니다. 또한 한라산은 2,000여 종의 다양한 식물이 서식하여 가치를 인정받아 2002년 유네스코 생물권보전지역, 2007년 유네스코 세계자연유산, 2010년 세계지질공원으로 인증 받았습니다.

백록담   한라산

한라산 형성과정

*녹담만설(鹿潭晩雪): 늦 봄 한라산 정상의 백록담에 흰 눈이 덮여 있는 경치를 뜻하는데 이것은 백록담은 한겨울에 쌓인 눈이 겨울이 지나도 녹지 않는다는 뜻입니다.

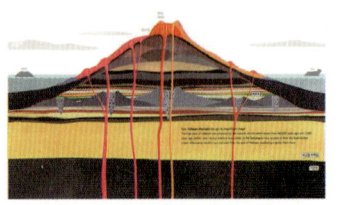

5. 서귀포 패류 화석산지(천연기념물 제195호)

서귀포시 서홍동 707외

서귀포층은 제주도가 만들어지기 시작할 무렵(약 180만년 전) 얕은 바다에서 폭발한 수성화산활동으로 생긴 화산체가 오랜 시간 동안 파도에 깎이고 바다의 조개와 같은 해양퇴적물과 함께 쌓이기를 반복하면서 만들어진 약 100m두께의 퇴적암층입니다. 천지연폭포 입구에서 서쪽 해안가 절벽을 따라 약 1.5km에 걸쳐 드러나 있는데, 서귀포층의 일부가 솟아 있어 땅 위에서도 서귀포층을 관찰할 수 있는 유일한 장소이며, 서귀포층 내에는 따뜻하고 얕은 바다에서 살던 조개류, 산호, 성게, 상어이빨 등의 화석과 차가운 바다에 살았던 생물 화석이 함께 퇴적되어 있어 제주도를 비롯한 동아시아 일대의 해수면 변동과 기후 변화를 추정할 수 있는 곳이며, 이러한 화석종 다양성과 기후학적 의미로 인해 서귀포층은 1968년 천연기념물 제195호로 지정 관리되고 있습니다.

제주도를 구성하는 암석들의 모식도와 지하수 함양층

서귀포층은 학술적 가치뿐만 아니라 제주도민의 생활과도 밀접한 관련이 있는데, 물을 잘 통과시키지 않는 서귀포층은 지하수가 더 깊은 곳으로 스며들지 못하게 하여 제주에 물 자원을 제공하는 중요한 역할을 하고 있습니다. 제주도 지하를 흐르는 물은 지층의 틈새를 통해 곳곳에서 샘처럼 솟아오르는데 이것을 용천수(湧泉水)라 하며, 주로 해안가에 많이 분포합니다.

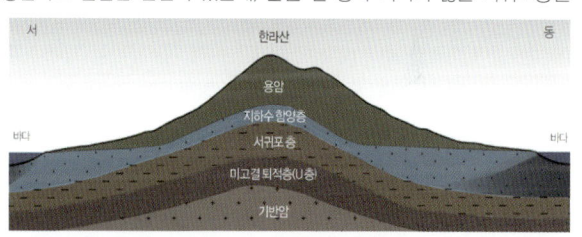

서귀포층의 다양한 화석

조개류 화석

서귀포층의 암석

6. 용머리 응회환(천연기념물 제526호)

서귀포시 안덕면 사계리 112-3외

용머리는 용이 머리를 들고 바다로 들어가는 형태를 닮았다고 해서 붙여진 이름입니다.
용머리는 제주도에서 가장 오래된 화산체로 한라산과 용암대지가 만들어지기 훨씬 이전에 일어난 수성화산활동에 의해 만들어진 응회환 으로, 얕은 바다(대륙붕)의 부드러운 퇴적물을 뚫고 분출한 강력한 화산 폭발에 의해 만들어 졌으며, 화산분출 과정에서 세 번에 걸쳐 화산체가 무너지면서 분화구가 막히게 되었습니다. 그 결과 서로 다른 분화구에서 터져 나온 화산재가 각각 다른 방향으로 흘러가며 쌓이게 되었는데, 해안탐방로의 단면에 이와 같은 화산 활동의 흔적을 관찰 할 수 있습니다.
용머리 해안의 지층은 언뜻 모래가 쌓인 것처럼 보이지만 실제 뜨거운 마그마가 지하에서 상승하다가 차가운 지하수를 만나서 발생한 강력한 화산 폭발작용이 일어나 마그마와 주변 물질이 가루가 되어 쌓인 것입니다. 이처럼 모래크기의 화산재 등이 쌓인 지층을 응회환 이라 하며, 용암에 비해 쉽게 부서지는 특성을 지니고 있습니다.
이곳은 180만 년 전 수중폭발이 형성한 화산력 응회암층으로 현무암력에 수평층리, 돌개구멍, 해식동굴, 수직절리단애, 소단층명 등이 어우러져 있습니다.

응회환(Tuff ring)과 응회구(Tuff cone)

응회환은 수성화산 활동으로 이루어진 화산체로서 높이에 비해 넓이가 넓으며, 응회구는 넓이에 비해 높이가 높은 화산체입니다.

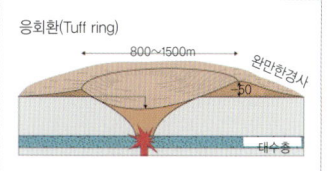
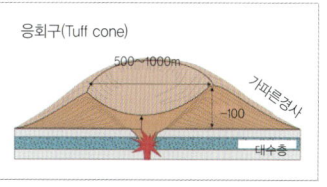

용머리의 전설

옛날 제주도에서 장차 왕이 태어날 것이라는 소문을 들은 진시왕이 풍수사 호종단을 보내 혈을 끊으라 명령했고, 호종단이 용머리 해안에 와보니 산방산의 맥이 바다로 뻗어 태평양으로 나가려는 모양새를 취하고 있기에 이에

수평층리

응회환

호종단이 용의 꼬리와 잔등에 해당하는 부분을 칼로 내리치자 검붉은 피가 솟고 신음소리가 울리며 왕후지지의 맥이 끊긴 것을 슬퍼하는 울음소리가 들렸다는 전설이 있습니다.

해식동굴   타포니

수직절리   풍화혈   풍화혈

7. 성산일출봉 응회구(천연기념물 제420호)

서귀포시 성산읍 성산리 78

성산일출봉(해뜨는오름)은 천연기념물 제420호로서 2007년 세계자연유산등재, 2010년 세계지질공원대표명소로 인증 되었습니다.

성산일출봉은 약 5천 년 전 얕은 바닷속 에서 폭발한 수성화산활동에 의해 만들어진 소형화산체(오름)로, 가운데가 사발처럼 움푹하게 들어가 있는 모양을 하고 있으며, 사발 모양의 분화구 둘레를 따라 봉우리들이 왕관처럼 늘어서 있는 것이 마치 성벽처럼 보인다 하여 예로부터 성산(城山)이라 불렀습니다.

성산일출봉은 분출도중 화구의 위치가 이동하여 원래 세 개의 분화구로 이루어 져 있었으나 동쪽 분화구가 파도에 깍여 나가고 지금은 서쪽 분화구만 남아있는 상태입니다. 파도에 깍여나 간 화산물질은 제주도 동쪽연안에 쌓여 원래 섬이었던 성산일출봉이 육지와 연결되었습니다.

높이가 약 180m, 분화구의 직경이 약 600m인 성산일출봉은 전형적인 응회구의 지형입니다.

응회구는 수성화산 분출에 의해 높이가 50m 이상이고, 층의 경사가 25°보다 급한 화산체를 말합니다. 분출 이후 수 천 년에 걸친 침식작용으로 해안절벽을 따라 응회구의 다양한 내부구조가 드러나 있어 화산이 폭발한 후 퇴적물이 어떻게 쌓여서 현재와 같은 모양이 만들었는지 이해하는 중요한 자료가 되고 있습니다.

인공동굴

기러기

8. 산방산 용암돔

서귀포시 안덕면 사계리 산16

산방산은 산 중턱의 굴이 방처럼 생겼다하여 산방산이라 이름 붙여졌습니다. 산방산은 해발 395m의 거대한 조면암질 용암돔으로 약 80만년 전에 형성되었으며, 인근에 위치한 용머리 응회환과 함께 제주에서 가장 오래된 화산지형 중 하나로, 용머리 응회환이 형성된 후에 응회환을 관입하며 뚫고 흘러나온 조면암질 용암에 의해 산방산이 형성되었으며, 점성이 매우 높은 조면암질 용암은 화구로부터 서서히 흘러나와 멀리 흐르지 못하고 굳어버려 종모양의 용암돔을 형성하였습니다. 산방산은 우리나라 어디에서도 보기 힘든 희귀한 화산지형일 뿐만 아니라 제주도 남서부 지역의 아름다운 경관을 만들어낸 웅장한 지형으로 큰 가치를 지니고 있습니다.

산방산 암벽의 풍화혈

풍화혈은 풍화에 의해 형성된 암석의 구멍이나 동굴을 말합니다. 대체로 집단적으로 나타나며, 크기는 수 cm에서 수 m에 달하며, 작은 풍화혈들이 열을 이루어 발달된 것을 특히 '벌집풍화'라고 합니다. 이들의 생성원인은 명확하게 밝혀지지 않았지만, 일반적으로 물에 노출되기 쉬운 절리나 균열대, 혹은 약대를 따라 시작되는 풍화에 의하여 생성됩니다. 특히 바람이나 파도에 의해 암석에 침투된 염분이 결정화됨으로써 풍화혈이 점진적으로 더 커지는 것으로 알려져 있습니다.

산방굴사

산방산의 중턱에는 산방굴이 있는데 굴이 방처럼 생겼다하여 산 속에 방이 있는 산, 곧 산방산 이라 부릅니다. 산방굴사 안에는 불상을 안치해 놓았고, 천장에서 떨어지는 물방울은 건강에 효험이 있는 약수로 마시기도 합니다. 이곳에서는 형제섬, 용머리해안과 가파도를 바라 보는 풍경과 경치가 뛰어나 영주십경 중의 한곳으로 꼽힙니다.

조면암질용암

우리가 제주도 에서보는 까만색 현무암과는 대조적인 성질을 가지고 있어서 점성이 높고 암석의 색깔은 밝은색을 띠는 특징이 있습니다.

9. 수월봉 응회환
제주시 한경면 고산리 3760외

수월봉은 약 18,000년 전 지하에서 상승하던 마그마가 물을 만나 강력하게 폭발하며 뿜어져 나온 화산재들이 쌓이면서 형성된 것으로 바다에 중심을 둔 응회환(수성화산체)의 일부입니다. 수월봉의 높이는 약 77m로 제주에서 가장 아름다운 일몰을 볼 수 있는 곳으로 알려져 있으며, 해안 절벽을 따라 드러난 화산쇄설암층에서 다양한 퇴적구조(층리, 탄낭 등)가 관찰되어 지질학 연구의 교과서 역할을 하고 있으며, 특히 화쇄난류(화산쇄설물이 화산가스나 수증기와 뒤섞여 빠르게 지표면 위를 흘러가는 현상)가 흘러가며 쌓은 거대연흔 사층리 구조가 특징적이며, 이러한 구조들은 수월봉의 화산활동은 물론 전 세계 응회환의 분출과 퇴적과정을 이해하는데 중요한 자료로서 지질학적인 가치가 매우 크다 합니다.

수월봉 인근의 고산리 선사유적지에는 약 8,000년~12,000년 전에 사람들이 살았던 흔적이 남아있는데, 신석기 시대 유적으로는 우리나라에서 가장 오래된 것으로 알려져 있으며, 이 곳에 정착한 사람들은 수렵채집 생활을 했을 것으로 추정됩니다. 발굴된 사냥도구, 토기 등의 유물은 국립제주박물관에서 볼 수 있습니다.

화산쇄설물: 화산의 폭발에 의해 방출된 크고 작은 암석 조각을 말합니다.
알갱이의 크기에 따라 화산암괴, 화산력, 화산재, 화산진 등으로 나뉘는데 화산암괴는 크기가 64mm이상의 모가 난 것을 말하고, 화산탄은 크기가 64mm 이상의 둥근 것, 화산력은 크기가 2~64mm인 것을, 화산재는 1/16mm~2mm를, 화산진은 1/16mm 미만을 말합니다.

수월봉의 침식

갱도들은 해수면상승과 함께 빠르게 침식되어 그 모습이 사라지는 중입니다.

수월봉의 침식

화산탄

탄낭

연흔사층리

갱도진지

고산기상대

10. 차귀도 (천연기념물 제422호)

제주특별자치도 제주시 한경면 고산리 3592-1

제주시 한경면 고산리 해안에서 약2km 떨어진 제주의 부속섬 중에서 가장 큰 무인도입니다.

차귀도는 크게 죽도와 와도로 구분되는데 일반인들이 관람 하는 곳은 죽도입니다. 이곳은 예로부터 대나무가 많아서 죽도라고 붙여진 이름이지만 섬에는 들가시나무, 곰솔, 돈나무등 13종의 수목과 해녀콩, 갯쑥부쟁이등 62종의 초본류 등이 자라고 있습니다.

이곳은 2개의 응회구와 2개의 분석구로 이루어진 복잡한 화산섬으로 차귀도 동쪽과 서쪽에 각기 다른 시기의 화산체가 형성 되어 마그마가 분출하면서 차귀도가 형성 된 것 입니다.

일반적으로 마그마가 분출하면 하나의 화산을 만드는 경우가 대부분입니다. 하지만 차귀도는 한 지점 에서 분출하는 시기를 달리하여 총 4번에 걸쳐 만들어진 화산체가 포개진 형태를 하고 있습니다. 이런 형태의 화산체는 매우 드문 경우 입니다.

차귀도 등대: 이 등대는 고산리 주민들이 손수만든 무인 등대로, 1957년 부터 빛을 발하기 시작하여 현재까지 자동으로 어둠을 감지하고 불을 밝히고 있습니다. 이 등대가 위치한 '볼래기 동산'은 차귀도 주민들이 등대를 만들 때 돌과 자재를 직접 들고 언덕을 오르며, 제줏말로 숨을 '볼락볼락' 가쁘게 쉬었다고 해서 유래된 이름입니다.

장군바위: 화산활동 때 화도 에 있던 마그마가 분출되지 않고 굳어져 암석이 된것입니다.

등대

장군바위

자구내 포구에서 본 매바위, 누운섬, 차귀도

집터

매바위

누운섬

곰바위

토르

분석(화산)송이

당산봉 생이기정

당산봉 생이기정

생이기정은 제주어로 새(鳥)를 뜻하는 '생이'와 절벽을 뜻하는 '기정'을 합쳐진 말로 새가 날아다닌다는 절벽길이란 뜻을 가지고 있습니다. 이 절벽은 당산봉을 형성한 화산재가 쌓이고 이후 분화구에서 분출한 용암이 화산재를 덮은 모습을 볼 수 있습니다.

당산봉 가마우지

당산봉 가마우지

가마우지는 잠수성이 뛰어난 물새입니다. 하지만 기름샘이 없어 잠수를 한 다음 깃털을 말리기 위해 주로 갯바위나 해안절벽을 이용하는데, 깃털을 말리면서 배설을 하는 습성 때문에 화산재 절벽이 하얗게 됩니다.

자구내포구

자구내 마을 해안에 위치한 포구로서, 동쪽으로 당산봉이 해안절벽을 이루고, 서남북쪽으로 아름다운 절경을 이루고 있는 고산항과 마주하고 있는 포구입니다. 자구내는 고산마을의 젖줄기로서 수원이 풍부하여 만 년 전부터 사람들이 살아가며 마을을 이루었으며, 포구내에는 일제강점기때 세워진 도대불(돌등대)이 원형 그대로 보존하고 있으며, 포구안에는 조그마한 자구내 갯당(신당)이 있어 아직도 해녀들과 어부들이 바다에서 안전과 풍요를 기원하고 있는데 이 광경이 바로 차귀십경 중의 하나인 "죽포귀범" 이라 합니다.

자구내포구

도대굴(돌등대)

용찬이굴

이 동굴은 1930년대 고산리에 거주하던 좌용찬씨가 어민들과 해녀들이 잡아온 생선과 전복을 수집하여 양식을 하던곳입니다.

갯당(신당)

용찬이굴

신도리 도요지

'신도리 도요지'는 서쪽이 낮고 동쪽이 높은 자연 경사면을 따라 만들어 졌습니다.

이 도요지는 제주도 사람들이 사용했던 생활용기를 구어내던 제주도의 대표적인 '노랑굴' 가운데 하나로, 일명 '일곱드르 노랑굴' 이라고도 합니다.

'노랑굴'은 그릇을 구워 만들 때 온도변화에 따른 자연발색으로 그릇 표면이 노란색을 띠기 때문에 붙은 명칭입니다. 제주옹기는 다른지역과 달리 유약을 바르지 않고 구워냈고, 다른지역의 가마는 흙으로 만든 가마지만 제주는 돌로 만든 가마에서 큰 차이점을 보여줍니다.

신도리 도요지

11. 선흘 곶자왈

제주시 조천읍 선흘리 산12외 24필지

선흘 곶자왈은 용암이 지표를 흐른 대지위에 용암언덕(튜물러스)가 생기고, 그 깨진 돌무더기의 틈으로 온도와 습도가 일정하게 유지되어 양치류가 풍성하며 난대성 상록수가 울창한 숲입니다.

선흘 곶자왈은 거문 오름에서부터 북 오름을 지나 선흘리까지 이어진 곶자왈 지대를 말하며, 2011년 람사르습지로 지정된 동백동산이 대표지역입니다. 동백동산 습지는 하천이나 호소 유역에 형성된 내륙습지로서 점성이 낮은 파호이호이 용암이 흐르면서 만든 완만한 용암대지로 지표면에 돌이 많아 경작지로 활용되지 못하고 자연적인 상태로 남아 숲을 이루게 되었는데, 특히, 동백동산에는 용암동굴을 비롯하여 용암언덕, 붕괴도랑 등 다양한 용암지형이 발달하고 있으며, 동백동산의 주요 지질 사이트는 총 11개소로서, 먼물깍, 곶자왈 습지, 상돌언덕, 튜물러스와 새끼줄구조, 대섭이굴, 목수물굴, 도틀굴, 게여멀물, 반못, 용암언덕 및 함몰지 등이 있습니다.

먼물깍 습지: 마을에서 멀리 떨어져 있다는 의미의 '먼물'과 끄트머리라는 의미의 '깍'에서 먼물깍 이라는 지명이 유래되었습니다. 과거에는 생활용수나 가축 음용수로 이용했던 이곳은 물을 잘 통과시키지 않는 넓은 용암대지의 오목한 부분에 빗물이 채워져 만들어진 습지입니다.

용암언덕: 상돌언덕(용암언덕)은 동백동산 곳곳에 분포하는 용암언덕(투물러스) 중에서 가장 큰 규모를 보이는 곳입니다. 용암언덕은 흐르는 용암의 앞부분이 굳어지면서 가운데 부분이 부풀어올라 만들어진 지형입니다.

용암언덕(투물러스) 지형

숫막은 숯을 굽는 곳에 지은 움막을 말합니다.

상돌언덕(용암언덕) 모식도

양치류

안내도

11. 선흘 곶자왈 69

도틀굴: 용암동굴인 도틀굴 내부에는 용암선반, 승상용암, 아아용암, 용암주석 등이 산재하며, 또한 용암종유와 동굴산호 용암곡석 등이 관찰 되는 곳입니다. 동굴의 보존을 위해서 출입을 금지하고 있으며 이 동굴은 제주 4·3사건 당시 피신했던 흔적과 유품들이 발견된 동굴입니다. 선흘곶은 주민의 삶과 애환을 같이 하고 삶에 필요한 자원을 얻는 장소였으며 1948년 4·3의 광풍으로 주민들이 학살 당한 슬픈 역사의 배경이 되기도 한곳입니다.

도틀굴

제주4·3사건

1947년 3월 1일부터 1954년 9월 21일까지 7년 7개월에 걸쳐 제주도에서 일어난 사건이다. 일제의 패망 이후 무장반란한 남조선로동당 무장대와 미 군정과 국군, 경찰 간의 충돌과 사건 발발 이후 서북청년단으로 대표되는 국가폭력 및 남북한의 이념갈등을 발단으로 이승만 정권과 미국 정부의 묵인하에 벌어진 초토화 작전 및 무장대의 학살로, 많은 주민이 억울하게 희생당한 사건이다. 제주도는 이미 일제에게 가혹한 수탈을 당한 걸로도 모자라 결7호 작전이 시행되어 섬이 초토화될 위기에 처했던 적이 있었고, 1945년 이후부터 종전 전까지 엎친 데 덮친 격으로 제주도는 미군정의 폭정과 사상 최악의 지속적 흉년에 시달렸다. 그야말로 제주도 역사상 최악의 상황이었다고 봐도 무방했을 때, 4·3이라는 명칭은 1948년 4월 3일에 발생했던 대규모 소요사태에서 유래하였다. 그날 남조선로동당 제주도당에서 대한민국 정부 수립을 방해하기 위해 무장대를 조직, 경찰서 기습을 감행하는 등 반란을 일으켰고, 제주 4·3 사건이라고 불린다.

12. 교래삼다수 마을

제주시 조천읍 교래 3길 98

교래 삼다수 마을에는 지질학적 가치가 높은 교래곶자왈, 교래리 퇴적층, 맨틀 포획암, 돌문화공원, 산굼부리(천연기념물 제263호) 등이 위치해 있습니다. 이곳은 생태적 측면에서 삼나무 숲길을 중심으로 희귀식물(붓순나무, 황칠나무) 군락지가 있으며, 다양한 생물들이 공존하고 있고, 역사 문화적 측면에서 본향당과 산마장, 잣성, 사냥터 등의 유적지가 분포하고 있으며, 삼다수 숲길에는 점성이 높은 용암이 흐르면서 만든 지형 과 물찻오름에서 분출된 화산탄과 분석(송이)등을 관찰할 수 있습니다.

아아용암과 돌개구멍

천미천은 폭우 시에만 물이 흐르는 건천으로 한라산 1,100고지에서 발원하여 교래리 와 성산읍을 걸쳐 표선면 하천리 바다로 이어집니다. 제주도에서 가장 긴 하천으로 총길이는 약25.7km 정도입니다. 하천형태는 나뭇가지모양(수지형)이며 하천바닥에는 크고 작은 돌개구멍이 발달해있고, 하천단면에는 아아용암과 주상절리 등을 관찰할 수 있습니다.

13. 우도

우도는 소가 누워있는 모양, 소가머리를 내민모양이라해서 '소섬' 즉 우도라고 이름 붙여진 섬입니다.
우도는 성산일출봉에서 북동쪽으로 약 3 km 떨어져 있으며, 섬의 중앙에는 화산재로 이루어진 소머리오름 응회구(우도봉)가 있고, 마을이 형성된 북서 방향으로 넓은 용암대지가 발달해 있습니다.
우도는 형성초기 물이 풍부한 환경에서 강력한 수성화산분출이 발생하여 섬 중앙에 소머리오름으로 불리는 응회구(tuff cone)가 만들어지고 물의 양이 감소하면서 폭발력이 줄어들어 분석과 용암을 분출하는 스트롬볼리형 분출이 발생하여 섬이 형성되었습니다.
그리고 용암이 분출하여 현재의 마을을 이루는 용암대지가 형성되었고, 이러한 분출양상의 변화는 수성화산들이 흔히 겪는 진화과정이며, 우도는 수성화산의 일반적인 진화과정을 잘 보여주는 대표적인 사례라 할 수 있습니다.

우도에는 다양한 종류의 해변이 존재하는데, 특히 서빈백사로 알려진 흰색의 홍조단괴 백사장이 있습니다. 홍조단괴는 얕은 바다에서 자라는 바다풀, 홍조류의 작은 핵을 중심으로 석회성분을 만드는 홍조류가 구르면서 둥글게 성장한 것입니다.
이런 독특한 가치로 인해 홍조단괴는 국가지정문화재로 지정되어 있습니다. 홍조는 그 자체로는 흔히 볼 수 있는 생물이지만, 서광리 해변처럼 99%가 홍조단괴로 뒤덮여 있는 곳이 없기 때문에 서광리 해변이 천연기념물 제 438호로 지정되었습니다.

홍조단괴

> **후해석벽**
> 200만년 전 신생대 제4기 화산활동으로 바다에서 첫 불기둥이 치솟아 우도가 탄생하면서 지층이 차곡차곡 쌓여 생성된 기암절벽입니다.

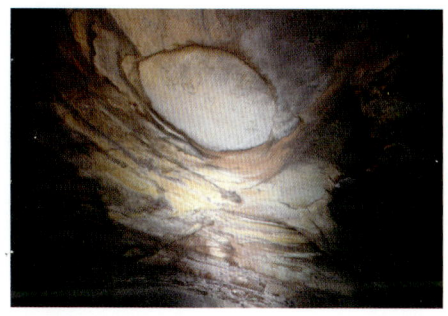
주간명월

후해석벽

동안경굴(해식동굴)

말뚝바위

등대

우도속 비양도

13. 우도 73

14. 비양도

비양도는 한림항에서 약 5km 떨어진 섬으로, 하늘에서 날아온 섬이라는 의미를 담고 있습니다.
비양도는 섬 중앙 비양봉 일대에 2개의 분석구가 있고, 섬의 북서쪽 해안에는 오래전에 사라진 분석구의 일부가 남아있습니다. 해안은 대부분 용암으로 구성되어 있으며, 대형 화산탄과 애기업은돌이 대표적인 지질명소로써, 특히 화산탄은 10톤 규모의 초거대 크기로 직경이 5m에 달하며, 현재까지 제주도에서 발견된 화산탄중에 가장 큰 규모를 자랑합니다. 한편 화산탄 분포지 인근에는 '애기업은돌'로 불리는 독특한 바위들이 약 20여기 분포하고 있는데, 이 바위들은 마치 굴뚝같은 모양을 하고 있는데 용암이 흐르는 동안 바닥에 물을 만나 소규모 폭발이 발생하여 용암이 뿜어져 나가 만들어진 것으로 용암굴뚝(호니토, hornito)이라 부릅니다. 최근까지 비양도는 약 1,000년전에 분출한 섬으로 알려져 왔으나 실제 용암의 나이를 분석한 결과 27,000년 전에 형성된 것으로 조사되었습니다.
비양도의 대표적인 지질사이트는 펄랑못, 대형화산탄, 코끼리바위, 파호이호이 용암류해안, 용암굴뚝, 아아용암류, 튜물라스, 비양봉 등 총 10개소가 있습니다.

호니토(애기업은돌, 천연기념물 제439호)

1002년 분출한 화산으로 사서에 기록된 비양도는 가장 최근에 분출한 화산체로 화산지질학적으로 흥미로운 섬입니다. 특히 섬 속에는 분석구인 비양봉과 화산생성물인 호니토, 그리고 초대형 화산탄들이 잘 남아있어 '살아있는 화산박물관'이라고 합니다.
호니토는 용암류 내부의 가스가 분출하며 만들어진 작은 화산체로 보통 내부가 빈 굴뚝 모양을 이루며 이곳에서만 관찰됩니다.
비양도에 분포하는 40여개의 호니토 중 유일하게 원형을 보존하고 있는 호니토는 높이 4.5m, 직경이 1.5m로, 애기업은 사람의 모습과 같다고하여 '애기업은 돌'로 불리는 바위입니다.

호니토

호니토 분포지의 서쪽해안은 제주도 최대의 화산탄 산지로 직경 4m, 무게 10톤에 달하는 초대형 화산탄들이 바닷물에 잠겨 발견되며, 화산탄은 화산활동 중에 터져 나와 화구주변에 쌓이는 것이므로 화산탄 부근에 화구가 존재해야 합니다. 화산탄 주변에 남아있는 일부 분석구와 층리의 경사 방향을 통해 비양봉이 아닌 바다쪽에 다른 분석구가 존재했던 것으로 해석되며, 지금은 바닷물에 의해 분석구가 모두 깍여 볼 수 없고 무거운 화산탄만이 그 자리에 남겨진 것으로 추정 됩니다.

펄랑못

비양도 남동쪽에 위치한 '펄랑못'은 염습지로서 바닷물이 지하로 스며 들어간 만조, 수위를 형성하고 있습니다.

'펄랑못' 서쪽능선에는 해송과 억새, 대나무 등 다양한 식물 251종이 서식하고 있으며, 과거 저지대에는 경작지로 사용되었으며, '펄랑못'에는 야생식물로 지정된 황근, 해녀콩, 갯질경이, 갯하늘지기, 갯잔디가 군락하고 있으며 겨울철에는 청둥오리, 바다갈매기 등의 철새가 서식합니다.

화산탄

화산탄

화산탄 분포지

가마우지

코끼리바위

바다직박구리

부산 국가지질공원

부산은 인구 350만 내외의 우리나라 제2의 대도시임에도 불구하고, 강 하구, 해안, 산지에 뛰어난 경관을 지니고 있으며, 다양하고도 독특한 풍광과 지질 및 지형유산을 보유함과 동시에 이와 연계하여 활용할 수 있는 생태, 역사, 문화자원이 풍부하게 분포하고 있습니다.

이들 곳곳에는 교육적 가치가 뛰어난 다양한 특성의 지질유산들이 자연 그대로 보존되어 있을 뿐만 아니라, 접근성과 기반시설 등 교육 및 관광 인프라가 잘 갖추어진 지질탐방로가 개발되어 있어, 다수의 시민과 관광객들에게 지질유산의 자연사적 가치와 유용성을 효과적으로 전달할 수 있는 국내 유일의 도시형 지질공원입니다.

강과 바다가 어우러진 천연의 국내 최대의 현생 삼각주인 낙동강 하구, 고대 박물관으로 가는 바닷길 몰운대, 공룡의 낙원을 뒤흔든 지진을 보여주는 두송반도, 불의 신이 사는 호수 송도반도와 두도, 호수에서 태어나 바다와 맞선 바위들의 향연 태종대, 부산의 상징인 오륙도와 이기대, 불타는 대지 장산, 신화가 잠든 바위산 금정산, 마그마가 빚어낸 천연 공예품 구상반려암, 다양한 암석들의 하모니 백양산 등 총 12개의 지질명소가 있습니다.

1. 태종대

부산광역시 영도구 동삼동 1054

태종대(太宗臺)는 영도의 남동쪽 끝에 위치하는 구릉지역으로 백악기 말에 호수에서 쌓인 퇴적층이 해수면 상승으로 파도에 의해 침식되어 만들어진 곳으로, 신선암, 파식대지, 해식애, 해안동굴 등의 암벽 해안으로 유명한 곳이며, 구상혼펠스, 슬럼프구조, 암맥, 단층, 꽃다발 구조 등의 다양한 지질기록과 신비스러운 천연암벽화, 자갈마당 등의 경관이 어우러진 으뜸명소로 해안식물 생태코스, 태종대 전망대, 영도해양문화공간으로 이어지는 트레일 코스가 개발되어 있습니다.

태종대 전망대에 서면 해안절벽에 부딪히는 파도소리를 들으며 맑은 날엔 저 멀리 대마도까지 바라 볼 수 있는 명소이며, 등대 오른편 아래쪽에 있는 평평한 바위는 옛날 신선들이 내려와서 놀았다고 하여 신선바위가 있는데, 신선바위 위에 외로이 서 있는 하나의 돌(신선암)은 왜구에 끌려간 남편을 애타게 기다리던 여인이 돌로 변하였다고 하여 망부석이라 불리고 있습니다.

전망대

지명유래

『동래부지(東萊府誌)』(1740)에 "태종대는 동래부의 남쪽 30리 되는 절영도의 동쪽 바닷물이 돌아가는데 서쪽에 돌다리가 하나 있어 놀이 오는 사람들이 겨우 통할 수 있다"는 기록이 있는데, 태종대(太宗臺)의 명칭 유래는 신라 태종무열왕이 순행하였던 곳이라 하여 붙은 이름으로 전한다. 신선대라고도 하는데 용당동의 신선대와 혼동될까 봐 쓰이지는 않는다. 부산 영도 태종대는 부산 대교를 지나 영도 해안을 따라 9.1km의 최남단에 위치하고 있으며 164만 0063㎡의 면적에 해발 250m의 최고봉을 중심으로 해송을 비롯한 수목이 울창하게 우거져 있다. 태종대는 일제강점기 때부터 일본군 요새로 사용되며 일반 시민의 출입이 제한되어 오다가 지난 1967년 건설교통부가 유원지로 고시하였고 뒤이어 1969년에 관광지로 지정되었다. 이후 1972년 6월 26일 부산광역시 시도 기념물 제28호로 지정되었다가 2005년 11월 1일 명승 제17호로 다시 지정되었다.

생도(주전자섬)

태종대 생태길

태종대 주변에는 울창한 송림과 난대성 상록활엽수, 해송, 생달나무, 후박나무, 사스레피나무 등 약 200여 종의 수목이 자생하고 있으며, 탐방로 입구에서부터 등대로 이어지는 코스에는 태종대에서 만날 수 있는 식물과 바다생물에 대한 설명이 잘 되어 있는 식생길이 조성되어있습니다.

주향이동단층·꽃다발구조

자연사전시관에서 남서쪽으로 10m 떨어지는 곳에는 떡시루를 차곡차곡 쌓아 놓은 것 같은 퇴적암 지층을 끊고 들어온 단층을 확인할 수 있는데, 이 단층 주변의 암석은 단층운동으로 인해 심하게 파쇄 되어있고, 파쇄대의 폭이 위로 갈수록 넓어져 마치 꽃다발을 연상케 하며, 파쇄대 내부에는 단층운동에 의해 암석이 심하게 분쇄되어 만들어진 두꺼운 폭의 단층점토가 관찰됩니다.

구상혼펠스

태종대의 해안 절벽을 이루고 있는 퇴적암의 표면에는 동심원 형태의 독특한 무늬가 관찰되는데, 이것들은 공룡발자국과 같이 보이기도 하나, 퇴적암이 열에 의해 변성작용을 받으면서 만들어진 구상혼펠스입니다. 구상혼펠스의 크기는 2~3cm의 작은 것부터 1m에 이르는 것까지 다양하게 나타납니다.

낭식흔

태종대의 해안절벽 옆을 따라 거닐다 보면, 평평한 곳과 만나는 절벽의 아래 부분에는 깊은 홈이 파여 있는 것을 보실 수 있습니다. 이것은 낭식흔이라 불리는 지형으로 과거 파도의 침식작용에 의해 만들어졌으며, 땅의 융기로 인해 지금의 위치까지 솟아 올라온 것입니다.

슬럼프구조(천연벽화)

태종대층 응회질 퇴적암으로 이루어진 해안절벽에는 녹색·흰색·붉은빛 암석들이 어우러져 마치 한 폭의 수묵화와 같은 장면이 나타납니다. 천연벽화라는 이름으로 사람들에게 잘 알려진 이것은 슬럼프구조, 선권층리(convolutebedding), 아래 지층이 위로 뜯겨져 암편으로 들어간 구조(rip-up structure)와 같은 퇴적구조물들이 빚어낸 자연작품입니다.

파식대지·해안단구

가파른 해식절벽과 평탄한 파식대지가 계단상으로 배열된 모습은 태종대에서 가장 뛰어난 경관입니다. 파식대지를 태종대(바위)라고 하는데, 신라 태종무열왕이 해안절경에 심취해 한동안 머물며 활쏘기를 즐겼다고 하여 태종대라는 이름이 붙여졌다고 합니다. 태종대(바위)는 과거 파도의 침식작용으로 평탄해진 파식대지가 땅이 솟아오르는 융기작용을 받아 현재의 높이에 위치하게 되었습니다. 이러한 지형을 해안단구라고 합니다. 이곳의 해안단구는 최소 5단이 확인되고 있습니다.

신선바위

선녀들이 평평한 이곳 바위에서 놀았다고 하는 전설에서 이름이 유래되어 과거에는 태종대를 신선바위(신선대)라 불렀습니다. 오늘날에는 오른쪽 대를 신선대(바위), 왼쪽 대를 태종대(바위)라 부르며, 이들 바위는 파식대지가 융기하여 만들어진 단구지형입니다.

녹니석광맥

태종대의 응회질 퇴적암 속에는 짙은 녹색을 띠는 얇은 세맥이 많이 나타납니다. 이 세맥은 녹니석이라는 하나의 광물로 이루어진 광물인데, 광맥은 지하에서 뜨거워진 열수가 암석의 틈을 따라 관입할 때, 열수 속에 녹아있던 물질이 광물결정으로 침전되면서 만들어지게 됩니다.

해식동굴

태종대의 해안절벽 곳곳에는 크고 작은 해식동굴이 많이 있습니다. 이와 같은 동굴은 파도의 차별적 침식작용으로 인해 침식에 약한 암석이 깎여나가면서 만들어진 것으로, 해식동굴은 해안절벽, 파식대지와 함께 태종대의 대표적 해안 침식지형입니다.

역빈(현생자갈마당)

해안절벽과 바다 사이의 자갈은 파도에 의해 운반되면서 서로 마모되어 둥글고 매끄러운 형태를 하고 있습니다. 이러한 자갈들이 파도에 쌓여 역빈(현생자갈마당)이 만들어지게 되었습니다.

복합암맥

태종대에서는 독특한 형태의 암맥을 확인할 수 있는데, 양쪽에 어두운 색을 띠는 두 암맥은 안산암질 암맥이며, 유사한 조직과 광물조합이 확인되어 동일 기원의 암맥으로 보입니다. 두 암맥 사이의 밝은 색을 띠는 암맥은 유문암질 암맥으로, 이와 같이 서로 다른 화학적, 광물학적 조성을 가진 두 매 이상의 암맥이 동시에 나타나는 것을 복합암맥이라고 합니다.

해양돌개구멍(마린포트홀)

태종대 해안가의 평평한 파식대지 위에는 마치 공룡발자국과 같은 둥근 모양의 작은 웅덩이가 많이 나타나는데, 이 웅덩이는 해양돌개구멍(마린포트홀)이라 불리며, 바다로 운반된 자갈이 요동치는 파도로 인해 바위 표면을 침식하면서 생긴 것입니다.

안산암질 암맥

이곳의 가파른 해안절벽에는 약 1m 두께의 긴 암체가 보이는데, 하늘을 향해 솟아오른 짙은 회색의 이 암체는 지하에서 마그마가 암석의 틈을 따라 관입하여 만들어진 암맥으로 이 암맥을 만든 마그마의 조성은 안산암질에 해당됩니다.

등대

*도시철도 1호선 부산역 하차 (7번출구) → 66, 88, 101번 버스환승 → '태종대' 하차시내버스 이용시 66, 88, 101번 → '태종대' 하차
김해공항-경전철 사상역 하차-서부버스터미널 8번 버스 환승 -태종대 하차 (약 1시간 소요)

2. 이기대

부산광역시 남구 용호동 산28-3

약 8천만 년 전 격렬했던 안산암질 화산활동으로 분출된 용암과 화산재, 화쇄류가 쌓여 만들어진 다양한 화산암 및 퇴적암 지층들이 파도의 침식으로 발달된 해식애, 파식대지, 해식동굴과 함께 천혜의 절경을 이루고 있으며, 해안가를 따라 오륙도까지 이어지는 트레일코스를 통해 구리광산, 돌개구멍, 말꼬리구조, 함각섬석 암맥 등의 다양한 지질 및 지형 경관을 감상할 수 있습니다.

지명유래

이기대의 명칭 유래에 대해서는 여러 이야기가 전한다. 먼저 『동래영지(東來營誌)』(1850)에는 "좌수영에서 남쪽으로 15리에 있으며 위에 두 기생의 무덤이 있어서 이기대라 부른다"라고 기록되어 있다. 다음으로는 경상 좌수사가 두 기생과 풍류를 즐기던 장소라 하여 이기대라고 하였다고도 전한다. 앞의 두 견해에 대해, 옛날 관리들은 가는 곳마다 연회를 했으며, 천민에 속했던 두 기생의 무덤이 있어 붙인 이름으로는 보기 어렵다는 것이 일반적이다.

최한복(崔漢福, 1895~1968, 수영의 향토 사학자)의 의견은 다르다. 임진왜란 때 왜군들이 수영성을 함락시키고 이곳에서 연회를 열었는데, 수영의 의로운 기녀가 자청해 연회에 참가해 술에 취한 왜장을 안고 물속에 떨어져 죽었다고 하여 붙인 이름이라는 것이다. 원래 의기대(義妓臺)가 옳은 명칭이나 후에 이기대가 되었다고 한다.

해양 돌개구멍 (마린 포트홀)

해안가에 발달한 화산각력암에 마치 공룡 발자국과 같은 형태가 보입니다. 이는 바위의 빈틈에 들어간 자갈이나 모래가 파도에 의해 회전하면서 서서히 바위를 깎아내어 만들어진 돌개구멍(포트홀, phthole)입니다.

돌개구멍이 만들어지는 과정

고르지 않은 바닥 주변에 파도가 소용돌이 침

자갈이 맴돌면서 구멍을 갈아 넓히고 깊게 팜

이 과정이 계속되면서 구멍은 깊어지고 넓어짐

구리광산

일제 강점기때 이 일대에 총 5개의 구리광산 갱도가 있었는데, 그 중 하나였던 이곳은 깊이가 무려 수평 550m, 수직 380m에 달했다고 합니다. 당시 이곳에서는 순도 99.9%의 황동이 많이 생산되었으나, 지금은 갱도입구가 막혀있습니다.

해녀막사

해녀들이 조업 후 휴식을 취하거나 어구를 보관하기 위한 장소로 사용되는 곳입니다. 바다를 향한 거북 머리모양의 바위에 인간이 돌을 쌓아 만든 해녀막사는 이기대를 삶의 터전으로 하는 이들의 애환이 녹아 있습니다.

해식동굴

가파른 절벽을 이루는 암석의 약한 부분이나 빈틈이 오랜 시간동안 파도에 의해 깎여 나가 만들어진 자연동굴입니다. 이 기대의 해식동굴은 현재 파도의 침식작용을 받지 않는 육지에 노출되어 있어 관찰하기가 좋습니다.

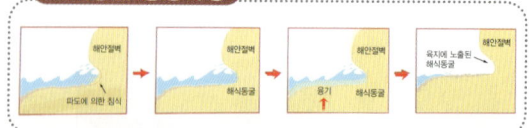

내부

외부

화산각력암층

백악기 당시 폭발적인 화산 분출로 인해 쌓인 안산암질 화산각력암이 탐방로를 따라 넓게 발달되어 있습니다.

함각섬석 암맥

이기대 해안에는 마그마가 암석의 약한 부분이나 틈을 뚫고 올라가 굳어져서 형성된 암맥이 곳곳에 발달되어 있습니다. 이곳의 암맥은 유색광물 중의 하나인 각섬석이 큰 결정으로 다량 함유되어 있는 것을 관찰할 수 있습니다.

응회질 퇴적암층

폭발적인 화산활동 이후 잠잠해진 시기에 화산재들이 섞여 있는 퇴적암(사암과 이암)이 층층이 쌓여 만든 층리가 잘 나타납니다.

> **이기대와 오륙도의 지질**
>
> 이기대와 오륙도 지역은 약 8천만년 전 중생대 백악기 말 격렬했던 화산활동으로 분출된 용암과 화산재, 화산 쇄설류가 쌓여 만들어진 화산암과 응회질 퇴적암들로 이루어져 있습니다.
> 특히 이기대 해안가와 오륙도 선착장을 따라서 화산각력암, 응회질 퇴적암과 이를 뚫고 올라온 암맥들이 잘 발달되어 있습니다.

*공항 경전철-사상역 환승 2호선, 부경대역 하차 5번 출구-20, 22, 24,27번 승차 이기대 용호 복지관하차, 길 건너 이기대 방향 10분 동생말 출발-오륙도 선착장까지 3시간 정도소요.

농바위
부처가 아이를 가슴에 품고 있는 모습으로 배의 무사안녕을 기원하는 돌부처상 바위입니다. 응회질 퇴적암이 수평층리를 이루며 발달한 모습을 볼 수 있습니다.

밭골새

해안가를 따라 발달한 해안절벽과 파식대지의 풍광이 장관을 이룹니다. 응회질퇴적암과 화산각력암, 이를 관입한 산성 질암맥은 지질교육 및 체험장소로서 손색이 없습니다.

치마바위

바다에서 바라보면 갈옷을 입고 있는 모습을 닮았다하여 치마바위라 부릅니다. 해안가를 따라 발달한 해안절벽과 파식대지는 절경을 이룹니다.

3. 오륙도

부산광역시 남구 용호동 936

각 섬마다 가파른 해안절벽과 파도의 침식에 의한 파식대, 각양각색의 해식동굴 등의 지형과 오랜 세월동안 사람의 간섭없이 자라난 동식물들, 그리고 짙푸른 바다가 한데 어우러져 장관을 이루고 있습니다.

오륙도는 이기대 지질명소와 같은 화산암들로 이루어져 있으며, 12만년 전까지는 육지와 연결된 작은 반도였던 것이 오랜 세월 동안 거센 파도의 침식작용으로 육지에서 분리된 것으로 추정됩니다.

화산각력암층과 응회질퇴적암층을 관찰할 수 있으며, 오륙도 유람선을 탈 수 있는 곳입니다.

오륙도 스카이워크

화산 각력암

지명유래

'오륙도(五六島)'는 바위섬으로 부산항의 바다와 바깥 바다와의 경계에 위치하며 전체 넓이는 28,189㎡ 로 그렇게 큰 섬은 아니지만 이곳 앞쪽으로는 쿠로시오 난류가 흐르고 다양한 환경을 가지고 있어 많은 생물들이 살고 있습니다.
이름이 오륙도인 것은 옹기종기 모여 있는 섬이 다섯으로 보였다가 여섯으로 보였다 해서 붙여진 이름입니다.
이 섬들 중 육지에서 가장 가까운 방패섬과 솔섬이 있는데, 이 두 섬은 아랫부분이 거의 붙어 있어 썰물 일때는 우삭도 라고 하는 1개의 섬으로 보이고, 밀물 일 때는 2개의 섬으로 보입니다. 그래서 섬의 개수가 5개가 되었다가 6개가 되었다가 해서 오륙도 라고 이름이 붙여진것이라고 합니다.

솔섬: 섬의 꼭대기에 소나무가 자라고 있다해서 지어진 이름입니다.

방패섬: 세찬바람과 파도를 막아준다고해서 붙여진 이름입니다.

수리섬: 갈매기를 사냥하기위해 수리류가 많이 모여들어 붙여진이름 입니다.

솔섬, 방패섬

송곳섬: 섬의 모양이 뾰족하게 생겨서 붙여진 이름입니다.

수리섬, 송곳섬, 굴섬, 등대섬

굴섬: 오륙도에서 가장 큰 섬으로 섬 가운데에 굴 이 있어 붙여진 이름입니다.

굴섬에는 하얀폭포처럼 보이는 것이 있는데 이것은 바다새(가마우지, 갈매기 등)들의 배설물이 비와 함께 흘러내리면서 만들어진 무늬입니다.

등대섬: 위치가 평평하여 밭섬으로 불렸다가 등대가 생긴후부터 등대섬이라고 합니다.

이 등대는 1937년 11월에 처음 불을 밝히고 지금의 등대는 1998년 12월에 만들어 진것입니다. 등대는 10초에 한번씩 깜빡거리고 불빛이 아주 밝아 맑은 날이면 70km넘게까지도 비쳐 멀리 일본에서도 보인다고 합니다.

굴섬: 하얀폭포

방패섬과 솔섬이 조수(밀물과 썰물)간만의차로 두섬이 한 개로보여집니다.

3. 오륙도 89

4. 몰운대

부산광역시 사하구 다대동 144

이곳 몰운대는 약 8천만년 전 백악기 말에 쌓인 하부다대포층과 그 후 부산지역 지각의 변형과정을 한눈에 볼 수 있는 명소입니다.

과거 '몰운도(沒雲島)'라는 섬이었으나 낙동강에서 공급된 모래가 쌓이면서 육지와 연결된 육계도의 독특한 지형을 나타냅니다.
다양한 단층과 단층암, 암맥, 광맥, 마그마성 및 쇄설성암맥, 쳐트편, 사층리, 흔적화석, 과거지진기록 등의 다양한 지질특성을 간직한 지질학의 교과서라 불릴만한 명소입니다.

몰운대

'몰운대(沒雲臺)'는 전형적인 육계도로 낙동강하구 최남단에 위치하여 16세기까지도 "몰운도'라는 섬이었으나, 강 상류에서 운반된 토사의 퇴적으로 다대포와 연결되었다. 몰운대의 남단은 파도의 침식으로 해식애와 해식동이 발달하였고, 배후의 수려한 사빈해안이 해수욕장으로 이용되고 있다. 몰운대는 예부터 우거진 숲과 깎아지른 듯한 기암괴석, 출렁이는 창파, 수려한 사빈으로 빼어난 경승지로 이름나 있다.

몰운대란 지명은 낙동강 하구에 안개와 구름끼는 날에는 이 일대가 기류속에 잠겨 보이지 않는데서 비롯되었다. 몰운대의 지형은 학이 날아가는 형상을 하고 있으며, 멀리서 바라보는 그 아름다움을 그대로 노래한 동래부사 이춘원의 시(詩)가 『동래부지(1740)』에 전하고 있다.

몰운대의 아름다운 자연절경은 해안변의 기암괴석과 수목으로 그 빛을 더해주고 있다. 몰운대는 임진왜란 당시 부산포 해전에서 이순신 장군이 왜선 500여척과 싸워 100여척을 격파하고 큰 승리를 거두었을 때, 큰 공을 세운 녹도만호 정운장군이 선봉에서 적과 맞서 싸우다 순절한 사적지로도 유명하다.

노을정과 생태탐방로

노을정은 부산국가지질공원 몰운대 지질명소의 시작점에 위치한 정자로 이곳에서부터 낙동강하구 아미산전망대까지 이어지는 탐방로가 설치되어 있고, 다대포 생태체험학습장에서는 재첩, 띠조개, 빛조개, 엽낭게 등의 수생생물을 직접 확인할 수 있고, 괭이갈매기, 쇠백로 등 낙동강 하구로 날아드는 철새를 관찰할 수 있습니다.

노을정에서 본 사구

사구와 사구식물

사구(沙丘, sand dune)는 하천에 의하여 바다에 공급된 모래가 파랑과 연안류에 의해 사빈에 쌓인 후 해풍에 의하여 사빈 배후로 운반되어 다시 쌓인 모래 언덕입니다. 일반적으로 해안선과 평행하게 형성되며, 눈에 띄지 않을 정도의 작은 규모에서 높이가 500m에 달하는 거대한 규모로 나타납니다. 또한, 다대포해수욕장에 발달하는 사구에는 통보리사초, 좀보리사초, 갯완두, 달맞이꽃 등의 사구식물을 관찰할 수 있습니다.

사구

갯 완구(콩과)

벌노랑이(콩과)

사구식물

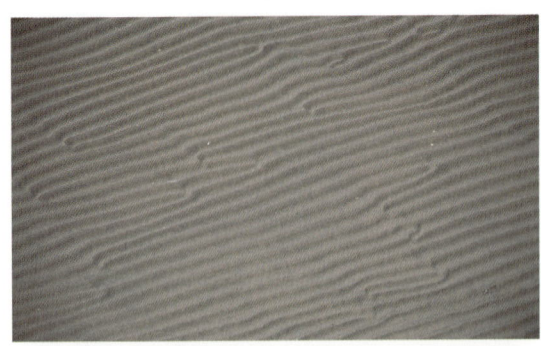

연흔

연흔(連痕, ripple mark)은 바람이나 물의 움직임이 대지 위에 형성되는 물결의 자국입니다. 바람이나 흐르는 물에 의해 만들어질 때는 비대칭으로, 파도에 의해 만들어질 때는 대칭으로 연흔이 형성됩니다.

생흔(펠렛)

다대포해수욕장 갯벌에서 흔히 관찰되는 갑각류인 엽낭게는 지름 5mm, 깊이 10~20cm 정도의 구멍을 수직으로 파서 사는 게 입니다. 간조 때 나와 양집게 다리를 교대로 움직이며 모래를 입으로 운반하여 구기(口器) 속에서 먹이를 골라내고 나머지 모래를 서식지 구멍 주변에 알갱이 모양으로 늘어놓은 펠렛(pellet)을 관찰해보세요.

안산암질 암상(sill)

지하 깊은 곳에 있는 마그마는 주변의 단단한 암석보다 더 가볍기 때문에 위로 올라오려는 성질을 가지고 있습니다. 이렇게 상승하는 마그마는 퇴적암에 발달하는 틈새인 층리면을 따라 관입하게 되는데, 이렇게 만들어진 층리면에 평행한 판상의 암체를 암상(sill)이라고 합니다.

하부 다대포층(역암)

약 8-7천만 년 전 만들어진 그릇모양의 다대포분지에 붉은색의 사암과 실트암 및 회색 역암으로 이루어진 두꺼운 퇴적층의 '다대포층'이 쌓였습니다. 다대포층은 구성암석의 특징(적색층의 유무, 화산성물질의 함량)과 퇴적된 환경에 따라 상, 하부다대포층으로 구분하며, 이곳에서는 하부다대포층의 역암을 확인할 수 있습니다.

하부 다대포층(정단층)

하부 다대포층(정단층)

몰운대 지질탐방로의 해안가에는 퇴적층의 층리가 끊어지는 단층이 관찰됩니다. 이 단층은 단층면의 위쪽 부분인 상반이 아래로 떨어진 전형적인 정단층의 특징을 잘 보여줍니다.

거북바위(절리군)

다대포-몰운대 탐방로를 거닐다 보면 바다 속에서 머리를 들고 있는 거북이 모습의 바위를 발견할 수 있습니다. 이 바위는 거북바위로 불리며, 거북바위의 등에는 체계적인 방향성으로 발달하는 두 방향의 절리군(joint sets)을 관찰할 수 있습니다.

절리란: 암석에 힘이 가해져 생긴 갈라진 틈으로, 대표적인 예로 마그마가 냉각할 때 수축되어 형성된 주상절리가 있습니다.

석영-녹니석 복합광맥

광맥(鑛脈, vein)은 암석의 갈라진 틈을 따라 열수가 이동할 때, 열수 속에 녹아있던 물질이 광물결정으로 침전되면서 만들어지는데, 이곳에서 관찰되는 광맥은 석영 광맥 속에 짙은 녹색을 띠는 녹니석 세맥이 나타나는 복합광맥의 형태를 나타내고 있습니다.

*다대포해수욕장역 하차-4번출구-몰운대방향10분
*두송반도에서 갈맷길따라 1시간정도 이동 몰운대 해수욕장

5. 두도

부산광역시 서구 암남동 702

두도 는 한자로 머리두자 (頭島) 인데 모지포 원주민들은 [대가리섬] 이라는 투박한 이름으로 부르기도합니다.

송도반도에서 남쪽으로 약 500m떨어진 무인도입니다. 동백나무, 비쭉이, 해송 등의 다양한 자생식물과 바다 산호, 갈매기가 많이 서식하고 있으며, 해안절벽을 따라 백악기말에 퇴적된 하부다대포층과 화산암들이 절경을 이루고 있으며, 공룡알둥지화석, 부정합, 암맥, 단층, 꽃다발구조 등의 독특하고 다양한 지질기록을 볼 수 있습니다.

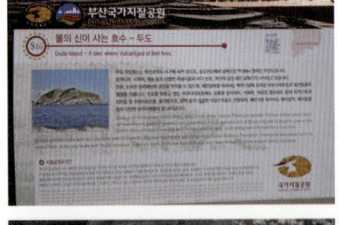

암맥

해식동굴

부정합

*송도반도에서 암남공원 –두도 해안길과 숲속길

6. 장산 애추(테일러스)

부산광역시 해운대구 반여동 산4-20

장산은 높이 약 630m의 산으로, 약 7천만 년 전 격렬했던 유문암질 화산활동으로 분출된 화산재, 용암, 화쇄류로 이루어진 산으로 꽃들로 불리는 구과상유문암과 유문암질 응회암, 반상유문암 등의 다양한 화산암들과 장산폭포, 돌서렁, 인셀베르그 등의 웅장한 지형이 넘쳐납니다.

돌서렁

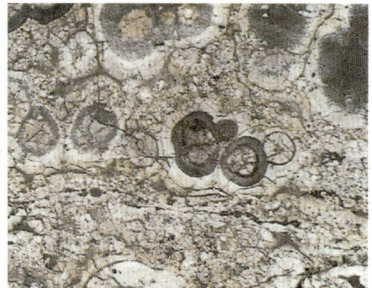

구과상 유문암

인셀베르그

합장바위

횃불바위

7. 금정산

부산광역시 금정구 금정동 산1-1

나마

약 7천만 년 전 지하 깊은 곳의 화강암질 마그마가 식어서 만들어진 화강암이 솟아올라 형성된 산으로 높이 801m, 낙동강 지류와 동래구를 흐르는 수영강의 분수계를 이룹니다.

오랜 세월 비바람에 깎이고 다듬어져 만들어진 기암절벽, 토르, 나마, 인셀베르그, 블록스트림 등의 우아한 화강암 지형을 감상할 수 있습니다.

범어사, 금정산성 등의 부산의 역사유적과 다양한 산악식물을 감상할 수 있으며, 산 정상에 독특한 습지로 생태적 가치 또한 매우 높습니다.

등나무군락지(천연기념물 제 176호)

천연기념물로 지정된 등나무는 콩과에 속하는 낙엽덩굴성 식물로써 보통 참등, 자등이라고도 합니다.

남쪽에 분포하는 애기등과 전국에 퍼져있는 등나무 2종이 서식하는데 이곳 등나무 군락지는 우리나라 최대 규모의 군락지입니다.

등나무군락지

암괴류

범어사 등나무군락지에서 범어천을 따라 올라가면 금강암을 지나 금정산성 북문까지 가는 길까지 지천에 깔려있는 엄청난 바위 천지를 만날 수 있습니다.

암괴류(돌바다)의 폭이 70m정도 되고 산사면 방향으로 길이2,500m 족히 넘어 보이는 바위들이 많이 쌓여 이루어진 것입니다.

이것은 주로 바위가 물리적 화학작용에 의해 절리(바위에 갈라진틈)를 따라 물이 스며들고 얼고 녹고 하는 과정을 통하여 깨어지고 오랜 시간에 걸쳐 중력에 의해 주저앉으면서 만들어 진 것입니다.

암괴류

금샘

사서(史書)에 부산의 금정산 자락에는 '금샘'이 있는데 "금빛물고기 한 마리가 오색 구름을 타고 하늘에서 내려와 그 우물에서 놀았다 하여 산 이름을 금정이라 하고, 이로 인해 지어진 절을 범어사라 하였다"고 기록되어 있습니다.

풍화작용에 의해 기반암의 표면에 형성된 접시모양의 풍화혈로 화강암의 기반암의 표면에 가장 잘 형성되며, 주로 벽면이나 사면상에 형성되는 타포니와 구별되는 지형입니다.

고당봉

산신인 할미신이 있는 봉우리라고 하여 고당봉 이라고 합니다.

금정산의 최고봉(801.5m)으로 부산광역시와 양산시의 경계면에 위치하며, 풍화작용에의해 형성된 핵석 및 토르와 풍화잔류가 함께 잔존하여 형성되어 지표면위로 기반암의 잔구가 형성되어 있는 인셀베르그에 해당합니다.

토르

암석이 풍화작용을 받아 약한 부분은 먼저 부스러지고, 강한부분은 남아 지표에 노출되어 형성된 지형으로 형태적으로는 '똑바로 서있는 석탑' 이라는 의미의 어원을 가지고 있습니다.

인셀베르그

고당봉계단 기암괴석

북문

범어사

화엄종 10찰의 하나이며 삼국유사에 의하면 678년(문무왕 18)의상대사가 창건하였다는 설이 유력한곳입니다. 이곳에는 대웅전(보물 제434호)삼층석탑(보물 제250호), 당간지주, 일주문(조계문, 보물 제1461호)등의 지방문화재가 있으며 이 밖에 많은 전각과 문이 있습니다.

대웅전(보물 제434호)

목조석가여래삼존좌상(보물 제1526호)

삼층석탑(보물 제250호)

조계문(일주문, 보물 제1461호)

*범어사역 하차-마을버스- 안내센터 도착 -범어사 진입, 우측 등산로 이용(왕복) 총 3시간 30정도 소요.

8. 구상반려암(천연기념물 제267호)

부산광역시 부산진구 전포동 산12

구상반려암은 약 6천만 년 전 지하 깊은 곳에서 마그마가 서서히 굳어 만들어진 암석으로 암석의 표면에서는 가운데의 핵을 중심으로 하여 동심원을 그리며 광물들이 배열된 구상조직을 잘 보여줍니다.

반려암 내에 백색 또는 무색광물로 이루어진 구핵이나 백색광물과 흑색 혹은 녹색, 또는 유색 광물을 포함하는 구핵을 중심으로 백색광물의 띠와 암색 광물의 띠가 양파 모양의 동심구각(shell)이나 방사성 조직을 가지고 대조적으로 배열되는 암구가 발달되어 있는 것으로, 이들은 바위 표면에서 동심원을 또는 꽃모양 무늬로 나타납니다.

이곳에서 둥근 공 모양의 구조가 확인되는 노두는 여러 곳에 분포되어 있는데, 그 분포 면적은 약0.14㎢에 달하여 구상반려암뿐 아니라 모든 구상암 중에서도 세계적인 규모에 속합니다.

구상암
동심원상의 층으로 이루어진 구형구조를 가지는 드문 암석으로 식어가는 마그마체임버내에서 형성됩니다. 구상암은 대부분 화강암질 암석에서 나타나므로, 구상반려암은 세계적으로도 드물고 아시아에서는 한국에서 유일하게 보고되어 있습니다.

반려암: 얼룩 무늬를 가진암석을 말합니다.

전포동 반려암에 발달된 구상구조

식어버린 마그마의 기억

상주(구상 화강암)

무주 오산리(구상 화강편마암)

*1호선 양정역 하차 2번 출구–버스 환승–동의과학대 정문에서 하차. 학교 입구 진입 축구장 쪽으로 이동–축구장 우측으로–지질공원 안내센터.

9. 백양산

부산광역시 부산진구 초읍동 산98-1

백양산은 약 8천만 년 전 격렬했던 화산활동으로 분출된 물질이 쌓여 만들어진 다양한 화산쇄설암, 화산활동이 일시적으로 중단되었을 때 호수에서 퇴적된 퇴적암, 그리고 지하에서 이들을 관입한 화강암까지 부산의 지질 변천사를 전체적으로 보여줍니다.

퇴적암의 석회질 고토양 층이 녹아 만들어진 석회동굴, 폭포, 돌서렁, 토르, 인셀베르그 등의 독특한 지형을 만끽할 수 있는 곳입니다.

쇠미산 덕석바위 밑에 길이가 약 25m 쯤되는 천연자연동굴인 베틀굴은 임진왜란 당시 전쟁터에 나가있는 낭군들을 돕기 위해 여인네들이 모여서 군포를 짰다고 해서 베틀굴이라고 한답니다.

석회암과 응회질퇴적암 으로 이루어져있는 베틀굴의 석회암 부분이 지하수와 빗물에 의해 녹아져내려 만들어 졌다고 합니다. 강원도나 경상북도 등지에서 흔히 볼 수 있는 석회동굴처럼 석회물질이 녹아 만들어진 동굴이지만, 이곳 베틀굴은 석회암의 지질시대와 생성기원이 전혀 다릅니다. 주로 고생대 바다기원의 석회암층이 지하수에 의해 녹아내려 만들어진 일반적인 석회동굴과는 다르게 베틀굴은 백악기 호수퇴적층에서 만들어진 것입니다. 국내에서 유일하며 세계적으로도 그 예가 많지 않는 석회동굴입니다.

덕석바위   돌서렁

석회동굴은 어떻게 만들어질까요?

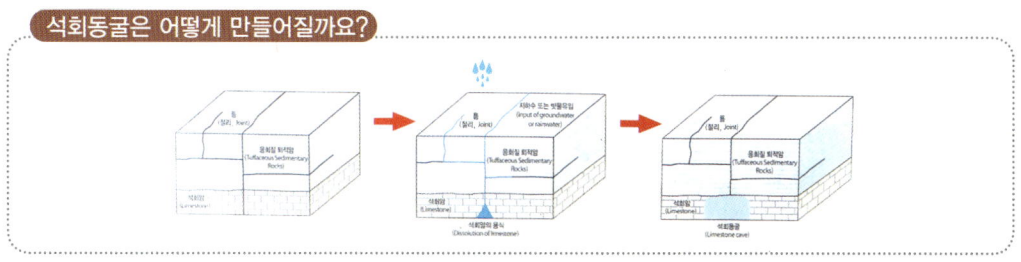

석회동굴 전경

동굴로 내려가는 길

입구

내부

벽면

*1호선 서면역 13번 출구 버스 환승(133번) 승차–어린이대공원 정류장 하차–어린이대공원 방면 우측 아파트 가는 길로 직진. 왕복 2시간 소요.

10. 두송반도

부산광역시 사하구 다대동 1-6

다대포항 동쪽해안에 위치한 두송반도는 약 8~7천만 년 전 백악기 말 부산의 지형 환경 특성이 잘 나타나 있는 곳 입니다.
공룡의 전성시대였던 백악기 말의 지사를 한눈에 보여주는 곳으로, 회색질의 퇴적층은 대부분 크고 작은 물길을 따라 역암 또는 사암으로 이루어진 퇴적층이며, 붉은색퇴적층은 물길 주변의 범람원에 쌓인 진흙이 굳어져 만들어진 이암퇴적층입니다.
역암을 구성하는 자갈들은 변성암,화성암,퇴적암 등 여러 암석들로 이루어 졌는데, 이는 백악기 말 당시 다대포 주변의 산지에는 다양한 암석들이 분포했음을 말해줍니다.

붉은색 이암층에 나타나는 노랗거나 갈색의 크고 작은 덩어리는 캘크리트라는 것인데요.
범람원이 쌓인 퇴적물들이 석회질의 흙으로 바뀌면서 굳어 진 것 입니다.
캘크리트와 같은 석회물질은 건조한 기후에서 주로 만들어 지는데, 이는 백악기 말 당시에 기후가 매우 건조했었다는 증거이기도 합니다. 또한 절벽에 나타나는 두꺼운 석회질고토양층(켈크리트복합층)은 퇴적물이 쌓인 뒤 석회질이 흙으로 바뀌는 과정이 반복해서 만들어지는 결과입니다.

솔개

하부다대포층

두송반도 입구에 해안절벽과 바닥에 붉은색과 회색질의 퇴적층이 반복되어 나타나는 층리가 잘 발달한 하부다대포층이 있습니다.

두송반도에는 크고 작은 물길과 평원에 쌓인 퇴적층, 호숫가 퇴적층, 고토양(백악기 당시 흙이 굳어져 암석이 된 것), 공룡알껍질 화석, 나무화석, 생흔화석, 지진 기원의 쇄설성암맥과 변형구조, 단층 등 다양한 지질구조가 있습니다.

여러 형태의 지질 지형

퇴적 동시성 정단층

퇴적암층

역암

안산암질 암상

석회질 고토양층(캘크리트 복합층)

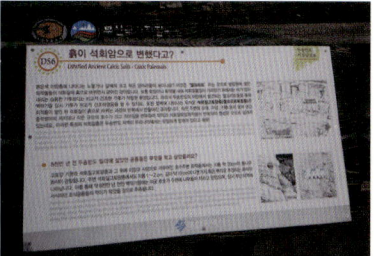

안내 해설판

*낫개역 하차-2번 출구-96-1번 환승 두송중학교 하차(길 건너 안내판). 도로(하천)를 따라가면서 관찰하세요. 산으로 올라가시면 안 됩니다.
*낫개역 하차 2번 출구에서 우측으로 도보 10분 이동. 두송중학교 길 건너 안내판 도착.

11. 송도반도

부산광역시 서구 암남동 산123-28

중생대 백악기말 시기(약 8-7천만년 전)에 낙동강하구의 다대포에서 송도까지 이어지는 지역은 다대포분지라고 하는 커다란 호수가 만들어졌습니다. 다대포분지의 동쪽에는 동래단층, 서쪽에는 양산단층이라는 큰 단층이 있는데 이 단층들이 백악기말에 움직이면서 지각이 갈라지고 벌어져 그릇모양의 다대포분지가 만들어지게 되었습니다.

다대포분지라는 큰 호수가 만들어지면서 이 곳에는 두꺼운 퇴적층들이 쌓이게 되었고, 이 퇴적층을 지질학자들은 다대포층으로 명명하였습니다. 다대포층은 구성암석의 특징(적색층의 존재유무, 화산성물질의 함량)과 퇴적된 환경의 차이에 따라 다시 하부다대포층과 상부다대포층으로 구분됩니다. 다대포층의 아래에는 유천층군이라고 불리는 안산암질 화산암이 있고, 다대포층은 이 화산암을 부정합으로 피복하고 있습니다. 이 부정합은 송도반도 서쪽의 두송반도와 남쪽의 두도지역에서 관찰됩니다.

하부다대포층은 붉은색 이암과 실트암, 역암 및 사암, 이회암 등이 교호하는 대체로 순수한 비화산성 퇴적물로 구성됩니다. 역암은 1-5m 두께로 5매 이상이 나타나고, 구성하는 역들은 쳐트, 규암, 화산암, 퇴적암 등으로 다양합니다. 적색층에는 특징적으로 석회질고토양층, 공룡골격화석, 공룡알둥지화석, 규화목편, 환원점 등의 특이한 지질기록들이 나타납니다.

상부다대포층은 암회색 및 녹회색의 응회질사암이 주를 이루고, 응회질역암 및 조립질사암과 실트암, 그리고 응회암이 이루어져 있어 하부다대포층에 비해 화산성물질의 함량이 높은것이 특징적입니다. 응회질사암에는 사층리가 잘 발달하고 있으며 다양한 종류와 크기의 화산암편들이 포함되어 있습니다. 상부다대포 층 지층 사이사이에는 현무암질 암상과 데사이트질응회암이 나타납니다. 이와 같은 특징은 상부다대포층이 퇴적될 때 주변에서는 화산활동이 활발하게 일어났음을 의미합니다.

상부다대포층은 위에는 유천층군 화산암류에 해당되는 두꺼운 안산암질 화성쇄설암 및 용암류가 덮고 있습니다.

지명유래

'송도(松島)'는 지금「거북섬」을 가리킨다. 지금은 송림공원의 연맥(連脈)이지만, 이 섬은 낮고 작은 섬이긴 해도 맞은 편의 장군산 끝에 있는「두도」처럼 소나무가 그 섬에 자생하고 있어 송도라 불렸다. 일제강점기 송도를 중심으로 일본 거류민들이 송도유원주식회사를 설립(1913. 7)하고 송도에「수정(水亭)」이란 휴게소를 설치하면서 송도의 실체는 허물어지고 바위만의 거북꼴이 되고 말았다.

지금도 거북섬에는 둘레에 남은 반석으로 옛날의 윤곽을 더듬을 수 있지만, 일본인이 지금의 거북섬에 수정을 짓고 넓은 백사장을 이용하여 해수욕장을 개발하자, 넓은 백사장과 잔잔한 물결, 얕은 수심 그리고 주위를 둘러싼 송림은 전국 명소인 해수욕장이 되었다. 지금은 먼 옛날의 경치와 송림, 백사장은 개발이란 이름아래 송도라는 옛 섬의 자취는 없어지고 그 이름만 전할 뿐이다.

현무암 용암

아주 먼 과거인 중생대 백악기말 시기에 송도지역 일대는 지각이 벌어져서 만들어진 다대포분지라는 큰 호수였으며, 이 호수에는 다대포층이라는 퇴적층이 쌓이고 있었습니다. 그러던 어느날 호수 주변에서 화산이 폭발하여 현무암 용암이 분출하였고 이 용암이 호수로 흘러들어가 다대포층의 위를 덮어 이 지점과 같은 지질기록을 남기게 되었습니다. 이 현무암의 방사성동위원소 나이의 측정결과는 약 7천만년 전으로 밝혀졌습니다.

현무암과 다대포층의 경계는 울퉁불퉁한 형태를 보이고 있으며, 현무암은 반상조직, 다공질조직, 자각력화 암편 등의 전형적인 용암의 특징을 잘 보여줍니다.

상부다대포층 응회질퇴적암

약 7~8천만년 전 송도반도 지역에는 지각이 벌어지고 갈라지면서 그릇 모양의 다대포분지가 만들어졌습니다. 이 분지에는 다대포층이라는 퇴적층이 쌓이게 되었습니다. 처음에는 흐르는 강이 자주 범람하면서 하부다대포층이 이 분지에 퇴적되고 그 후 분지가 깊어지면서 호수로 변화하여 상부다대포층이 쌓이게 되었습니다. 호수 주변으로는 화산활동이 격렬하게 일어나 화산물질들이 호수로 들어가게 되면서 상부다대포층과 함께 퇴적되었습니다. 이곳에서는 상부다대포층의 전형적인 특징을 잘 관찰할 수 있습니다.

상부다대포층은 화산에서 기원한 물질들이 많이 함유된 응회질퇴적암으로 주로 이루어져 있으며, 층리, 사층리, 연흔(물결자국), 깎고 메운 구조 등의 퇴적구조가 잘 보존되어 있습니다. 그리고 호수 주변의 일어난 화산활동으로 만들어진 화산암들의 암편들이 많이 함유되어 있습니다. 상부다대포층의 지층 사이에는 폭발적인 화산분출로 생성된 화쇄류에 의해 퇴적된 화쇄류암이 나타납니다.

송도비치 전망

송도비치와 그 주변의 수려한 경관을 한눈에 볼 수 있는 지점입니다. 송도해수욕장 백사장과 그 뒤로 남항대교, 영도, 남포동 도심지 그리고 부산만 바다와 정박중인 배들이 함께 어우러져 장관을 이룹니다.

송도해수욕장은 우리나라 최초로(1913년) 개장하였으며, 최근의 정비사업을 통해 백사장을 확장하고 분수대와 조형물을 설치하여 해변공원으로 조성되었습니다. 해수욕장 주변에는 회타운이 밀집되어 있어 부산의 명물인 활어회를 만끽할 수 있습니다.

트레일 코스에는 송도비치와 그 주변을 배경으로 멋진 사진을 찍을 수 있는 포토존이 설치되어 있습니다.

화쇄류암

하부다대포층과 상부다대포층의 경계에는 흰색의 장석결정을 많이 가진 붉은색의 독특한 지층이 나타나는데, 이 지층은 격렬한 화산폭발에 의해 만들어진 화쇄류가 호수로 흘러들어 쌓인 화쇄류암입니다. 이 화쇄류암은 상부다대포층이 퇴적될 때 호수 주변에 화산활동이 활발하게 일어났음을 우리에게 알려주는 좋은 증거이며, 지질학자들은 깊은 호수로 퇴적환경이 갑자기 변화한 원인이 화산활동과 관련된 것으로 짐작하고 있습니다.

유문암질 암맥군

송도반도 트레일 코스에서 나무판자를 쌓아 놓은 것과 같이 편평한 층리가 발달하는 퇴적암을 따라 걷다보면 밝은 노란빛의 긴 암체가 퇴적암 층리를 끊고 있는 것을 자주 볼 수 있습니다. 이와 같은 암체는 퇴적층에 발달된 절리(균열)를 따라 마그마가 뚫고 들어가(관입) 만들어진 것입니다. 이러한 구조를 암맥이라고 하며, 밝은색을 띠는 송도반도의 암맥은 유문암질마그마가 관입한 유문암질암맥에 해당됩니다.

유사한 방향으로 유문암질암맥 3개가 동시에 관찰되는데, 이와 같이 체계적인 방향으로 여러개의 암맥이 관입하고 있는 것을 암맥군(dike swarm)이라고 합니다.
유문암질암맥은 주변의 퇴적암보다 파도의 침식과 풍화에 더 강하기 때문에 돌출되어 기이한 모양의 바위를 만들고 있습니다.

공룡알 둥지 화석

송도반도 지역에 붉은색의 하부다대포층이 쌓이던 때는 아주 먼 과거인 중생대 백악기말(약 7천만년 전)로 공룡들의 낙원이었습니다. 공룡들은 퇴적층이 쌓이고 있는 강가와 호숫가를 뛰어 놀며 알을 낳으면서 서식하고 있었습니다. 이러한 공룡들의 생활흔적이 하부다대포층에 공룡발자국, 공룡알, 공룡뼈 등의 화석으로 잘 기억되어 있습니다. 최근 이 지점의 붉은색 사암 내지 실트암에서 여러개의 공룡알들이 모여 있는 공룡알 둥지화석이 보고되어 지질학계의 관심이 모아지고 있습니다. 여기에서 발견된 공룡알들은 10cm 내외의 크기로 타원형의 형태가 잘 보존되어 있으며, 10개 정도가 발견되었습니다.

석회질 고토양층(캘크리트)

하부다대포층의 붉은색 지층 속에는 흰색의 덩어리(단괴)들이 많이 들어 있습니다. 이들은 캘크리트라고 하는 것으로 칼슘성분이 풍부한 석회질 물질로 되어 있어 묽은 염산을 뿌리면 거품을 내며 격렬하게 반응합니다. 석회질 덩어리들은 밀집되어 석회질 고토양층을 형성하기도 하며, 조각난 파편들로 나타나는 캘크리트 인트라 클라스트층의 형태로 산출되기도 합니다. 이와 같이 단괴상, 층상, 파편상의 다양한 형태로 캘크리트가 발달하는 것은 우리나라에서는 아주 희귀하여 지질학적 가치가 높습니다. 또한 석회질 고토양층은 백악기말 부산지역 기후에 대한 정보도 제공해 주기 때문에 연구가치가 아주 높습니다.

정단층

차곡차곡 쌓여있는 붉은색 사암과 실트암, 회색의 역암 그리고 석회질고토양층 지층들이 연속적으로 이어져 오다 이곳에서 갑자기 끊어져 있는 단층이 나타납니다. 이 단층은 단층면의 위쪽부분(상반)이 아래로 떨어진 정단층의 형태를 잘 보여주며 가장 크게 움직인 하나의 큰 단층 주변으로 여러개의 소규모 단층들이 나타납니다. 다대포층이 퇴적된 다대포분지는 지각이 당기는 힘(인장력)을 받아 갈라지고 벌어져 만들어졌기 때문에, 다대포층에는 인장력에 의해 만들어진 정단층들이 많이 관찰됩니다. 지질학자들은 이들 정단층의 방향을 측정하여 다대포층이 퇴적되던 백악기말 시기에 지각이 받던 힘을 알아내고, 어떻게 땅이 갈라져 다대포분지라는 큰 호수가 만들어져서 다대포층이 퇴적되었는지 연구하고 있습니다.

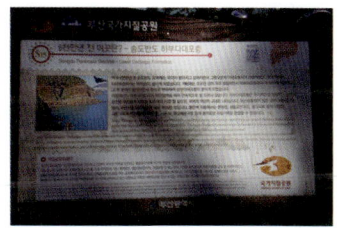

하부다대포층

약 7~8천만년 전 송도반도 지역에는 지각이 벌어지고 갈라지면서 그릇 모양의 다대포분지가 만들어졌고, 이 분지에는 다대포층이라는 퇴적층이 쌓이게 되었습니다. 처음에는 흐르는 강이 자주 범람하면서 하부다대포층이 이 분지에 퇴적되고 그 후 분지가 깊어지면서 호수로 변화하여 상부다대포층이 쌓이게 되었습니다. 이곳에서는 하부다대포층이 해안절벽을 따라 연속적으로 잘 드러나 있습니다.

하부다대포층은 주기적으로 범람하는 강에서 운반된 퇴적물이 퇴적된 붉은색의 사암 및 실트암, 회색의 역암이 교대로 나타납니다. 화산성물질이 많은 상부다대포층과는 달리, 화산성물질의 함량이 적은 특징을 보입니다. 붉은색 지층에서는 환원점, 생물교란구조, 캘크리트 등의 다양한 지질기록과 역암에서는 쳐트편, 사층리, 깎고 메운 구조 등의 흥미로운 지질기록을 관찰할 수 있습니다.

역암

이곳에서는 하부다대포층에 발달하는 두꺼운 역암을 잘 관찰할 수 있습니다. 하부다대포층에는 강이 범람할 때 퇴적된 역암층이 6~8매가 나타나는 것으로 알려져 있습니다. 역암 속에는 다양한 종류의 암석파편이 들어 있으며, 그들의 형태와 크기도 다양합니다. 특징적으로 역암 속에는 아름다운 색을 가지는 쳐트 파편들이 많이 함유되어 있습니다.

암남공원

1972년 자연공원으로 지정되었으나, 군사보호구역에 묶여 출입이 통제되다가 1996년 개방되었습니다. 공원 전체가 해양성 수목의 울창한 숲으로 이루어져 있고, 500여종의 해양식물과 야생화 등 도심에서는 보기 드문 자연생태가 군락을 이루고 있습니다. 해안가를 따라서는 하부다대포층 퇴적암으로 이루어진 기암절벽이 깎아지듯이 솟아 있어 푸른 바다와 함께 절경을 이룹니다.
전망대, 구름다리, 산책로, 광장, 체육시설, 낚시시설 등의 기반시설이 조성되어 있습니다. 입구부터 조성된 산책로를 따라서는 소나무가 울창하여 삼림욕을 즐길 수 있으며, 곳곳에 암석으로 조각된 예술품이 전시되어 있습니다. 공원 내에서는 빗살무늬토기, 패총 등의 신석기 유물이 발굴되기도 하였습니다. 지자체는 자연학습장을 조성하여 생태학습공간으로 활용하는 계획을 세우고 있습니다.

*1호선 자갈치역 하차-30,96번 버스 환승-송도해수욕장 하차-암남공원 방향 이동 도보 10분-지질안내센타→ 송도반도→암남공원→두도.

야외암석 광물 전시장

송도반도 산책로 입구에 조성된 암석과 광물의 야외 전시장입니다. 암석은 우리나라(주로 경상도 일대)에서 산출되는 다양한 화성암, 퇴적암, 변성암 34점, 광물은 조암광물, 금속광물, 황화광물, 광석광물 등 15점, 그리고 지질구조와 조직 및 화석 24점이 전시되어 있습니다. 각 암석과 광물마다 화학식, 용도, 산지 등의 정보가 간략하게 제공되어 있어 학생들의 암석·광물 학습체험장으로 유용하게 활용될 수 있습니다.

12. 낙동강 하구

부산광역시 강서구 명지동 산1

낙동강이 남해바다와 만나 만들어진 현생 삼각주로 모래들이 쌓여 만들어진 사주, 사구, 석호 등 아름다운 지형의 명소들이 압권입니다.
습지와 철새도래지 명소에는 독특하고 다양한 동식물들이 서식하며, 에코센터에서 아미산전망대로 이어지는 지오트레일코스가 개발되어 있습니다.

낙동강 하구는 모래나 자갈이 쌓여 수면 위로 드러나 있는 크고 작은 모래톱(연안사주)과 넓은 갯벌이 펼쳐져 있고, 민물과 바닷물이 만나 섞이는 기수지역으로 생물다양성이 풍부해서 해마다 찾아오는 철새들의 훌륭한 보금자리입니다. 여름에는 시원하고 겨울에는 따뜻한 기후 덕분에 강가의 모래와 갈대 등과 더불어 새들이 알을 낳고 새끼를 치기 적합하여 매년 167종 13여만 마리의 철새가 찾아오는 철새들의 낙원입니다.

또한 낙동강 하구에는 대마등, 맹금머리등, 장자도, 신자도, 백합등, 도요등, 진우도로 불리는 모래톱들이 있으며, 이들의 지형은 해마다 살아 움직이듯 빠르게 변화하고 있습니다. 이는 끊임없이 낙동강으로부터 유입된 퇴적물이 남해의 밀물과 썰물에 의해 이동하고 쌓이고 흩어지기를 반복하기 때문입니다.

낙동강 하구의 지질

삼각주의 형성

강물을 따라 운반되어 온 모래나 진흙이 하구에서 바다를 만나 퇴적되어 삼각형의 지형을 만들게 되는데, 이러한 지형을 삼각주라고 합니다. 낙동강 하구에는 이러한 삼각주가 발달되어 있습니다.

낙동강하구의 지질과 생태(에코센터)
지질공원의 안내센터로서 다양한 정보를 제공하며, 낙동강 하구의 생태와 지질에 대한 자료를 알기 쉽게 전시하고 다양한 자연학습 체험 프로그램을 운영합니다.

복원습지 탐방로
낙동강 하구의 습지에 사는 다양한 생명체들을 관찰할 수 있습니다.

낙동강하구 지질 및 지형(탐방체험장)
선박 및 보트를 이용하여 모래톱과 철새를 관찰할 수 있으며, 전망대에서 낙동강 하구 지형을 관찰할 수 있습니다.

갯벌과 철새(탐조대)
낙동강 하구의 갯벌환경과 여기에 서식하는 철새들을 관측하고 사진도 찍을 수 있는 곳입니다.

해빈과 석호(다대포해수욕장)
낙동강 하구에 위치한 해빈인 다대포해수욕장에서는 현생 사구, 석호, 사주 등에서 발달하는 다양한 퇴적구조를 관찰할 수 있습니다.

낙동강 삼각주와 모래톱(아미산전망대)
낙동강 하구의 모래섬, 철새, 낙조 등 천혜의 경관을 조망할 수 있는 곳이며, 낙동강 하구 지형, 지질에 대한 자료를 알기 쉽게 전시 하고 있는 낙동강 하구 전망대입니다.

낙동강 하구 연안사주(아미산전망대)

을숙도

1904년 지형도에 처음 등장한 을숙도는 대파 등 밭작물을 재배하였고 1987년 낙동강 하구둑이 건설되면서 일웅도와 을숙도가 합쳐져 현재의 모습이 되었습니다.

솔개

맹금머리등

하구둑이 만들어지면서 장림지역 어민들이 선박통행료와 원활한 배수로 확보를위해 을숙도에서 뻗어내린 십리등의 중간부분을 절개하여 생겨난 남쪽 부분으로 삼각형모양의 섬입니다.
이 섬에는 솔개,참수리,물수리 등의 맹금류가 살고있어 맹금머리 등이라고 합니다.

을숙도, 맹금머리등

백합등

1955년에 지형도에 나타난 백합등은 백합조개가 많이 난다고해서 붙여진 이름입니다.

백합등

도요등

쇠제비갈매기의 주요 번식지인 이곳은 백합등 남쪽에 생겨난 막내둥이 모래섬으로 1986년 해수면위로 출현하였으나 그 성장 속도가 빨라 가장 큰 모래섬이 되었습니다.

도요등

대마등

1904년 지형도에 처음나타났으며, 인공제방을 만들어 파밭으로 이용하였으나 1996년 철새보호를 위해 섬 가운데로 동서로 물길을 만들고 갈대를 심어 인공적으로 자연복원을 한 곳입니다.

대마등, 명지주거단지

장자도

1916년 지형도에 처음 출현한 모래섬으로 사람들이 접근할 수 없을만큼 갈대를 비롯한 염생식물이 섬 전체를 뒤덮고 있습니다.조개를비롯하여 게 등 새의 먹이가 풍부한곳입니다.

신자도

1975년 지형도에 등재되었고 북서쪽으로 계속 빠르게 성장하고 있습니다.여름철에는 쇠제비갈매기가 찾아와 번식하는 곳이며, 끊임없이 밀려오는 파도가 해안에 부서지는 모습이 아름답습니다.

진우도

낙동가하구의 진주로 불리는 진우도는 둘레가 약 12.5km로 남동쪽에 모래사장, 섬가운데에는 넓은 띠군락이 형성되어있습니다.

신자도, 장자도, 진우도

*아미산 전망대: 1호선 다대포 해수욕장 하차– 마을버스(15번) 승차–몰운대 성당 하차–전망대
*에코센타: 1호선 하단역 하차 5번 출구 버스 환승 에코센타

12. 낙동강 하구

청송 국가지질공원

대한민국 중동부에 위치한 청송 지질공원은 지질다양성과 지역주민의 적극적인 참여로 2014년 4월 국가지질공원, 2017년 5월 유네스코 세계지질공원으로 인증 받았고, 청송 지질공원의 면적은 845.71km²이며, 공원 내에는 선캄브리아 시대 변성암, 응회암 산악지형, 중생대 퇴적암과 공룡발자국, 신생대 관입암맥 등 다양한 지질현상이 관찰됩니다.

지질학적으로 특징에 의해 주왕산권역과 신성계곡 권역으로 나뉘는데, 주왕산은 화산폭발로 만들어진 다양한 지질현상과 아름다운경관을 간직하고 있습니다.
백악기후기 (1억 만 년~6,500만 년)주왕산은 화산폭발로 분출된 암석 파편과 화산재가 500m이상 쌓일 정도로 화산활동이 활발하게 일어났던 곳입니다. 화산활동 이후 오랜 시간게 걸쳐 암석과 물, 바람, 중력 등이 만들어낸 기암단애, 용추협곡, 용연폭포, 연화굴 등을 보실 수 있습니다.

신성계곡은 자갈, 모래, 진흙이 쌓이고 굳어져서 만들어진 퇴적암이 풍화, 침식, 융기 등 지질 작용에 의해 만들어 지게 되었습니다.
백악기 시대 당시 신성계곡은 넓은 평원과 호수였습니다. 계곡을 따라 방호정, 감입곡류천, 만안자암단애, 백석탄 포트홀, 신성리 공룡발자국 등을 관찰 하실 수 있으며, 이곳 청송에는 총24개의 지질명소가 있습니다.

청송 유네스코 세계지질공원

신성계곡 권역

주왕산 권역

1. 기암 단애
2. 주방천 페퍼라이트
3. 연화 굴
4. 용추 협곡
5. 용연 폭포
6. 급수대 주상절리
7. 절골 협곡
8. 주산지
9. 청송 얼음골
10. 법수도석
11. 병암 화강암 단애
12. 나실 마그마 혼합대
13. 청송자연휴양림 퇴적암층
14. 면봉산 칼데라
15. 수락리 주상절리
16. 방호정 감입곡류천
17. 신성리 공룡발자국
18. 만안자암 단애
19. 백석탄 포트홀
20. 파천 구상 화강암
21. 청송 구과상 유문암(꽃돌)
22. 송강리 습곡구조
23. 노루용추 계곡
24. 달기 약수탕

1. 기암단애

경북 청송군 주왕산면 상의리 산24

주왕산 응회암의 형성과정

백악기 말 지층의 약한 틈을 뚫고 격렬한 화산폭발과 함께 화산재가 분출했습니다.

화산이 폭발할 때 쏟아져 나온 분출물이 저지대를 덮으며 두꺼운 층을 이루었습니다.

연속적 분출로 두껍게 쌓인 화산분출물은 빠르게 식으면서 세로방향으로 틈이 생깁니다.

오랜 세월동안 세로로 난 틈을 따라 침식이 일어나면서 주왕산은 지금과 같은 절경을 이루게 되었습니다.

주방계곡 초입에 있는 기암 단애(깍아 지른 듯한 낭떠러지)는 주왕산을 대표하는 지질명소로써, 거대한 바위 7개가 하늘을 향해 우뚝 솟아 있습니다.

중생대 백악기 태평양판과 유라시아판이 충돌하면서 한반도 내륙에는 크고 작은 분지들이 형성되었는데 이곳 주왕산 주변에는 아홉 번 이상의 강한 화산 폭발로 인하여 분출된 많은 양의 화산재가 현재의 주왕산 일대에 500m 이상 두껍게 쌓이게 되었고, 이 화산재가 식고 단단하게 굳으면서 주왕산 응회암이 되었습니다.

뜨거운 암석이 급격히 식으면서 부피가 수축하면 절리라고 불리는 틈이 생기게 되는데, 두꺼운 응회암 덩어리에 생긴 수직 방향의 절리를 따라 침식이 발생하여, 암석 조각들이 떨어져 나오게 되었습니다. 그리하여 현재의 기암 단애가 만들어졌습니다. 폭 150m에 달하는 이 거대한 바위는 6개의 수직절리를 따라 7개의 암석 봉우리로 분리되어 있습니다.

기암 단애라는 이름에서 기암(旗岩)은 중국 당나라에서 신라로 도망쳐 온 '주왕'의 전설에서 유래 했다고 합니다. 과거 당나라는 반역을 일으키다 실패한 주왕을 잡기 위해 신라에 도움을 요청했고, 신라 마일성 장군과 그의 형제들은 주왕굴에 숨어있던 주왕을 찾아냈고 마장군은 주왕산 입구가 가장 잘보이는 봉우리에 깃발을 꽂았는데, 그 이후 이 봉우리를 기암, 기(깃발 기, 旗)암 이라고 부르게 되었습니다.

▼청송대전사 보광전(보물 제1570호)

2. 주방천 페퍼라이트

경북 청송군 주왕산면 상의리 산33

페퍼라이트는 화산암에 퇴적암 파편이 섞인 암석을 말하는데, 페퍼(pepper)는 후추의 영문명으로 암석 속 파편이 수프 위에 뿌려진 후추처럼 보인다고 해서 붙여진 이름입니다.

뜨거운 용암이 아직 굳지 않은 퇴적물을 덮거나 뚫고 들어가면 퇴적물 속에 남아있던 수분이 용암의 높은 열로 인해 끓어오르는데, 이때 수증기의 폭발이 일어나 퇴적물과 용암이 뒤섞이면서 굳어진 암석을 페퍼라이트라고 합니다.

주왕산 국립공원 입구에서 용연폭포까지 현무암 속에 붉은색 암석 파편들이 포함된 페퍼라이트를 관찰할 수 있습니다.

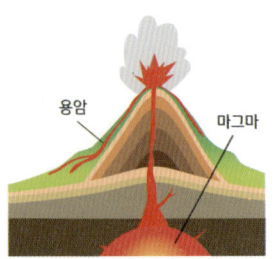

※ 용암과 마그마의 차이
용암은 화산이 분출할 때 땅 위로 흘러나와 기체가 빠져나간 것이고, 마그마는 땅속에서 기체를 포함하고 있는 상태를 말합니다.

페퍼라이트 형성과정

용암이 분출해 호숫가로 흘러갑니다.

용암은 물을 만나 급격히 식으면서 호수 바닥의 진흙과 뒤섞입니다.

진흙과 뒤섞인 용암은 굳어져 암석이 됩니다.

오랜 시간동안 풍화와 침식을 겪으면서 지표면에 노출됩니다.

3. 급수대 주상절리

경북 청송군 주왕산면 주산지리 산45

주왕산을 이루고 있는 대표 암석인 응회암은 화산 폭발 때 뿜어져 나온 화산재가 빠르게 식는과정에서 수축작용이 일어나 틈이 생겨 육각형모양의 주상절리가 되었습니다. 급수대는 주왕산의 많은 응회암질 단애 중 주상절리가 가장 뚜렷하게 발달 되어 있습니다.

주상절리는 암석이 기둥 모양으로 갈라진 형태를 말하며 용암이나 화산재가 빠르게 식어 부피가 수축하면서 만들어지게 되는데 용암이나 화산재가 빠르게 식으면 수축이 전체적으로 일어나지 못하고, 내부의 여러 지점을 중심으로 일어나게 됩니다.
이때 여러 중심점을 기준으로 잡아당기는 힘으로 다각형의 형태가 만들어지는데, 잡아당기는 힘이 일정하고 안정적일 때 육각형이 만들어 지게 되는 것입니다.
급수대 주상절리는 화산재가 식으면서 만들어진 주상절리이며, 급수대란 이름은 신라 귀족 김주원이 주왕산으로 피신해 절벽 위에 대궐을 짓고 두레박으로 주방천의 물을 퍼 올렸다고 하여 급수대 라고 이름 붙여진 전설에서 유래한다고 합니다.

주상절리

급수대

천둥알

주상절리 형성과정

화산이 폭발하면서 뜨거운 화산분출물들이 옆으로 흘러내려 낮은 곳에 쌓입니다.

두껍게 쌓인 화산재층은 높은 온도와 압력에 의해 서로 엉켜 붙어 용결응회암이 됩니다.

응회암이 표면부터 점차 냉각되면서 수축에 의해 안쪽으로 금이 생기고, 이 금은 아래로 계속 연장되어 주상절리를 만듭니다.

4. 연화굴

경북 청송군 주왕산면 상의리 산24

연화굴은 주왕산 입구에서 주방계곡 1.2km 지점에서 좌측으로 계단을 따라 150m 올라가다 보면 만날 수 있는 자연 동굴입니다.

이곳 연화굴 주변 에서는 화산 폭발로 분출된 화산재가 두껍게 쌓이고 굳어져 만들어진 주왕산 응회암으로 구성되어 있으며, 주상절리와 판상절리, 불규칙절리 등 다양한 형태들의 절리들이 나타납니다.

연화굴 하부에는 불규칙 절리가 있고 상부에는 수평으로 난 판상절리가 발달하고 있으며, 불규칙 절리와 판상절리 사이에 조밀한 간격을 가지는 수직절리가 발달합니다.

조밀한 간격을 가지는 수직절리는 작은 크기의 암석 조각으로 떨어져 나오기 쉽기 때문에 수직절리가 발달한 곳에 굴이 형성된 것으로 보고 있습니다.

또한, 강우 시에 지표수가 굴 뒤편의 틈을 따라 흐르면서 암석을 더욱더 빠르게 침식시켜 굴이 더 크게 확대되어 지금과 같은 연화굴이 만들어 지게 되었습니다.

절리 : 암석의 갈라진 틈. 화성암에서 절리는 마그마가 용암이 식으면서 수축하는 과정에서 주로 만들어지며 절리의 형태에 따라 주상절리, 판상절리, 불규칙 절리 등으로 구분합니다.

연화굴의 형성과정

여러 번의 화산분출로 인해 다양한 형태의 절리가 발달합니다. → 가운데의 수직절리들은 다른 형태보다 침식이 빠르게 일어납니다. → 절리틈을 따라 물이 흐르면서 침식을 가속화시킵니다. → 계속적인 침식으로 인해 관통되어 통로형 굴이 만들어 집니다.

입구　　　　　　　　　　내부　　　　　　　　　뒤편

천장　　　　　　　　　　　　　수직절리

5. 용추협곡

경상북도 청송군 주왕산면 공원길 346

용추 협곡은 주왕산 주방계곡의 자하성 부터 용추폭포까지 1km의 구간의 거대한 바위 협곡을 말하는데, 용추(龍湫)란 용이 하늘로 승천한 웅덩이를 뜻하고, 협곡은 급경사를 이루며 암석이 양쪽으로 높이 서 있는 좁고 깊은 골짜기입니다.

용추 협곡은 백악기 화산 폭발로 분출된 화산재가 쌓이고 굳어진 응회암으로 이루어져 있으며, 용추 협곡 주변에는 수직 방향의 절리가 발달해 있고, 오랜 세월 동안 절리를 따라 암석 조각이 떨어져 나와 그 이후 패인 부분으로 물이 흐르며 바닥을 깎아 내어 깊은 골짜기를 형성하였습니다.

깎아지른 듯한 바위가 수직 암석 단애를 이루고, 계곡에는 여러 폭포와폭호(폭포 아래로 떨어진 물과 자갈이 바위를 깎아서 웅덩이가 된 곳)를 이루고 있으며, 총 3단으로 이루어진 용추협곡은 1단과 2단의 폭포 아래에는 선녀탕과 구룡소라고 부르는 포트홀(돌개구멍)이 있고, 3단 아래에는 폭호 가 있습니다.

전해져 오는 말에 의하면 예전에는 청학과 백학이 살았다고 하여 청학동이라 불렸고, 선비들이 자연을 벗 삼아 풍류를 즐기던 곳으로, 협곡 입구에 들어서면 마치 신선 세계에 발을 딛는듯한 착각마저 들게 한다고 하였답니다.

용추 협곡의 형성과정

암석의 틈으로 스며든 물이 겨울에 얼면서 쐐기처럼 틈을 벌립니다.

겨울과 봄에 얼고 녹는 현상이 오랜세월동안 반복됩니다.

벌어진 틈을 따라 크고 작은 암석들이 떨어져 나오면서 침식이 일어납니다.

오랜 세월동안 반복적으로 침식되면서 지금과 같은 협곡이 만들어 집니다.

협곡

구룡소

1단과 2단

돌개구멍

폭호

6. 용연폭포

경상북도 청송군 주왕산면 상의리 산83

용연폭포는 주왕계곡 상류에 있는 2단으로 형성된 폭포로 주왕산에 있는 폭포 중에서는 가장 크고 웅장합니다. 폭포수가 두 줄기로 떨어져서 쌍용추폭포 혹은 내 용추폭포라고 불리기도 하는데, 1단폭포(폭 약4m,길이6m)에는 포트홀(폭과 길이가 약10m)이 형성되어 있고, 포트홀의 양쪽 단에 애는 하식동(침식 작용으로 생겨난 동굴)이 폭포를 중심으로 왼쪽에 3개, 오른쪽에 1개가 형성되어 있습니다.

이 하식동(동굴)은 폭포 아래로 떨어진 물이 주변 암석을 깎아 만들어졌으며, 폭포가 흐르는 곳의 암석은 물에 의해 침식되며, 그 결과 폭포면은 점차 뒤로 후퇴하게 됩니다.

이에 따라 세 개의 하식동굴 중 현재 폭포에서 가장 멀리 떨어져 있는 동굴이 처음 만들어진 것이며, 폭포가 뒤쪽으로 후퇴하면서 두 번째, 세 번째 동굴이 차례대로 형성되었습니다.
폭포 아래에는 암석 바닥에 둥글게 파인 웅덩이와 같은 폭호가 있는데, 이것은 폭포 아래로 떨어진 물과 함께 이동하던 자갈, 모래 등의 입자가 주변 암석을 맷돌처럼 깎아 현재와 같이 넓고 깊은 폭호가 형성된것입니다.

하식동굴의 발달 과정

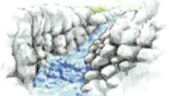
하식동굴이 없는 폭포

1차 하식동굴이 형성되고 폭포면이 더 후퇴합니다.

2차 하식동굴이 형성되고 폭포면이 더 후퇴합니다.

3차 하식동굴이 형성되고 폭포면은 더 멀리 후퇴합니다.

하식동굴의 발달 순서

폭포와 폭호

하식동굴과 포트홀

오른쪽 하식동굴

6. 용연폭포 127

7. 절골협곡

경북 청송군 주왕산면 주산지리 산124

절골협곡은 주왕산국립공원 절골 분소 에서 대문 다리까지 약 5㎞(직선거리 약3㎞)구간 에 걸쳐 깎아 지른 수직절벽 사이로 발달한 좁고 깊은 V자형 계곡입니다.

절골협곡은 화산폭발로 분출된 화산재가 식어 굳어진 응회암으로 구성되었습니다.

용추협곡과 마찬가지로 절골협곡도 수직 방향의 절리가 발달하며, 이 절리를 따라 침식작용이 일어나 골짜기가 형성 되었습니다. 절골 협곡은 곡벽(골짜기 양쪽에 늘어선 벼랑)이 급경사를 이루는데, 심한 하각작용(강이 그 바닥을 깎는 작용)으로 폭에 비해 깊고 급합니다. 곡벽의 경사는 거의 수직을 이루고, 높이는 50m이상, 바닥은 10~20m내외로 깊고 좁습니다.

옛날 운수암이라는 절이 있어서 절골 이라고 불렀는데 지금은 터만 남아 있습니다.

부석배열
화산분출지의 추적

개울바닥은 물에 의해 깎여나가 암석의 깨끗한 표면을 관찰할 수 있습니다. 이 곳의 바닥을 살펴 보면 응회암에서 뚜렷한 부석배열이 보이는데, 이를 통해 화산 분출지를 추측해낼 수 있습니다. 주왕산의 응회암은 대부분 고온에서 분출되어 옆으로 흐르면서 쌓인 응회암으로, 부석들은 흐르면서 일정한 방향으로 배열됩니다. 주왕산 일대의 여러 지역에서 부석들의 배열이 발견되는데, 이러한 증거들은 이 곳으로부터 북동쪽 약 5km지점이 화산 분출지 였음을 말해줍니다.

화산분출지를 찾는 방법

화산이 분출하면서 화산재와 부석덩어리가 옆으로 흐르면서 쌓입니다.

지속적으로 화산이 분출하게 되어 두꺼운 층을 형성 합니다.

뜨거운온도와 높은 압력에 의해 부석이 눌려 납작해지며 이를 피아메라고 부릅니다.

납작하게 눌린 부석 피아메의 방향을 측정하면 화산분출지를 추적할 수 있습니다.

하강작용

절리

8. 주산지(명승 제105호)

경상북도 청송군 주왕산면 주산지리 73

이곳 주산지는 1720년 8월, 조선 경종 원년에 해발 400m 즈음, 울창한 수림 사이 계곡을 막아 농업용수를 공급하기 위해 공사를 시작하여 그 이듬해인 10월에 준공한 저수지로 길이200m, 너비100m, 수심8m 입니다. 아무리 오랜 가뭄으로 물이 부족해도 밑바닥을 들어 낸적이 없는데, 이것은 화산재가 엉겨 붙어 만들어진 치밀하고 단단한 암석인 용결응회암이 주산지 바닥에 자리 잡고 있고, 그 위로 비용결응회암과 퇴적암이 쌓여 마치 물을 담는 큰 그릇의 역할을 하기 때문입니다.

비가 오면 비용결응회암층과 퇴적암층이 스펀지처럼 물을 머금었다가 조금씩 흘려보내 늘 풍부한 수량을 유지 할 수 있는 것입니다.

특히 주산지에는 150여 년이나 묵은 왕 버들 고목 30여 그루가 자생하고 있는데, 그 풍치가 아름다워 많은 관광객이 찾고 있는 명소이며, 암석, 물, 나무가 어우러져 사계절 다른 풍광을 선보이는 곳으로, 2013년 국가지정문화재 명승 105호로 지정될 정도로 가치가 매우 높은 자연유산입니다.

왕버들 고목

9. 청송 얼음골

경상북도 청송군 주왕산면 내룡리 1

겨울철에는 따뜻한 바람이 불어 나오고, 여름철에는 차가운 바람이 불어나오는 특이한 기상현상으로 얼음골(풍혈, 빙혈)이라 합니다.
우리나라의 얼음골이라고 불리는 곳은 이곳 말고도 경남 밀양, 경북 의성, 광주 무등산 등 전국적으로 20여 곳에 분포하고 있습니다.

청송얼음골에는 풍화작용으로 산꼭대기의 암석 부스러기가 중력에 의해 급경사면에 떨어져 쌓인 애추(崖錐, 테일러스)가 나타나는데, 애추는 암석이 떨어져 나온 근처에 쌓이기 때문에 모서리가 마모되는 과정을 거치지 않아 각진 형태이며 크기가 제 각각 입니다.
암석의 부스러기가 쌓여 있는 애추 지형 하부에서는 차가운 지하의 영향으로 차갑고 습한 공기가 생성되며, 이 차고 습한 공기가 외부로 유출될 때 상대적으로 따뜻하고 건조한 공기와 만나 기온이 올라가면서 습기가 빠르게 증발하게 됩니다.
더운 여름철 마당에 물을 뿌리면 물이 증발하면서 주변 온도가 낮아지는 것처럼 이곳에서도 습기가 증발하면서 주변이 냉각되어 얼음이 형성 되는 것입니다.
특히 청송얼음골은 경사가 급하고 경사면이 북쪽을 향하고 있어 태양 복사에너지가 적기 때문에 얼음이 형성되기 좋은 환경으로 조성되어 있습니다.

밀양 영남리(얼음골)

의성 빙계계곡(풍혈)

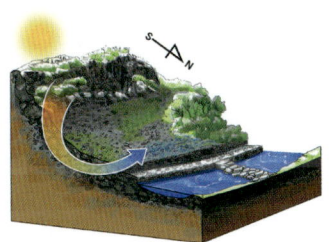

얼음골의 형성과정(모식도)

약수터

인공폭포

10. 법수도석

경북 청송군 주왕산면 법수길 190

도석

법수도석(陶石)은 법수마을의 도자기 원료로 쓰이는 돌을 말하는 것으로, 청송에서는 일반적으로 백자를 제작할 때 사용하는 고령토가 나지 않아 고령토 대신 회백색 도석을 빻아 가루로 만들어 '청송백자'를 만들 때 사용하였습니다.

법수마을은 화산폭발로 분출된 화산재가 굳어져서 만들어진 응회암으로 구성되어 있는데, 응회암이 형성된 후 지하 깊은 곳에서부터 마그마가 뚫고 들어왔고, 마그마에 의해 만들어진 열수가 주변응회암을 백색으로 변질시켰습니다.

이 암석이 청송 백자의 원료로 쓰이는 법수도석입니다.
법수도석은 함리튬 토수다이트라는 전 세계 10개 미만의 지역에서만 산출되는 희소성 높은 점토 광물을 포함한다는 점에서 높은 지질학적 가치를 가지고 있습니다.

주병

가마(사기굴)

공방(사기움)

도석의 형성 과정

화산이 폭발하면서 화산재가 뿜어져 나옵니다.

화산재가 굳어져 두꺼운 응회암층을 만듭니다.

유문암질 마그마가 여러 곳에서 응회암층을 관입합니다.

유문암질 마그마 내의 열수가 주변의 응회암을 변질시켜 도석을 만듭니다.

백자 박물관

11. 병암 화강암 단애

경북 청송군 부남면 구천리 산12

병암(屛巖)은 '병풍처럼 펼쳐진 바위절벽'을 뜻합니다. 이 절벽은 옛날에 호랑이가 놀다가 떨어져 죽었다 하여 '범덤'이라 부르기도 합니다.

'병암 화강암 단애'는 마그마가 굳어져 만들어진 화강암 바위 절벽입니다.

병암을 이루고 있는 세립질 화강암에는 세로방향으로 틈이 많이 만들어져 있는데, 지표면에서 오랜 시간 동안 바람과 물 등에 의해 깍이고 (풍화작용)과 침식을 받으면서 틈을 따라 암석이 쪼개지며 떨어져 나와 지금처럼 아름다운 절벽으로 된 것입니다.

신생대에 지하 깊은 곳에서 만들어진 화강암이 지각의 융기작용으로 땅 위로 상승하였고, 화강암위로 물이 흐르면서 하천이 형성되었습니다.

병암의 형성과정

지하 깊은 곳에서 만들어진 화강암이 융기하여 지표에 드러납니다. → 화강암 위로 물이 흐르면서 하천이 만들어 집니다. → 하천이 지속적으로 아래쪽을 깍아 절벽이 만들어집니다. → 절벽에 발달하는 틈을 따라 암석들이 떨어져나오면서 단애가 형성됩니다.

병암 화강암 단애와 더불어 주변에 위치한 구천숲은 여름철에 시원하고 아름다운 경치로 많은 사람이 찾는 곳이기도 하며, 숙종 28년(1702)에 청송부사 이문징이 율곡 이이와 사계 김장생을 추모하기위해 창건한 지역 사립 교육 시설인 '구천리 병암서원'이 있습니다.

병암(화강암 단애)

구천리(병암서원)

12. 나실 마그마 혼합대

경북 청송군 부남면 대전리 산110

나실마을

서로 다른 마그마가 섞여 중간 성분의 마그마가 생성되는 것을 마그마의 혼합작용이라고 하며, 중간 성분인 마그마가 굳어진 부분을 혼합대 라고 합니다.

나실 마을은 화강암질 마그마에 섬록암질 마그마가 주입된 후 암석의 특성에 의해 침식이 다르게 발생하여, 오늘날과 같이 사발 모양의 오목한 형태로 나타나며, 마을 바깥 저지에는 화강암, 마을 안쪽 분지에는 섬록암이 동심원상으로 분포하며 경계부인 능선은 두 마그마의 중간 성분인 화강섬록암이 관찰됩니다.

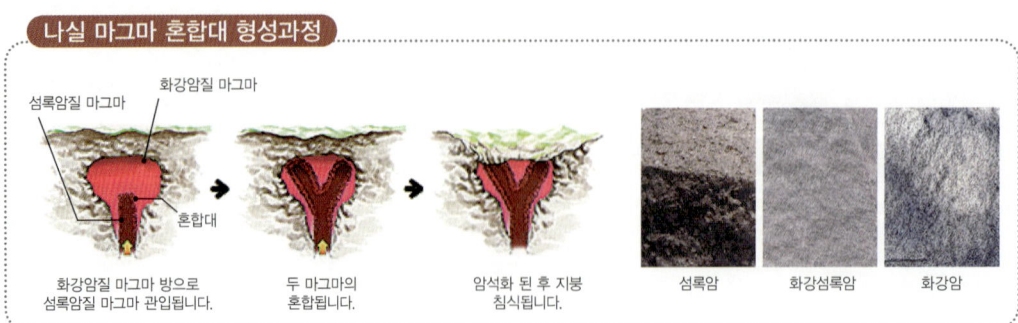

13. 청송 자연휴양림 퇴적암층

경북 청송군 부남면 청송로 3478-96 청송자연휴양림

청송 자연휴양림의 퇴적암은 기존 암석이 풍화와 침식으로 잘게 부서지고, 이로 인해 형성된 암석 조각이 물과 바람, 그리고 중력에 의해 낮은 곳으로 이동하여 쌓이고 굳어져 만들어졌습니다. 이러한 퇴적작용은 오랜 시간에 걸쳐 천천히 일어나므로 퇴적암은 퇴적 당시의 환경을 보여주는 다양한 흔적을 간직하게 됩니다. 청송 자연휴양림 퇴적암층은 퇴적 당시의 환경을 알 수 있는 층리, 연흔, 사층리, 단층이 잘 나타나 있어 지질학적 기본 지식을 현장에서 확인해 볼 수 있는 곳입니다.

층리 : 가장 일반적인 퇴적구조로 암석의 성질 및 구조의 차이로 만들어진 줄무늬를 말합니다.

사층리 : 기울어진 층리. 바람이나 물이 한 방향으로 이동하는 곳에서 만들어지는 퇴적구조로 물이 흐른 방향을 지시합니다.

연흔 : 퇴적물이 바람이나 물의 움직임에 의해 흔들리는 과정에서 생긴 물결자국입니다.

단층 : 지층이 외부의 힘을 받아 두 개의 조각으로 끊어져 어긋난 구조를 말합니다.

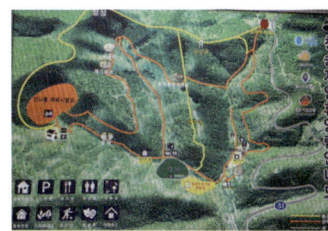
안내도

층리

이암·사암

14. 면봉산 칼데라

경북 청송군 현동면 월매리 산49-1

칼데라는 화산이 분출하고 난 뒤 지하의 빈 공간 으로 '칼데라(caldera)'라는 명칭은 스페인어로 '큰 솥'이라는 의미로 솥 모양의 분지 지형을 말합니다.

화산폭발로 마그마가 지표면으로 올라오면, 마그마가 고여 있던 지하에 빈 곳이 발생하게 되는데, 이로 인해 마그마가 지지하고 있던 위쪽 땅이 무너지면서 솥 모양의 칼데라 지형을 만들어지게 됩니다.

화산활동이 활발하던 중생대 면봉산 지역에는 지름이 약 10km에 달하는 칼데라가 있었는데, 최고 820미터까지 함몰되었던 이곳 칼데라는 오랜 세월 동안 지표면에서 침식작용으로 모두 사라지고 그 뿌리만 남아 지질 흔적만 기록되어 있습니다.

칼데라의 형성과정

지하의 마그마가 분출해 화산지형이 만들어 집니다.

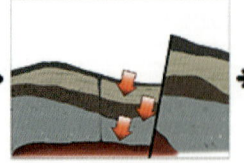

마그마가 분출하고 난 빈 공간이 무너져 칼데라가 만들어 집니다.

무너진 틈(단층)을 따라 유문암이 관입합니다.

오랜 세월에 걸쳐 윗부분이 침식되어 사라지고 칼데라의 뿌리만 남게 됩니다.

15. 수락리 주상절리

경북 청송군 현서면 수락리 산54-1

일반적으로 주상절리(암석이 기둥 모양으로 갈라진 형태를 말하며, 주로 용암이나 화산재가 빠르게 식어 부피가 수축하면서 만들어지는 것)는 용암이 식어서 만들어진 현무암에서 흔히 발달합니다. 하지만 수락리 주상절리는 화산재가 굳어져서 만들어진 응회암으로 구성되어 있습니다.
공중에서 분출해 쌓여 만들어진 경우 강하응회암, 화산재가 옆으로 흐르면서 쌓인 경우를 회류응회암이라고 하는데, 수락리 주상절리는 회류응회암으로 매우 뜨거운 화산재들이 쌓이면서 온도와 압력 때문에 서로 엉겨 붙게 되었고, 응회암이 식으면서 부피가 줄어들어 규칙적인 주상절리가 만들어지게 되었습니다. 주상절리는 위에서보면 사각형이나 육각형의 형태를, 옆에서보면 돌기둥이 수직으로 세워져 줄서 있는 모습을 나타냅니다.

화산이 폭발하면서 화산재가 뿜어져 나와 두껍게 쌓입니다.

두껍게 쌓인 화산재는 열과 압력에 의해 서로 엉겨 붙게 됩니다.

화산재가 식으면서 부피가 줄어들어 주상절리가 만들어집니다.

16. 방호정 감입곡류천

경북 청송군 안덕면 방호정로 126-24

방호정은 신성계곡의 절벽에 위에 세워진 유서 깊은 정자입니다.
감입(嵌入)이란 말은 물체에 형상을 새겨 넣거나 장식하는 것을 의미하고, 곡류(曲流)는 강이 마치 뱀이 기어가는 것처럼 구불구불 휘어진 상태로 흐르는 모양이나 현상을 말합니다.

방호정 감입곡류천은 평야 지대를 자유롭게 흐르던 하천이 땅의 융기로 생긴 경사를 따라 원래 형태를 유지한 채 퇴적암 위로 빠르게 흐르며 마치 조각칼이 암석에 형상을 새기듯 하천 바닥을 파내며 만들어졌습니다.

침식작용으로 평탄해진 퇴적층 위에 지어진 방호정은 1619년 조선중기의 학자 방호 조준도가 돌아가신 어머니를 생각하는 마음에서 이곳에 정자를 세운 것입니다.

방호정의 퇴적암

약 1억년전 중생대 백악기에 만들어진 퇴적암으로, 원래는 퇴적물들이 수평으로 쌓였으나, 암석으로 고화된 이후 지층이 융기하면서 기울어졌습니다. 시간이 지나면서 기울어진 지층의 상부가 편평하게 침

식되었고, 지층이 침식된 면 위에 방호정이 놓여 현재의 모습이 되었습니다.

퇴적암

기존 암석이 잘게 부서진 것을 퇴적물이라 하고, 퇴적물이 쌓여서 굳은 암석을 퇴적암이라고 합니다. 퇴적물은 주로 흐르는 물에 의해 이동하다가 흐름의 속도가 느려지는 곳에 쌓입니다. 이 후 지하 깊이 묻혀 딱딱한 암석이 됩니다.

퇴적암

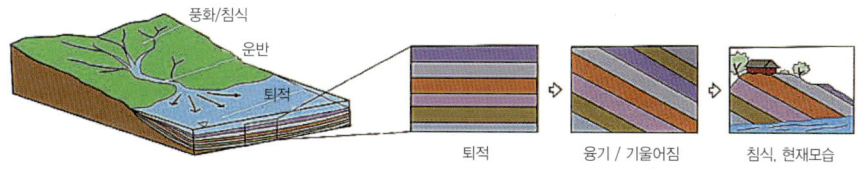

퇴적암의 종류

운반작용을 거쳐 만들어진 쇄설성 퇴적암과 화학적, 생물학적 침전으로 만들어진 비쇄설성퇴적암으로 나눌 수 있습니다. 쇄설성퇴적암은 입자의 크기에 따라 역암, 사암, 이암 등으로 나누고, 비쇄설성퇴적암에는 탄산염암 등이 있으며, 이 외에 퇴적물이 공급된 위치와 퇴적물의 기원에 따라 구분하기도 합니다.

역암: 운반작용을 통해 퇴적된 암석 중 크기 2mm 이상의 입자가 많은 암석입니다.

사암: 운반작용에 의해 입자들이 쌓여 만들어진 쇄설성 퇴적암으로 주로 1/16mm에서 2mm 크기의 모래입자로 이루어진 암석입니다.

이암: 실트와 점토를 주성분으로 하는 불규칙한 혼합물로, 진흙이 굳어져 생긴 암석입니다.

17. 신성리 공룡발자국

경북 청송군 안덕면 신성리 산100-1

신성리 공룡발자국 지질명소는 단일 지층면에서 발견되는 국내 최대 규모의 공룡발자국 화석산지입니다.

발자국이 찍힌 지층은 점토로 구성된 퇴적암입니다. 이곳에서 볼 수 있는 공룡발자국은 2003년 태풍 매미의 영향으로 산사태가 일어나면서 퇴적층이 경사면을 따라 미끄러지면서 공룡 발자국 화석층이 드러나게 되었습니다.

퇴적암으로 이루어진 신성리 일대는 약 1억 년 전(중생대 백악기) 숲으로 둘러싸인 가운데 드넓은 평원 내 형성된 수심이 얕은 호수였습니다. 숲에 서식하던 공룡들은 건조한 날씨에 물이 부족해지자 호숫가로 이동하여 물을 마셨는데, 이 과정에서 주변 자갈, 모래, 진흙과 같은 퇴적물에 발자국이 찍히게 되었고, 가뭄이 이어지면서 발자국이 굳어지게 되었습니다. 이후 발자국 위에 퇴적물이 반복적으로 쌓이면서 공룡 발자국은 점차 땅속으로 묻혀 암석으로 굳어지게 된 것입니다.

화석은 만들어질 당시 생명체와 환경에 대한 단서를 줍니다. 여기에 살았던 용각류 공룡은 나무나 풀을 먹으며, 네 발로 걸어 다녔던 몸집이 큰 공룡이고, 수각류 공룡은 다른 공룡이나 곤충 등을 잡아먹으며, 두발로 뛰어 다녔던 비교적 몸집이 가벼운 공룡입니다.

공룡의 분류

공룡을 분류하는 가장 중요한 기준은 골반(엉덩이 뼈)구조입니다.
지금의 도마뱀과 비슷한 골반을 가진 공룡을 용반류 라고 하며, 새와 비슷한 골반을 가진 공룡을 조반류 라고 합니다.
공룡의 골반은 장골, 좌골, 치골 로 이루어져 있는데 좌골과 치골이 어떠한 모양을 하고 있는가에 따라 용반류와 조반류로 구분합니다.
좌골과 치골이 서로 반대쪽을 향하는 'ㅅ'자 모양을 하고 있다면 용반류 공룡이며, 좌골과 치골이 나란히 뒤쪽을 향하는 공룡을 조반류 공룡이라고 합니다.

조반류

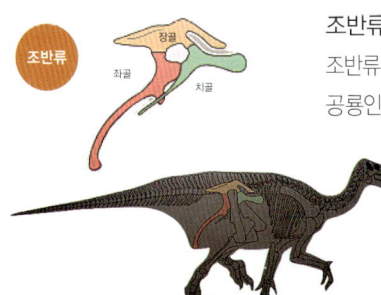

조반류 공룡은 모두 초식동물이며, 두 발 혹은 네 발로 이동하였습니다. 뿔을 가진 공룡인 각룡류(트리케라톱스), 등쪽에 골판을 가진 검룡류(스테고사우루스), 갑옷공룡인 곡룡류(안킬로사우루스), 백악기에 가장 번성했던 공룡 중 하나인 조각류(하드로사우루스류) 등이 모두 조반류에 해당됩니다.

용반류

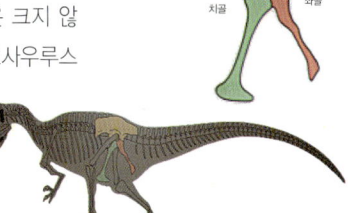

용반류는 목이 길고 몸집이 거대하며 네 발로 걷는 초식동물인 용각류와 몸집은 크지 않지만 두 발로 걷고 육식을 하는 수각류로 구분하며, 대표적인 용각류는 브라키오사우루스와 디플로도쿠스가 있으며 수각류로는 알로사우루스와 케라토사우루스 등이 있습니다.

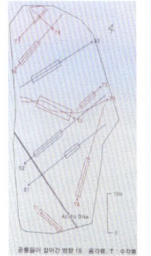
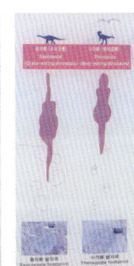

신성리 공룡 발자국 화석

티라노사우루스
부라키오사우루스

18. 만안자암 단애

경북 청송군 안덕면 근곡리 649-1

"만안"은 청송군 안덕면에 있는 마을 이름이며, 이곳 암석에 포함된 철 성분이 산소와 만나 산화하면서 붉은색을 띠게 되어 붉은 절벽이란 뜻의 "자암단애"라 불리고 있습니다.

중생대 백악기 하천환경에서 진흙, 모래, 자갈 등이 퇴적되었고, 그 위로 두꺼운 퇴적층이 쌓이고, 지하 깊이 묻힌 퇴적물은 단단한 암석이 되었습니다.

이후 지각의 융기로 지하 깊은 곳에 있던 암석이 지표면 위로 올라오고, 지표면으로 올라온 암석은 오랫동안 풍화와 침식을 받으며 절리를 따라 쪼개지고 강물에 의해 깎여 지금과 같은 단애로 남게 되었습니다.

지표면으로 융기한 퇴적암층 위로 물이 흐릅니다.

물이 흐르면서 계곡 아래를 깎아내 하천이 만들어 집니다.

계속적으로 침식이 일어나 절벽이 만들어 집니다.

절벽에 발달된 틈을 따라 암석이 떨어져 나와 지금과 같은 단애가 형성됩니다.

19. 파천 구상 화강암

경북 청송군 파천면 신흥리 408

구상암은 암석 내부의 광물이 구상 또는 방사상으로 배열하고 있는 암석입니다.
파천 구상 화강암은 트라이아스기(2억 3천만 년 ~ 1억 8천만 년)에 형성된 암석으로, 중심부의 핵을 중심으로 내부에서 밖을 향해 방사상으로 성장하여 구상체 혹은 타원체를 이루며, 특히 파천 구상 화강암은 밝은색 광물(석영, 장석 등 무색 광물)과 어두운색 광물(흑운모 등 유색광물)이 번갈아 가며 성장하여 마치 양파의 속과 같은 구조를 보입니다.

구상조직의 형성과정

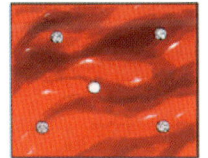 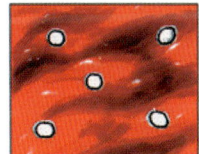  

핵을 중심으로 석영, 장석광물이 성장합니다. → 석영, 장석 둘레를 흑운모가 둘러쌉니다. → 흑운모 바깥쪽에 다시 석영, 장석들이 성장합니다. → 석영과 장석, 흑운모의 반복적인 성장으로 동심원 구조를 형성합니다.

20. 백석탄 포트홀

경북 청송군 안덕면 고와리 산65-1

청송군 안덕면 고와리에 있는 백석탄은 "하얀 돌이 반짝거리는 개울"이라는 뜻으로, 눈부신 바위들이 장관을 이루며 연이어 나타나 신성계곡의 정수로 꼽히는 곳입니다.

희다 못해 푸른빛이 감도는 백석탄 포트홀은 계곡물의 흐름에 따라 오랜 시간동안 풍화되고 침식되어 암반에 항아리모양처럼 깊고 다양한 구멍들이 생긴 것입니다.

백석탄은 자갈, 모래, 진흙과 같은 퇴적물이 운반, 퇴적되어 단단하게 굳어진 퇴적암으로 구성되어있고, 이곳에서는 흔적화석, 층리, 사층리, 이암편 등 많은 퇴적구조가 발달하여 과거 퇴적물이 쌓이던 시기의 환경을 유추해 볼 수 있습니다.

기존 암석이 풍화와 침식을 받아 잘게 부서진 후, 쌓여서 굳은 암석을 퇴적암 이라고 합니다.

퇴적암 중에서도 모래알갱이가 굳어져 만들어진 암석을 사암 이라고 하는데, 이 지역은 흰색의 사암 으로 이루어져 있습니다. 백석탄의 바위들이 흰 이유는 모래알갱이 중에서도 풍화와 침식에 강하고 색깔이 흰 석영 입자들이 모여서 이 지역의 사암을 만들었기 때문입니다.

백석탄 암석에 발달한 항아리 모양의 오목한 구멍을 포트홀이라고 하는데, 포트홀은 하천바닥에 오목한 부분 혹은 깨어진 부분을 흐르던 물이 소용돌이를 일으키고, 그 에너지에 의해 원통형의 구멍이 생겨난 것을 말합니다. 주로 물이 빠르게 흐르는 곳에서 만들어지며 구혈 또는 돌개구멍이라고도 부릅니다.

사암

이암편

이암편
이암은 진흙이 굳어진 암석으로, 이암편은 이암이 떨어져 나가 퇴적된 것을 말하며, 암석 조각이 떨어져 나와 퇴적된 것이기 때문에 불규칙한 형태를 보입니다.

사층리
지층의 층리면이 평행하지 않고 주된 층리면과 기울어져서 만나는 구조를 사층리라고 합니다. 주로 물 밑이나 모래 언덕에서 발견되며, 경사가 급하고 간격이 넓은 쪽이 지층의 위쪽에 해당하며 모래 크기의 퇴적물로 구성된 사암에서 많이 나타납니다.

사층리

층리

층리
퇴적암의 퇴적구조에서 보이는 줄무늬를 말합니다. 층리는 왜 생길까요? 각 층마다 쌓이는 퇴적물의 종류와 크기, 색깔 등이 다르기 때문입니다.

굴착작용
퇴적물 표면이나 표면부근에서 생물들이 먹이를 찾기위해 퇴적물 속을 휘져어 다니면서 퇴적구조를 파괴시켜 형성된 것입니다.

굴착작용

돌개구멍

포트홀(돌개구멍) 형성과정

퇴적암층 위로 물이 흐릅니다. → 바닥의 오목한 부분에서 물이 소용돌이 칩니다. → 운반되던 자갈과 모래가 갇혀 회전하면서 구멍이 점점 커집니다. → 물이 흐르는 방향이 바뀌어 웅덩이로 남게 됩니다.

20. 백석탄 포트홀

21. 송강리 습곡구조

경북 청송군 파천면 송강리 293

선캄브리아 시대(약 5억 4천만 년 이전) 송강리 습곡구조는 청송 유네스코 세계지질공원의 지질명소 중 가장 오래전에 만들어진 암석으로 이곳 에서는 커튼형태의 줄무늬가 있는 암석이 구불구불 휘어 있는 것을 관찰 하실 수 있습니다.
두 종류 이상의 암석층 이 불규칙하게 겹쳐 줄무늬(편마구조) 가 관찰되는 암석을 편마암 이라고 하며, 암석이 구불구불 휘어진 모양을 습곡구조라고 합니다.
이외에도 암석이 외부의 힘을 받아 어긋난 단층과 마그마가 기존의 암석을 뚫고 들어간 관입 현상이 관찰됩니다.

왜 줄무늬가 파여있을까요?

송강리 습곡구조에서는 줄무늬 일부분이 파여 있는 것을 관찰할 수 있는데 왜 암석 전체가 아닌, 특정부분만 파여 있을까요. 그 이유는 송강리 습곡구조가 석회암을 포함하기 때문입니다.

편마암

습곡구조

빗물이나 하천수가 석회암을 만나면 석회암의 주성분인 탄산칼슘이 물에 녹아 있는 이산화탄소와 반응하여 침식이 일어납니다. 송강리 습곡구조의 석회암이 포함된 암석층이 물에 녹으며 커튼형태의 줄무늬가 파여 있는 독특한 경관을 만든 것입니다.

송강리 습곡의 형성과정

 →  →

지하 깊은 곳에서 압력을 받아 편마구조(줄무늬)가 만들어집니다.   편마암에 압력이 가해져 습곡이 형성됩니다.   습곡을 따라 또한번 압력이 가해져 중첩된 습곡이 형성됩니다.

 ←  ←

마그마가 지층을 관입합니다.   다시한번 압력을 받아 습곡이 형성됩니다.   여러 번의 습곡작용과 관입에 의해 복잡한 지질구조가 만들어 집니다.

청송 홍원리 개오동나무
(천연기념물 제401호)

이 나무는 1960년 경 심어진 것으로 추정되며 높이8m, 수관폭14m, 가슴높이의 둘레가 3.9m로 우리나라에서 가장 크고 오래된 개오동나무로 6월과 7월에 황백색 꽃이 피고 10월에 열매가 익습니다.

개오동나무

할미새

22. 청송 구과상 유문암(꽃돌)

경북 청송군 진보면 괴정리 644-3

구과상은 한 점을 기준으로 결정이 방사상 형태로 성장하여 구를 이룬 조직을 말하는 것으로, 유문암은 현무암보다 수정이라고도 불리는 석영이 상대적으로 많이 포함되어 밝은색을 띄며, 지표 근처에서 빠르게 식어 만들어진 암석을 말합니다.

즉, 유문암질 마그마가 빠르게 식으면서 아름다운 구과상의 형태를 만든 것을 구과상 유문암이라고 하며, 구과상 유문암은 형태에 따라 다양하고 아름다운 무늬를 보이기 때문에 일명 꽃돌 이라고도 부르고 있습니다.

청송 꽃돌에는 연꽃, 국화, 목란, 해바라기, 카네이션, 장미 등 매우 다양한 꽃 모양이 나타납니다.

청송 꽃돌의 분류(형태적 분류)
국화형, 민들레형, 매화형, 장미형, 해바라기형

23. 달기약수탕

경북 청송군 청송읍 약수길 16

조선 철종 때 농업용수 확보를 위해 공사를 하던 중 바위 틈에서 솟아나는 샘을 발견하게 되었는데, 사람들이 그 물을 마시니 곧 트림이 나오고 이내 뱃속이 편안해졌다고 합니다.
이후 위장이 불편한 사람들이 즐겨 마시게 되었고 달기 약수는 약이 되는 물로 알려지게 되었습니다.

달기약수는 빗물로부터 시작됩니다. 빗물이 지하에 스며들어 지하수가 되고, 지하 깊은 곳의 마그마에서 뿜어져 나온 이산화탄소와 반응해 탄산수로 바뀌게 됩니다. 탄산수는 지하의 암석에 포함된 다양한 물질들을 녹여낸 후 틈을 따라 지표로 상승하여 지금의 탄산 약수로 솟아 나고 있습니다.

지하수는 퇴적암을 거치면서 철과 마그네슘을 공급받고, 하부 화강암의 틈을 따라 이동하면서 마그마 기원의 이산화탄소와 반응하여 탄산수로 바뀌는 것입니다.
즉 달기 약수는 철과 마그네슘 함량이 높은 탄산수로, 특히 철 성분이 많아 약수터 주변은 붉은 산화철로 덮여 있습니다. 우리나라에는 이곳 말고도 강원도 오색약수, 춘천 추곡약수 등 여러 곳에 이러한 약수터가 있습니다.

달기약수의 형성과정

빗물이 지하로 스며듭니다.
(화강암 퇴적암)

이산화탄소와 반응하여 탄산수로 바뀝니다.

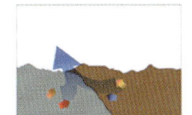
암석에 포함된 다양한 물질을 용해 시키며 지표로 상승합니다.

달기약수가 솟아나는 모습

달기 약수탕   춘천(추곡약수)

24. 노루용추 계곡

경북 청송군 청송읍 월외리 산104

노루용추 계곡은 노루용추와 달기폭포(월외, 낙연폭포) 등 수려한 자연경관을 감상할 수 있는 명소입니다. 노루용추는 노루용추 계곡 초입의 작은 폭포와 폭호를 말하는데, 이는 진흙과 모래가 굳어져서 만들어진 퇴적암과 화산재가 굳어져서 만들어진 응회암의 특성 차이에 의해 만들어졌습니다.

용추(龍湫)란 용이 하늘로 승천한 웅덩이 뜻하고, 협곡은 급경사를 이루며 암석이 양쪽으로 높이 서 있고 좁고 깊은 골짜기를 말합니다.

달기폭포는 높이 11m에 달하는 웅장한 폭포이며, 폭포아래에는 용소라 불리는 폭호가 발달했습니다.

폭호는 폭포아래에서 떨어지는 물에 의해 만들어진 웅덩이입니다. 달기폭포 일대의 주왕산 응회암은 특징적으로 여러 방향의 틈이 많이 형성 되어 있습니다. 이 틈들을 따라 크고 작은 바위들이 벽면에서 떨어져 나오면서 절벽부를 만들게 되었으며, 이때 떨어진 바위조각들이 폭포 아래쪽에 흩어져 있습니다.

폭포의 형성과정

응회암층 위로 물이 흐릅니다.

응회암의 절리(틈)사이로 물이 흐르면서 침식이 진행됩니다.

암석들이 절리(틈)를 따라 떨어져 나오면서 절벽부가 만들어 집니다.

오랜시간 흐르면서 절리(틈)을 따라 계속적인 침식이 일어나 폭포가 만들어 집니다.

달기폭포(응회암)

상부의 수직절리와 판상절리

폭호(용소)

절리에 의해 떨어져 나온 바위들

25. 절구폭포

절구 폭포는 주왕산 응회암에서 발달한 세로방향의 틈에 의해 생긴 2단 폭포입니다. 1단 폭포 아래에는 선녀탕 이라고 부르는 돌개구멍이 있고, 2단 폭포 아래에는 폭호가 발달되어 있습니다. 절구폭포는 협곡 내부 깊은곳에 있어 습도가 높고 폭포주변에는 이끼류가 자라고 있습니다.

피아메: 화산이 폭발할 때 뿜어져 나온 부석과 같은 덩어리들이 높은 압력에 의해 렌즈 모양으로 납작하게 눌린 것입니다.

폭호

피아메

26. 무장굴

무장굴의 입구는 마치 모래시계처럼 조금씩 조각들이 떨어져 나오면서 만들어진 바위가 주왕산 응회암에 발달한 세로 방향의 틈에 끼여있는 듯한 형태를 하고 있습니다. 통로 역할을 하는 틈을 따라 흐르는 물과 공기 때문에 양쪽면의 암석이 조금씩 벗겨져 동굴이 만들어 졌습니다. 주왕의 군사들이 무기를 숨겨두었다는 전설 때문에 이 곳은 무장굴이라 전해지고 있습니다.

무장굴에서 본 관음봉

내부

무장굴 내부에 있는 구멍

천정

주상절리

강원평화지역 국가지질공원

'강원평화지역 국가지질공원'은 한반도 중부 DMZ(Demilitarized Zone) 인접지역의 지질·지형적 유산을 중심으로 지질공원이 지닌 기본 이념들을 바탕으로 '충돌'의 지역을 '평화'의 지역으로 조성하기 위해 만들어진 명칭으로, 평화지역은 강원도의 접경지역을 새롭게 지칭하는 용어입니다.

강원평화지역 국가지질공원의 지질학적 주제는 임진강대와 관련된 한반도 남·북 지판의 '충돌'이며, 이 지역은 남중국-북중국 충돌대(친링-다비-산동 습곡대)의 동쪽 연장으로 추정되는 임진강대(帶)의 영향권에 밀접하게 위치합니다. 임진강 습곡대가 북중국지괴(중한지괴)와 남중국지괴(양쯔지괴) 간 충돌대일 경우, 한반도는 지체구조상 분리되어 있다가 서로 충돌되어 현재의 한반도를 형성하였다는 것이 됩니다. 강원평화지역 국가지질공원은 한반도의 남·북 대륙충돌을 뒷받침하는 화천백립암복합체와 같은 다양한 지질유산을 보유한 지역으로 한반도 형성과정 및 지체구조의 규명을 위한 연구에 있어서 매우 중요한 위치를 차지하고 있고, 또한 이 지역은 대륙충돌 이후 한반도의 주요 지질·지형 발달과 기후 변화 과정, 남·북한 지질·지형의 연계구조를 이해하는데 중요한 연결고리로서의 역할이 기대되는 장소입니다.

DMZ는 1953년 7월 27일 '한국 군사정전에 관한 협정(이하'정전협정')에 의해 설정된 "군사적 비무장지대"로 본 지질공원의 인문적 배경이 됩니다. 강원평화지역 국가지질공원은 일제강점기, 남북분단과 남북분단 이후 60여 년 동안 대치 등 근현대 한반도의 특수성이 모두 내재된 공간입니다. 특히, 자연의 회복력으로 인해 냉전 생태계가 형성된 세계에서 그 유례를 찾아보기 힘든 지역으로 높은 가치를 보유하고 있고, 강원평화지역 국가지질공원에서는 이러한 다양한 유산들을 바탕으로 지질공원의 근본적인 목적과 개념 하에 강원 접경지역의 지질유산을 지속적으로 보전하며, 이를 비정치적이고 평화적으로 활용하고자 함이며, 강원평화지역 국가지질공원의 세계 지질공원인증은 강원 접경지역 일원이 세계적 명소로서 나아갈 수 있는 초석을 마련할 것으로 기대되며, 이는 DMZ와 DMZ인접지역을 DMZ로 재탄생시켜 평화라는 궁극적인 가치를 추구하는 계기가 될 것입니다.

화천군
- 곡운구곡
- 비래암
- 화천 백립암복합체
- 양의대 하천습지
- 용화산

양구군
- 양구백토
- 해안분지
- 두타연

인제군
- 대암산 용늪
- 소양강 하안단구
- 내린천 포트홀
- 진부령

고성군
- 화진포
- 송지호해안
- 능파대
- 고성 제3기 현무암

곡운구곡

화천군

화천군은 화천군, 양구군, 인제군 일원은 대륙충돌에 의한 변성작용과 이후의 중생대 화성활동 및 신생대 조산활동과 관련된 지질·지형 유산을 보유한 지역입니다. 일대에는 임진강대에서의 대륙충돌이라는 가설과 결부되어서 그 가능성을 뒷받침하는 증거들이 나타나는데, 그 대표적인 것이 화천백립암복합체입니다. 화천백립암복합체에는 한반도 충돌의 결과로 지하 30km의 하부 지각물질이 노출되어 있습니다. 한편, 이 지역들은 신생대 제3기 경동성 요곡운동에 의해 형성된 한반도 지형의 중심축인 태백산맥이 지나는 지역이며, 일대에는 한반도가 융기 전 전체적으로 낮았음을 지시하는 중요한 지질·지형 요소가 다수 분포합니다. 해발 1,000m 내외의 높은 산지를 따라 암석 돔과 풍화 미지형, 침식분지 등 다양한 산지지형이 발달하고 있으며, 이와 더불어 감입곡류하천의 발달에 따른 하안단구, 구하도, 포트홀 등 하천지형이 우세하게 나타납니다. 이렇듯 산과 계곡이 많은 지역의 지형적 조건은 다양한 동·식물이 살아갈 수 있는 보금자리를 만들어 준 한편, 뗏목, 민요, 목기, 먹거리 등 독특하고 고유한 산촌문화를 탄생시킴으로써 지역의 생태적·문화적 다양성의 원천이 되었습니다.

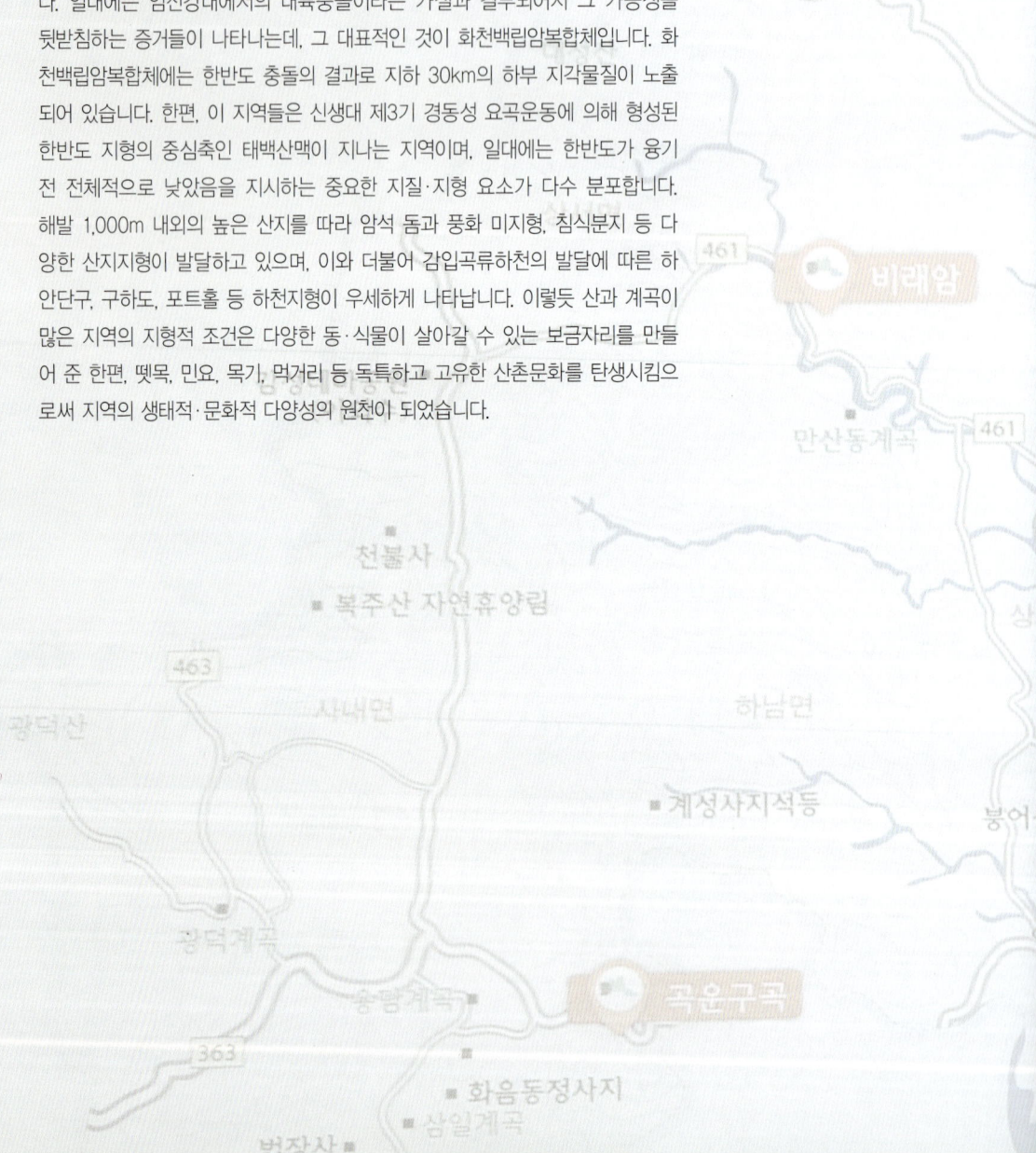

1. 곡운구곡

강원도 화천군 사내면 용담리 913

곡운구곡은 선캄브리아기(25억년~5억7천만 년 전)에 형성된 변성암류를 관입(마그마가 암석 틈을 따라 들어가 굳어지는 것)한 중생대 쥐라기 (2억8천만년~1억4백만년 전)의 반성화강암으로 이루어져 있습니다.

곡운구곡은 화강암으로 이루어진 기반암 위를 흐르는 하천에 의해 포트홀, 소규모폭포, 폭호등과 같은 다양한 지형이 발달한 곳입니다. 곡운구곡이라는 이름은 조선시대의 성리학자인 김수증의 호 '곡운'을 딴 것으로, 그가 1670년부터 화천군 사내면 영당동에 거주하면서 지촌천의 물굽이 9개에 각각 이름[방화계, 청옥협 신녀협, 백운담, 명옥뢰, 와룡담, 명월계, 융의연, 첩석대]을 지어 곡운구곡이라 칭한 데서 유래하고 있습니다. 이는 속세를 떠나 심산유곡으로 몰입해 은둔과 안닉을 통해 학문을 정진하고자 하는 성리학의 이상을 구현하기 위한 것입니다.

전체 9개의 곡 중에 원형이 가장 잘 유지되어있고 경관이 뛰어난 곳은 제3곡 신녀협과 제4곡인 백운담인데 이 일대에서는 여울, 소형폭포 등과 같은 다양한 하천지형 뿐만 아니라 화강암에서 주로 관찰되는 판상절리도 뚜렷하게 관찰할 수 있으며, 제1곡과 제3곡 사이의 변성암(호상편마암)지대에서는 변성작용 중에 일어난 습곡과 단층 구조를 관찰할 수 있습니다.

하천절벽

한편, 곡운구곡의 하천절벽(하식애)과 그 주변으로 화강암에서 특징적으로 나타나는 판상절리 구조가 뚜렷이 관찰되는데, 판상절리는 암석상에 수평으로 발달한 절리(균열)로 지하 깊은 곳에 있던 화강암이 지표면에 노출되면서 무거운 압력에서 벗어남에 따라 암석이 팽창하는 과정에서 형성된 것입니다.

포트홀 형성과정 와류(渦流, eddies)

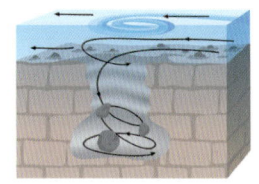
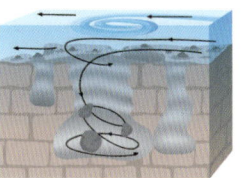

포트홀: 단단한 암석으로 이루어진 강바다에 형성된 항아리 모양의 구멍입니다. 하천에 의해 운반되던 자갈 등이 강바닥의 움푹한 부분에 들어가 물과 함께 회전을 하면서 바위를 갈아내 발달하는 지형을 말합니다.
소규모 폭포: 경사가 갑자기 변해 발달하는 낙수현상을 말합니다.
폭호: 폭포 아래 암반 상에 깊게 파인 둥근 와지입니다.

포트홀

소규모 폭포와 폭호

할미새

2. 비래암

강원도 화천군 상서면 구운리 1163

비래암은 만산동 계곡의 정상부에 위치한 높이 약 100m, 폭 약 500m의 규모로 주변을 마치 병풍처럼 두르고 있다고 해서 병풍바위라고도 합니다.

비래바위는 광물조직이 치밀하고 견고한 석영반암인데, 약 1억 년 전에 지하 100~350㎞ 깊이에서 화강암질 마그마가 분화하면서 원래 있던 변성퇴적암류 암석틈을 따라 들어가 굳어진 것입니다. 이후 주변의 퇴적암류는 침식돼 떨어져 나가고 석영반암만 남게 된 것입니다.

비래암을 이루는 단단한 광물, 석영(石英, quartz)

자연에서 산출되는 규칙적인 결정구조와 일정한 화학조성을 갖는 고체를 광물이라고 하며, 이러한 광물의 집합을 암석이라고 부릅니다. 비래암은 석영반암이라는 암석으로 이루어져 있으며, 주요 광물로 석영을 다량으로 포함하고 있습니다.

석영은 병풍처럼 솟아있는 비래암의 모습을 형성하는 데 결정적인 영향을 미친 매우 단단한 광물인데, 석영은 산소와 규소를 주성분으로 하는 무색 투명한 광물로 유리, 도자기 등의 재료로 주로 사용되고 있습니다. 암석에서 떨어져 나온 석영알갱이들은 모래가 되며, 해안모래의 대부분 역시 석영으로 이루어져 있으며, 석영은 육각기둥모양의 결정을 이루게 되는데 이러한 결정이 잘 발달할 경우 수정(crystal)이라고 부릅니다.

석영반암

비래암의 형성과정

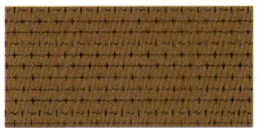

1. 지하깊숙한 곳에 있던 선캄브리아기변성 퇴적암류

2. 변성퇴적암류 암석을 뚫고 석영 반암질 마그마가 관입

3. 주변 퇴적암류는 풍화작용에 의해 떨어져 나가고 석영반암이 융기하며 비래바위만 남아 있게 됨

3. 화천 백립암 복합체

강원도 화천군 화천읍 동촌리 산11-7

화천 백립암복합체는 남한에서 처음으로 보고된 백립암상의 변성암체로, 화천 백립암복합체를 이루는 주된 암석은 이 지역의 기반암인 화강편마암인데 석류석을 다량으로 함유하고 있습니다. 석류석은 높은 온도와 압력에 의해서 만들어지는 광물이기 때문에 자연적으로 산출되는 것이 어렵습니다. 따라서 화천 백립암복합체에 나타나는 석류석을 통해 이 곳이 높은 변성작용을 받았음을 알 수 있는데, 약 2억 3,000만년 전 남중국과 북중국 대륙충돌에 의한 영향임을 파악할 수 있습니다.

화천 백립암 복합체는 어떻게 만들어질까?

화강편마암

암석이 온도 및 압력을 받아 원래의 성질과 다른 암석으로 변화하는 과정을 변성작용이라 하며, 그 결과 변성암이 생성됩니다. 마그마의 관입 등에 의해 주위의 온도가 높아짐으로써 일어난 변성작용을 접촉변성작용이라하며, 주로 압력에 의해 형성된 변성작용을 광역변성작용이라합니다. 백립암상은 광역변성작용에서 가장 높은 온도가 가해지는 것으로 이와 같은 변성조건으로 만들어지는 암석을 백립암으로 총칭합니다.

백립암은 온도가 높기 때문에 운모나 각섬석 등의 함수광물(물 분자를 결정격자 속에 포함한 광물)은 불안정해져서 분해되고 석류석이나 사방휘석, 사장석 등이 생기는 것이 특징입니다.

화천 백립암복합체를 이루는 주된 암석은 화강편마암으로 석류석을 다량으로 함유하고 있어 석류석화강편마암이라고 부릅니다.

4. 양의대 하천습지

강원도 화천군 화천읍 풍산리 1874

사진: 국가지질공원

양의대 하천습지는 민통선 내 북한강 본류에 발달한 길이 약 12km, 면적 약 2,950km² 인 하천습지로 포인트바를 중심으로 오랜 시간에 걸쳐 형성되었습니다. 유속 차이로 곡류하천의 외측은 침식작용이 활발한데 반해 내측은 느린 유속으로 침식된 모래나 자갈이 쌓여 초승달 모양의 평평한 지대인 포인트바가 형성되며, 이렇게 만들어진 지대에 주변의 임남댐과 평화의 댐의 건설로 인한 수량변화로 하천습지가 발달되었습니다.

평화의 댐에서 북한강을 따라 상류 민통선 지역을 거슬러 올라가면 군사용 철교인 안동철교가 놓여 있고 이곳에서 북쪽으로 DMZ 남방한계선인 오작교까지 이어지는 곳이 양의대이며, 일대는 휴전 이후 민간인의 출입이 엄격히 통제되어 왔기 때문에 하천습지의 보존상태가 매우 우수한 것으로 알려져 있습니다. 또한, 하천과 습지, 야산 등 다양한 서식처가 유기적으로 연결되어 있어 동·식물의 서식처로서의 생태적 역할이 중요한 지형을 이루고 있고, 일대에는 멸종위기 종 1급 4종(수달, 산양, 사향노루, 매)과 멸종위기종 2급 5종(삵, 담비, 새호리기, 가는돌고기, 돌상어) 등이 서식하는 것으로 알려져 있습니다.

하천습지(河川濕地, riverine wetland): 하천의 영향에 의해서 주기적으로 침수와 노출이 반복되는 하천 주변의 퇴적지형과 이러한 퇴적지형에 직접적으로 영향을 주는 수심 6m 이하의 수역을 포함하는 지형으로 정의합니다.

*출입제한 지역입니다.

반목의 상징에서 평화의 상징으로 탈바꿈한 평화의 댐

평화의 댐은 완공 이후 금강산 댐의 위협이 수자원공사와 언론 등에 의해 부풀려졌다는 사실이 밝혀졌고, 규모만 크고 발전 기능과 인위적 홍수 조절 기능이 없다는 '댐 무용론'이 꾸준히 제기되어 왔으나 1995년과 1996년 집중호우 때 홍수 조절 기능이 입증되기도 하였습니다. 이후 2002년 건설교통부(現 국토해양부)의 위성사진 분석으로 임남댐 정상부의 훼손부분이 발견됨에 따라 이에 대한 대비책으로 댐의 높이를 80m에서 125m로 높이는 2차 공사를 다시 시작하여 2005년 10월 완공되어 현재에 이르고 있고, 2009년 5월에는 평화의 댐 일원에 '세계 평화의 종 공원'이 개장하였으며, 이 공원에서 가장 대표적인 것은 평화의 댐 상부에 위치한 '세계평화의 종'입니다.

세계 평화의 종

이 종은 세계 각국의 분쟁 지역에서 보내온 총알과 포탄의 탄피로 주조되었으며, 높이는 4.7m, 무게는 37.5톤(1만관)으로 국내 최대의 범종으로, 평화의 종의 위에는 각기 동서남북을 가리키는 4마리의 비둘기 장식이 올려져 있는데, 북쪽을 향하고 있는 비둘기의 한쪽 날개(1관)는 잘려져 종 앞에 따로 전시되고 있습니다. 이는 남과 북의 평화를 기원하는 뜻에서 제작 당시에 떼내어진 것으로 통일이 되는 순간 붙여질 예정입니다. 평화의 댐 하부에 설치된 나무로 만들어진 '염원의 종' 역시 한반도에 평화(통일)가 찾아오면 소리를 낼 수 있는 종으로 교체될 예정이고, 세계 평화의 종 공원에는 평화의 종과 염원의 종 외에도 상상적 공간에서 평화를 기원하는 '마음의 종(상징의 종)', '세계 평화 및 남북 평화 기원의 종' 등 다양한 종과 함께 역대 노벨평화상 수상자의 핸드프린팅도 전시되어 있습니다.

평화의 댐

4. 양의대 하천습지

5. 용화산

화천군 하남면 삼화리 산102-7

용화산(878m)은 화천을 대표하는 명산 중 하나로 산 전체가 화강암으로 이루어진 석산(石山)입니다. 용화산 에는 판상절리와 토르가 많이 나타나는데 기반암인 화강암 위의 지표물질이 제거·노출되면서 압력이 감소되고 팽창함에 따라 수평방향의 틈이 만들어지게 되는데 이를 판상절리라고 하며, '똑바로 서 있는 석탑'이라는 의미의 어원을 가진 토르는 기반암에 발달된 직교하는 절리 틈을 따라 들어간 물이 틈 사이를 벌리거나 화학적 풍화작용에 의해 침식된 후 풍화물이 제거되고 탑과 같은 모양의 암석이 드러난 것을 말합니다.

단단한 바위가 썩는다고?

화강암은 지하 깊은 곳에서 마그마가 굳어져 생성된 심성암(深成岩, plutonic rock)입니다. 이와 같이 지하 깊은 곳의 고온·고압 상태에서 형성된 암석은 지표 근처로 상승하면 온도와 압력이 낮아져 쉽게 파괴되는 '풍화작용'을 겪게 됩니다. 특히, 풍화작용은 암석이 지하에서 수분과 접촉할 경우 활발하게 일어나는데, 이는 화학적 풍화작용(암석을 구성하는 광물들의 결합이 풀려 부스러지는 현상)의 일종으로 지하에서 일어난다고 하여 심층풍화(또는 화학적 심층풍화)라고 부릅니다. 이처럼 심층풍화작용이 가속화되면 단단한 바위도 사람 손의 힘으로도 쉽게 부서질 만큼 약한 상태가 되며, 이로 인하여 생성되는 물질은 새프롤라이트(saprolite)라고 부릅니다.

그러나 풍화를 적게 받거나 거의 받지 않은 화강암이 지면 위로 드러나게 되면 수분과 접촉하는 시간이 짧기 때문에 더 이상의 심층풍화를 받지 않으므로 규모가 큰 석산을 이루게 됩니다. 즉, 용화산은 심층풍화

그루브

나마

이후 풍화를 받아 약해진 물질(saprolite)이 씻겨 내려간 후 균열구조가 적은 돔 형태의 큰 바위덩어리가 지표에 노출되어 현재와 같은 바위산을 이룬 것입니다.

타포니

풍화(風化)와 침식(侵蝕)은 어떻게 다른 것일까?

풍화작용은 암석을 제자리에서 작은 알갱이로 부스러트리는 작용입니다. 말의 뜻으로는 바람이 관여하는 것 같지만 실제로는 전혀 그렇지 않습니다. 이러한 풍화작용은 물리적인 힘에 의하여 암석을 쪼개는 기계적 풍화작용과 암석을 구성하는 광물간의 결합을 풀어 트리는 화학적 풍화작용으로 구분할 수 있습니다.

판상절리

침식작용은 흐르는 물이나 지하수, 바람, 빙하, 파랑, 조석 등 외부의 에너지에 의하여 암석이나 지표의 물질들이 다른 곳으로 제거되는 과정을 뜻합니다. 이는 침식으로 생성된 물질의 운반과정까지 포함합니다.

퇴적은 운반된 물질이 쌓이는 것을 지칭합니다. 종합해보면 풍화는 '암석이 제자리에서 붕괴되거나 분해되는 것', 침식은 '암석이 외부의 작용에 의하여 깎여 나가는 것'의 차이로 쉽게 이해할수 있습니다. 그러나 풍화작용은 암석을 부스러트려 쉽게 침식되거나 운반될 수 있는 매개체 역할을 하게 되므로 풍화와 침식은 연관이 높습니다. 단, 풍화작용이 침식작용을 돕는 역할을 하는 것이지 침식작용이 일어나기 위해 반드시 풍화작용이 일어나야 하는 것은 아닙니다.

화강암체의 심층풍화와 토르 발달과정

화강암체의 균열구조를 따라 수분이 침투하여 지하에서 화학적 풍화작용이 진행됩니다. 풍화작용은 바위의 갈라진 틈을 따라 모서리에 집중되어 둥근형태의 공깃돌(핵석)을 형성하게 되고, 풍화를 심하게 받아 약해진 물질(세프롤라이프)이 제거되면서 공깃돌이 탑처럼 쌓여진 형태를 띠는 토르가 형성되는 것입니다.

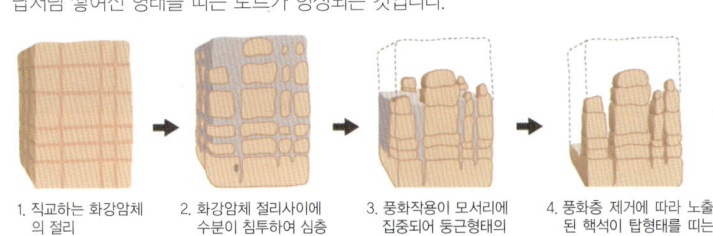

1. 직교하는 화강암체의 절리
2. 화강암체 절리사이에 수분이 침투하여 심층 풍화진행
3. 풍화작용이 모서리에 집중되어 둥근형태의 핵석 형성
4. 풍화층 제거에 따라 노출된 핵석이 탑형태를 띠는 토르 지형을 형성

토르

*큰고개 주차장에서 올라가면 됩니다. 왕복 2시간 정도 소요됩니다. 주차장이 협소하여 다소 불편합니다.

파로호 (강원도 화천군 간동면 배터길40)

1944년 북한강 협곡을 막아 축조한 화천댐으로 인해 생겨난 인공호수로 38.88㎢의 면적에 10억 톤의 물을 담을 수 있는 규모의 호수로서 상류에 평화의 댐이 있습니다.

파로호

안보 전시관

꺼먹다리(화천군 화천읍 대이리, 등록문화재 제110호)

교량 상판이 검은색 콜타르 목재라서 꺼먹다리로 불리는 이 다리는 1945년경 화천댐과 발전소가 준공되면서 세운 폭 4.8m, 길이 204m의 철골과 콘크리트로 축조된 국내 최고의 교량입니다. 교량구조는 주각위에 형강을 세우고 그 위에 콜타르 목재를 대각선으로 설치하는 공법으로 목재부식을 최소화 하였으며, 단순하면서도 구조적 안정감을 주는 공법을 사용하여 현대 교량사 연구에 귀중한 자료입니다.

딴산(화천군 간동면 어룡동길)

화천읍 에서 약 4km 떨어진 화천댐 진입로에 있는 딴산 은 따로 떨어져 있다고 고 해서 붙여진 이름입니다.

양구군

1. 양구백토

강원도 양구군 방산면 평화로 5182

양구백토는 석류석이 포함된 화강편마암의 풍화로 만들어진 흙으로 고령토에 해당되며, 철분(함유량 0.1~0.5%)등 불순물이 적을 뿐만 아니라 입자의 크기가 매우 미세하고 균질해서 고려시대와 조선시대 백자 원료로 많이 사용되었습니다.

주성분은 규소, 알루미늄, 칼륨, 강열감량이며, 나머지 성분들은 1%미만의 함량을 나타내고 있습니다. 양구 방산면 일대에서는 많은 도자기가 제작되었는데 이는 풍부한 양질의 백토뿐만 아니라 이 지역을 관통하는 하천에서 물을 쉽게 얻을 수 있었으며 주변에 땔감이 충분해 도자기를 제작하기 좋은 지리적 조건을 갖추고 있었기 때문입니다.

가마

백자 청화 초화문병

직연폭포

직연폭포는 금강산에서 발원한 물줄기가 두타연을 거쳐 내려오면서 잠시 쉬어가는 자리에 위치한 폭포입니다. 직연폭포 라는 명칭은 폭포수가 곧바로 떨어져서 붙여진 것입니다.
양구백자 박물관 근처에 위치하고 있습니다.

2. 해안분지

강원도 양구군 해안면

운해전망대에서 본 해안분지

해안분지는 차별침식(差別)에 의하여 형성된 우리나라의 대표적인 침식분지(侵蝕盆地, erosion basin)로 손꼽힙니다. 해안분지는 유달리 뱀이 많았던 조선 말, 어느 스님의 권고로 돼지를 키우면서부터 뱀이 완전히 사라져 '돼지(亥)가 마을에 안녕(安)을 가져왔다.'는 의미인 해안이라는 지명을 가지게 되었습니다. 분지란 주변이 높은 산지로 둘러싸여 있는 낮고 평평한 지형인데 해안분지는 해발 1,000m 내외의 높은 봉우리들이 외곽을 이루고 해발 약 400m 높이의 낮은 지대가 나타나 바닥이 넓은 대접의 형태를 가지고 있고, 또한 남한 최북단에 위치한 면소재지인 해안면 전체가 분지 안에 들어가 있다는 점이 특징이며, 이곳은 6.25 전쟁 당시에는 분지의 독특한 생김새를 본 따 UN군에 의해 펀치볼(Punchbowl)로도 불리게 되었습니다.

펀치볼마을

해안분지 일대의 지질은 분지 바깥쪽의 높은 산지는 변성암으로 이루어져 있으며, 분지내부의 바닥은 화강암으로 이루어져 있습니다. 두 암석의 경계는 산지와 평지를 잇는 지점 상에 경사가 급격히 변화하는 지점과 거의 일치합니다. 현재 해안분지의 바닥을 이루는 화강암은 약 2억 년 전에 지하 약 20km의 깊은 곳에서 마그마가 기존의 암석인 변성암을 파고들어(관입하여) 형성된 것으로 이때, 화강암 위쪽과 기존에 놓인 변성암의 아랫부분이 접촉하는

국립자생식물원에서 본 해안분지

부분에 균열이 크게 생기게 되었으며, 이러한 균열은 침식에 약한 상태가 되어 주변 보다 쉽게 제거되는 한편 지하로 수분을 스며들게 하여 화강암의 심층풍화작용을 일으키는 요인이 되었습니다.

심층풍화를 받은 화강암이 지각운동 또는 융기를 겪으며 지표로 서서히 드러나게 된 이후, 해안분지는 풍화물질이 주변의 변성암보다 빠른 속도로 침식되면서 오늘날과 같은 오목한 분지의 형태를 이루게 되었습니다.

차별침식: 풍화, 침식을 견디는 강도가 다른 두 가지 이상의 암석이 동시에 침식을 받음에 따라 불균등한 형태의 지형을 만들어내는 작용을 말한다.

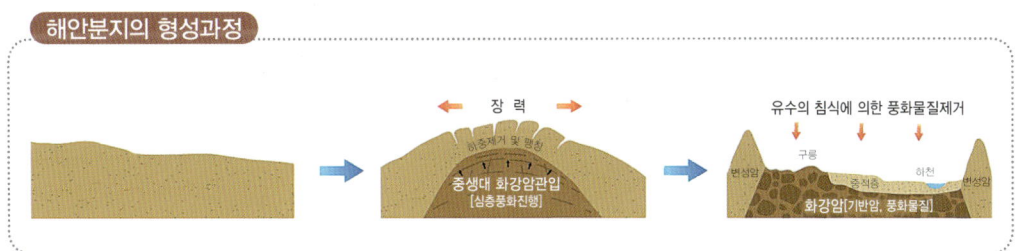

3. 두타연

강원도 양구군 방산면 건솔리 745

사진제공: 양구군 관광문화과

안내도

두타연은 북한에서 발원하여 남쪽으로 흘러 내려오는 사태천이 감입곡류하는 과정에서 생긴 폭호입니다. 구불구불하게 흐르는 하천은 유속의 차이와 시간의 흐름에 따라 침식과 퇴적이 반복되고 굴곡이 커지게 되는데 이때 하천을 흐르던 물은 먼 길을 돌아가기보다는 가까운 쪽으로 진행하려는 습성으로 인해 하천을 가로질러 흐르게 됩니다. 이렇게 절단된 하천의 상·하부는 높이 차가 있어 높은 곳에서 낮은 곳으로 물이 떨어져 폭포를 형성하게 되고 떨어지는 물의 힘에 의해 바닥은 움푹 패이게 되고, 여기에 자갈 등과 같은 퇴적물이 들어가 물과 함께 빙글빙글 회전운동을 하면서 주변을 깎아내면서 폭포가 형성됩니다. 두타연이라는 지명은 부근에 두타사라는 사찰이 있었다는 것에서 유래하였다고 합니다.

두타연의 형성과정

① 사태천이 곡류하면서 굽어진 부분의 양쪽이 동시에 깎여져 나가(침식을 받아) 물굽이 사이에 폭이 좁고 가느다란 부분(곡류목)이 형성되었고, 가느다란 목 부분이 맞닿으면서 결국 끊어짐에 따라 직선에 가까운 새로운 물길이 만들어졌습니다.
② 새로운 물질이 형성된 지점에 상류와 하류간의 높이 차이로 인해 폭포를 이루어 졌으며, 이로 인해 과거에 물이 흘렀던 지점으로는 더 이상 물이 흐르지 않게 되면서 구하도가 형성되었습니다.
③ 한편, 폭포에서 낙하하는 물이 지속적으로 폭포아래에 침식을 가하면서 현재와 같은 움푹한 물웅덩이(폭호)가 탄생된 것입니다.

두타연 일대의 곡류절단과 구하도의 형성

구하도: 하천의 활동이 중단된 과거의 물길을 가리키는 것으로 즉, 과거에는 하천이 흐르는 물길이었으나 현재는 하천의 물길이 변화하여 물이 거의 흐르지 않는 곳을 의미합니다.

민통선 지역으로 양구군청 홈페이지에서 사전 출입 신청이 필요하며, 방문 당일 두타연갤러리(방산면 고방산리)에서 출입신고서 작성 후 문화관광 해설사와 함께 출입하여야 합니다.(방문고객 개인차량 이용)

인제군

1. 대암산 용늪

강원도 인제군 서화면 서흥리 산170

'승천하는 용이 쉬었다 가는 곳'이라는 전설에서 유래된 대암산 용늪은, 대암산(1,304m) 서북사면의 해발 1,200m 일원에 발달한 산지습지(山地濕地)로 1997년 우리나라에서는 최초로 람사르 협약(물새 서식처로서 국제적으로 중요한 습지의 보전에 관한 국제협약)에 등록된 습지입니다.

용늪의 형성은 대암산 일대의 지질 조건과 기후 조건의 영향이 어우러져 작용한 결과로써, 용늪이 위치한 대암산은 산자락에서부터 정상까지 바위들로 이루어진 험한 산이며, 정상부 일원은 영하의 기온을 보이는 달이 5개월 가량이고 안개가 자주 발생하는 매우 습하고 한랭한 기후가 나타나는 곳입니다.

이러한 환경이 지속되면 지표면의 암석들 사이로 수분이 스며들어가 얼고 녹는 과정이 계속 반복되면서 암석이 쪼개지는 과정(기계적 풍화작용)이 발생하게 되는데, 이러한 작용에 의해 부서진 암석들이 비에 의하여 혹은 홍수 때 아래로 이동하면서 지표면을 깎게 되었고, 습지가 형성될 수 있는 완만하고 우묵한 땅을 만들게 된 것입니다.

이와 더불어 부서진 암석들에 의해 물이 빠져나가는 출구를 막게 되면서 지표수나 지하수가 배출되지 못하고 머무르는 환경이 만들어진 것입니다. 이처럼 물이 고이면서 습지의 토대가 형성된 이후 그 주변으로는 자연스럽게 습지식물들이 정착할 수 있게 되었습니다.

식물들이 나고 자라는 것보다 중요한 것은 식물들이 생을 마친 이후의 과정으로, 용늪 일원의 습하고 한랭한 기후로 인하여 식물의 사체가 분해되지 않고 습지 바닥에 계속 쌓이는 작용이 일어났기 때문입니다. 즉, 이탄층(泥炭層, peat deposits)이 형성된 것으로, 이탄은 습윤 지대에 쌓인 식물의 사체가 불완전하게 분해된 것으로 수분이 과도한 환경에서 지중동물이나 미생물의 활동이 억제됨에 따라 만들어집니다. 용늪 일원에 이탄층이 형성된 이후 습지 퇴적물이 점차 부풀면서 지하수와 지표수의 공급을 차단시켰으며, 이로 인하여 습지에 사는 식물물들이 오로지 빗물 만으로 영양분을 공급받는 고층습원이

만들어졌습니다. 용늪의 이탄층은 평균 1m, 가장 깊은 곳은 1.8m가량 되며, 연대는 4,000~5,100년 전으로 추정되고 있으며, 이탄층 안에는 썩지 않고 쌓인 식물들의 잔해가 그대로 있어 과거 한반도의 식생과 기후변화를 연구하는데 좋은 자료로 평가 받고 있습니다.

용늪은 큰용늪(30,820㎡)과 작은용늪(11,500㎡)으로 나누어져 있으며 유역의 전체면적은 1.06㎢입니다.(원주지방환경청). 용늪은 연중 안개 끼는 날이 많은 특수한 환경이 조성되고 있어 생태계 연구에 좋은 자료로 이용되고 있습니다. 특히, 큰용늪에는

물이끼, 삿갓사초, 꼬리조팝나무, 꽃쥐손이풀 등의 식물군락이 있으며, 손바닥 난초, 비로용담, 끈끈이주걱 등의 희귀식물도 자라고 있고, 그 밖에 식물성 플랑크톤 63종, 돌말 19종과 천연기념물인 산양과 검독수리가 관찰된 바 있으며, 도롱뇽, 무당개구리, 줄흰나비 등도 볼 수 있습니다.

대암산의 지질은 주로 석영섬장암(閃長岩, syenite)으로 이루어져 있고, 섬장암은 알칼리 장석, 약간의 사장석 및 각섬석과 석영을 포함하는 화성암의 한 종류이며, 외관상으로는 화강암과 비슷하지만 석영의 함량이 더 적은 점에서 큰 차이를 보입니다.

산지습지: 산지 내에서 관찰되는 수심이 얕고 배수가 불량한 지대를 말하며, 산지에서 스며나오는 물의 영향이 거의 없거나 적은 곳으로 식물의 사체가 분해되지 않고 쌓여 만들어진 이탄층에 의하여 형성·유지되게 되고, 식물군락이 성장하면 고층습원이라고 부릅니다.

대암산 용늪의 형성과정

암석들 사이로 수분이 스며들어가 얼고 녹는 과정이 계속 반복되면서 부서진 바위조각들이 이동하면서 지표면을 침식하여 움푹한 땅을 형성합니다. 움푹한 땅에 물이 고인 이후 습지 식물이 정착하고, 한랭한 기후조건으로 식물들의 사체가 분해되지 않고 퇴적되어 이탄층을 형성하면서 고층습원이 만들어집니다.

2. 소양강 하안단구

강원도 인제군 인제읍 상동리 69

소양강 하안단구는 북한강의 지류하천인 소양강(본류 길이 약 166.0km, 유역면적 약 2,776.07㎢) 상류의 유로를 따라 연속적으로 하안단구가 나타나는 곳입니다. 과거 홍수 등으로 하천의 물은 넘치고 함께 운반되던 물질이 하천 주변에 평평하게 퇴적되어 범람원이 됩니다. 이후 지각이 융기되면서 범람원이 상승해 하천 양쪽으로 계단과 같은 지형인 하안단구를 만들었습니다. 1973년 소양강댐의 건설로 소양강 유역에서 평지가 나타나는 곳은 상류지역의 해안분지 일대와 하안단구의 윗면으로 농경 및 주거 등이 가능해 인제군의 주요 생활 터전으로 자리 잡게 되었습니다.

소양강은 북한강의 지류 하천 중 가장 넓은 유역분지를 가진 하천으로 남한의 하천 유역분지 중 최북단에 위치하며, 태백산맥에 바로 접하고 있어 태백산지 일대의 구조운동의 영향을 강하게 받고 있습니다. 이로 인하여 강바닥을 깎는 작용(하각작용)이 활발하게 나타났고, 이는 소양강 하안단구의 형성의 주요한 원인이 되었습니다. 즉, 소양강 하안단구는 국지적인 침식기준면의 변화와 이에 따른 하천에너지의 변화로 인해 영향을 받아 형성된 것입니다.

감입곡류하천과 하안단구의 발달 과정

신생대 제3기 경동성 요곡운동에 의하여 땅이 솟아 오름에 따라 골짜기의 깊이가 깊어지게 되었고, 이 과정에서 하천 주변에는 계단모양의 둔덕이 생겨나고, 과거에 하천이 넘쳐 흘렀던 곳(범람원)은 더 이상 물이 넘치지 않는 하안단구로 변하게 되었습니다.

하안단구(河岸段丘, fluvial terrace): 현재보다 고도가 높은 곳을 흐른 옛 하천이 넘쳐흐르던 곳(범람원)으로, 현재의 강바닥보다 높은 하천 양쪽의 계단상의 지형입니다.

침식기준면(侵蝕基準面, base level of erosion): 육지에서 지형이 평탄해지는 작용이 진행될 때 침식작용이 행해지는 한계를 말한다. 침식기준면 이하에서는 침식작용보다 퇴적작용이 활발하게 일어납니다.

하천은 근본적으로 굽어져 흐르려는 성질을 지니고 있습니다. 따라서 넓고 평탄한 평야지대를 흐르는 하천은 물길을 비교적 자유롭게 변경하며 흐르게 됩니다. 이러한 하천을 자유곡류하천(自由曲流河川, free meander)이라 부르고, 하천이 굽어져 흐르며 부딪히는 쪽을 '공격사면'이라 하고, 그 반대쪽을 '보호사면'이라 합니다. 공격사면은 침식이 활발한 반면 보호사면에서는 퇴적이 활발히 일어납니다. 이러한 작용이 지속되면 하천의 물굽이는 더욱 굽어지고 공격사면과 보호사면의 모습이 확연히 구분되는 모양새를 갖게 되는 것입니다.

따라서 하천의 물굽이가 심하게 굽어지며, 심지어는 물길이 끊어져 다른 방향으로도 하천이 흐르게 되고, 이 경우 하중도(하천 내부에 섬 모양으로 남겨진 지형), 우각호(물길이 굽어져 일직선으로 맞닿게 되면서 만들어지는 초승달 모양의 호수), 구하도(하천의 활동이 중단된 과거의 물길) 등의 새로운 지형이 만들어집니다.

이와 달리 좁은 산간지대를 흐르는 하천은 물길의 변경이 쉽지 않습니다. 그렇기 때문에 물길의 변경이 극히 제한적인데, 이러한 하천을 감입곡류하천(嵌入曲流河川, incised meander)이라 부릅니다. 그럼에도 불구하고 산간지방의 하천들이 심하게 굽어져 흐르는 것은 왜일까? 그것은 바로 감입곡류하천의 기원이 자유곡류하천이기 때문입니다. 즉, 자유곡류하천이 지반의 융기나 해수면 변동의 영향을 받아 감입곡류하천으로 변하게 된 것입니다. 우리나라의 산간지방을 흐르는 하천들이 구불구불 흐르는 것은 다 이러한 이유 때문입니다.

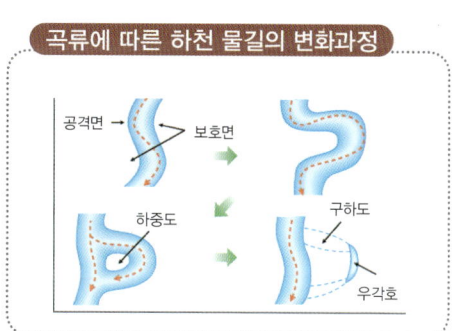

곡류에 따른 하천 물길의 변화과정

*인제 강화사 (인제읍 상동리)인근 등산로를 이용하여 기룡산 전망대(기룡산 중턱)에서 조망하시면 됩니다.

3. 내린천 포트홀

강원도 인제읍 고사리 569-1

내린천은 소양강의 지류하천으로 홍천군 내면의 오대산과 계방산 계곡에서 발원하여 인제군 상남면과 기린면을 지나 인제읍 합강리에서 북한강의 제1지류인 소양강으로 합류합니다. 내린천이라는 지명은 상류지역에 해당되는 홍천군 내면의 '내(內)'자와 하류 지역에 해당되는 인제군 기린면의 '린(麟)'자를 합쳐 이름을 붙인 것입니다.

내린천은 북한강 유역의 하천들이 대부분 남서 방향으로 흐르는 것과 달리 북서 방향으로 흐르고 있으며, 북한강 유역 분지 내에서 골짜기의 평균 해발고도가 가장 높은 것이 특징입니다. 따라서 골짜기가 매우 좁으며 물굽이의 굽어진 정도가 심한 전형적인 감입곡류하천을 이루고 있습니다.

내린천의 하천경관 중 가장 특징적인 것은 포트홀로 하천과 함께 흐르던 자갈이 하천 바닥의 틈이나 웅덩이 속으로 들어가 물과 함께 회전하면서 바닥이 마모되어 커진 것입니다. 내린천 포트홀(pothole, 돌개구멍)에는 원형 또는 타원형의 모양보다는 하천의 장폭방향으로 길게 성장하거나 포트홀과 포트홀이 결합한 후 유속에 의한 침식으로 한쪽 면이 뜯겨져 나간 형태인데, 이는 오랜 시간이 경과로 포트홀이 해체되

안구상편마암

포트홀

고 있기 때문입니다. 내린천 상류인 미산계곡의 일부 구간에서는 안구상편마암(眼球狀片麻岩, augen gneiss: 사람 눈 모양의 결정들을 포함하는 편마암)에 군락을 이루어 포트홀이 발달하며, 그 수는 적으나 규모와 깊이 면에서 상당히 인상적인 경관을 형성하고 있습니다.

감입곡류하천(嵌入曲流河川, incised meander): 땅이 솟아오르는 융기현상이나 기후변화로 해수면이 하강함에 따라 평지를 굽이쳐 흐르던 하천이 강 바닥을 깊이 파내려가 강폭에 비해 골짜기가 깊게 형성된 곡류하천을 말합니다.

여러 형태의 포트홀   안내 해설판

*고사리 마을에서 직진 방향으로 차량으로 5분 정도 계속 올라가면 래프팅 하차 지점 이정표가 있습니다. 그곳에서 하천으로 내려가면 관찰하실 수 있습니다.

4. 진부령

인제군 북면 용대리, 고성군 간성읍 흘리, 진부리

진부령(529m)은 신생대 제3기 말에서 제4기 초에 걸쳐 일어난 경동성 요곡운동 으로 형성된 태백산맥을 동-서로 넘는 주요 고개 중 하나로, 진부령은 태백산맥 중 높이가 가장 낮아 이곳에서 태백산맥의 경사차이를 확인할 수 있습니다. 또한 이곳에 조선시대의 공무여행자용 여관인 '진부원'이 위치하였다는데서 지명이 유래되고 있으며 1975년 개통된 영동고속도로와 영동선, 태백선 등의 철도가 건설되기 이전까지 미시령, 한계령, 대관령, 백봉령 등과 함께 강원도 영동지방과 영서지방을 왕래하는 주요 교통로로도 손꼽혔습니다.

고개(pass): 산등성이의 봉우리와 봉우리사이의 낮은 부분으로 예로부터 주요한 교통로가 되었습니다. 중국과 인도를 연결해주는 카라코람 고개는 해발 5,574m로 세계에서 가장 높으며, 우리나라에서는 함경산맥의 금패령(1,676m)의 높이가 가장 높습니다.

진부령

향로봉지구 전투전적비

매바위 인공폭포

*진부령 고개 정상에서 관찰하실 수 있습니다.

고성군

1. 화진포(강원도기념물 제10호)

강원도 고성군 죽정리 산194

김일성 별장에서 본 화진포

화진포는 남한에서 가장 넓은 면적의 석호로 화진포 해변 부근의 사취(沙嘴, spit: 파랑과 연안류의 작용으로 만의 입구에 형성되는 새부리 모양의 모래톱) 발달로 인하여 만의 입구가 막히면서 형성되었습니다.

석호는 후빙기 해수면 상승으로 해안이 침수되어 만이 형성되고, 그 입구가 사주(沙柱, sand bar: 파랑과 연안류의 작용으로 해안에 연이어 형성된 모래더미)나 사취로 가로막혀서 발달하게 된 지형으로, 이는 기후변화가 특징적이었던 신생대 제4기를 대표하는 지형입니다.

또한 석호는 바다와 육지를 연결하는 생태통로로 중요한 가치를 지니고 있으며, 민물과 바닷물의 교류가 빈번하여 해양생물과 민물생물이 함께 살아갈 수 있는 독특한 자연환경 특성을 지니고 있어 높은 보존가치를 지니고 있습니다. 화진포의 형태는 8자형으로 남호와 북호로 구분되며, 크기는 남호가 더 크고, 바다와 통하는 물길은 북호에 위치합니다.
화진포는 호수의 주변으로 해당화가 많았다는 데에서 그 이름이 유래하였다고 합니다.

해당화

황금소나무

금강삼사에서 본 화진포

후빙기: 최후빙기 이후 지금까지의 기간이다. 현세라고도 한다. 이는 북부 독일 평원까지 확장되었던 유럽의 빙하가 스칸디나비아 반도로 후퇴한 1만 년 전을 기점으로 삼는 것이다. 비교적 온난한 시기이나 균일하게 온난한 것이 아니라 몇 차례의 한난이 되풀이된 끝에 오늘에 이르고 있다.

김일성 별장: 1948년부터 6.25전쟁 이전까지 김일성 일가가 하계 휴양을 하던 곳으로, 이 별장은 화진포의 북호와 동해바다가 시원하게 내려다보이는 암석해안의 중턱에 위치하여 '화진포의 성'으로 불리기도 합니다.

그러나 1940년까지만 해도 김일성 별장은 셔우드 홀(Sherwood Hall, 1893~1991)이라는 캐나다인 선교사의 별장이었고, 별장의 원 주인이었던 셔우드 홀은 한반도에 태어난 최초의 백인 아이이며 크리스마스 씰을 우리나라에 보급한 최초의 인물로 평생을 한국을 위해 의료봉사한 인물입니다.

김일성 별장

이승만 별장: 이승만이 부인과 함께 수시로 찾았던 별장으로 1954년 건립되었고, 김일성 별장의 아래편에는 '이기붕 별장'이 위치합니다. 이는 1920년대 외국인 선교사들에 의해 건축되어 사용된 건물로써 해방이후 북한 공산당의 간부 휴양소로 사용되다가 휴전이후 부통령이었던 이기붕의 부인 박마리아가 개인별장으로 사용했던 건물입니다.

화진포

이승만 별장

2. 송지호 해안(서낭바위)

강원도 고성군 죽왕면 오호리 산24-1

송지호 해안은 오호리와 오봉리에 인접한 호수로 화진포, 광포호, 영랑호, 매호, 경포호 등과 함께 대표적인 석호 중 하나입니다. 석호는 바닷물이 들어와 있는 만이었는데 시간이 흐르면서 바닷물의 모래가 쓸려와 이를 막아 형성된 호수를 의미합니다. 석호는 지질학적으로 중요한 지형 중 하나인데, 석호형성 이후의 퇴적층을 통하여 과거의 환경변화를 유추할 수 있기 때문이고, 또한 석호의 수중환경은 호수의 물과 바닷물이 섞여 담수생물, 기수생물 및 해양생물이 공존하는 독특한 자연환경으로 인해 그 가치가 높게 평가받고 있습니다.

서낭바위 일대의 화강암들 사이에 무언가 다른 바위가 끼어져 있는 모습을 볼 수 있으며, 뿐만 아니라 뒤편의 절벽 사이 사이에는 허리띠를 두른 듯 불그스름한 바위가 층층이 끼어져 있는데, 이는 화강암 속으로 새로운 액체 또는 반 액체 상태의 마그마가 뚫고 들어와 형성된 암맥으로 규장암으로 이루어져 있습니다. 규장암의 연대는 백악기 후기인 약 8천 3백만 년 전이며, 화강암보다 얕은 곳에서 비교적 빨리 굳어져 장석이나 석영 등 광물의 크기가 화강암보다 훨씬 작은 모습을 보이고 있습니다.

규장암맥

규장암은 기존 암석인 화강암과 색·풍화에 대한 강도·구조 등에 있어 큰 차이를 가지며, 풍화와 침식이 진행되면서 경관상의 차이를 보여주는데, 특히, 서낭바위 일대의 대표적인 경관인 부채바위는 규장암맥과 화강암의 차별적인 침식작용으로 형성되었습니다. 마치 버섯과 같은 형태를 하는 이 바위는

서낭바위 일대의 지형경관 형성과정

① 경기변성암복합체를 중생대 쥐라기 화강암이 관입하였다.
② 화강암은 장기간 지하에서 심층풍화를 받았으며, 백악기 후기에는 규장암질 마그마가 관입하여 암맥을 형성하였다.
③ 이후 차별 풍화와 침식, 해수의 작용 등 복합적인 작용으로 현재와 같은 지형경관을 형성하였다.

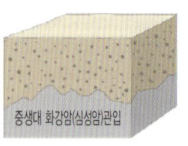
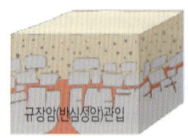
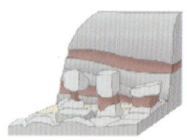

넓적한 머리 부분은 화강암, 잘록한 허리 부분은 규장암으로 이루어져 있고, 하부는 화강암입니다. 즉, 절리가 발달한 규장암맥의 부분에 침식 작용이 활발하게 일어난 결과, 오늘날과 같은 부채바위의 모양이 만들어지게 되었습니다.

 풍화작용이 가속화되면 단단한 바위도 사람 손의 힘으로도 쉽게 부서질 만큼 약한 상태가 되는데, 이러한 풍화작용으로 만들어지는 지표면의 울퉁불퉁한 생김새를 풍화미지형(風化微地形)이라고 합니다.

규장암(硅長岩, felsite): 석영과 장석의 집합으로 된 알갱이가 거의 없는 산성의 화성암이다. 반심성암(비교적 지표 가까이서 굳어진 화성암)으로 색은 백색에서 엷은 갈색을 나타낸다.

암맥: 기존 암석의 틈을 따라 마그마가 편평한 판 모양으로 끼어들어 형성된 암석으로, 파고든 암석과 기존 암석의 강약 차이로 푹 파인 골을 형성하기도 하며, 또한 색, 풍화 정도, 구조가 달라서 기존 암석과 쉽게 구별이 가능합니다.

서낭바위

토르(tor): 지표에 노출된 탑 형태의 암석 덩어리를 말합니다.

나마(gnamma): 바위 위 편평한 부분에 발달한 구멍을 말합니다.

그루브(groove): 암석 측면에 긴 고랑처럼 발달한 지형입니다.

타포니(tafoni): 암석 측면에 발달한 벌집모양의 구멍을 말합니다.

화강섬록암(花崗閃綠岩, granodiorite): 화강암 중에서 각섬석을 비교적 많이 가지고 있는 암석입니다. 화강암은 땅속 깊은 곳에서 마그마가 서서히 식어서 생긴 암석으로 장석, 석영, 운모 등을 주성분으로 하며, 굵은 알갱이로 이루어져 있어 표면이 거친 편입니다.

토르

그루브

타포니

3. 능파대

강원도 고성군 죽왕면 문암진리 134-39

타포니

능파대는 대규모 타포니 군락대로 '파도를 능가하는 돌섬'이라는 뜻에서 이름 붙여졌습니다. 과거 능파대는 문암해변에 기반암이 노출된 섬(암초)으로써 우뚝 서서 불어오는 바람과 파도를 막는 역할을 했는데, 이로 인해 능파대의 뒤편은 침식보다는 파랑에 날려 오는 모래나 자갈들이 퇴적되는데 적합한 장소가 되었고 이들이 쌓여 능파대와 해변을 연결하는 육계도(모래더미가 쌓여 육지와 연결된 섬)가 되었습니다. 또한 능파대의 암석은 바다에 의한 염풍화 작용을 받아 벌집모양과 같이 구멍이 뚫린 타포니가 발달해 있고 그 크기는 다양한 형태로 이루어져 있습니다.

능파대에서는 해안 타포니가 대규모로 발달하고 있어 매우 인상적입니다. 능파대를 거대한 벌집으로 만든 주 원인은 '염분'입니다. 오랜 기간 동안 염분이 기반암인 화강암의 틈(절리)을 따라 들어가 염풍화가 이루어져 바위가 점차 부스러져 만들어지게 되는데, 타포니의 발달이 탁월하게 어루어 지려면 기반암의 종류가 중요합니다. 타포니는 석회암이나 사암 등 다양한

해안가의 타포니

암석에서 발달되기도 하지만 구성광물의 입자 크기가 큰 화강함과 같은 암석에서 잘 만들어 집니다. 능파대 일대의 기반 암은 큰 결정(반정)을 이루는 화강암(복운모 화강암)입니다. 따라서 풍화에 의한 화강암 결정의 제거와 함께 화강암의 틈을 따라 소금기가 들어가 암석이 부스러지고 무너져 내리는 현상이 비교적 쉽게 일어날 수 있었습니다.

능파대 타포니의 형성과정

염풍화 절리

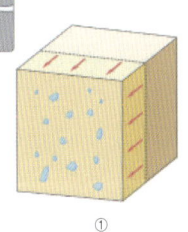
①

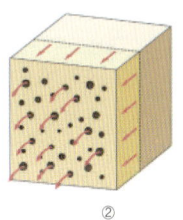
②

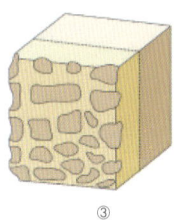
③

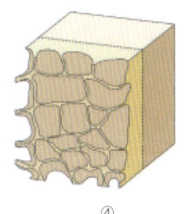
④

① 큰 결정(반점)로 이루어진 화강암에 발달한 틈 또는 결정들 사이를 따라 바다에서 공급된 소금성분이 침투한다
② 바다로부터 계속 공급된 소금성분이 틈에 침투하여 결정들이 자람에 따라 틈 사이가 점차 부스러져 넓어지게 된다.(염풍화)
③ 염풍화가 진행됨에 따라 화강암을 이루는 광물이 떨어져 구멍들 속에 남게 되거나 틈을 따라 암석들이 더 잘 부서져 구멍들이 커지게 된다.
④ 소규모 구멍들이 결합하여 큰 구멍을 형성하기도 하고 기반암인 화강암이 부서져 암석크기도 작아 진다.

주문진 아들바위공원

여러 형태의 타포니

4. 고성 제3기 현무암

강원도 고성군 토성면 운봉리 산68-1

강원도 고성은 우리나라의 대표적인 신생대 제3기 알칼리 현무암 분포지역이지만, 현무암의 분포 면적은 넓지 않습니다. 고성의 제3기 현무암은 북쪽으로부터 고성산(298.5m), 오음산(290m)-뒷배재(225m)-운봉산(285m) 등을 따라서 산지의 5~7부 능선 이상에 분화구(噴火口, Crater: 땅속의 마그마와 화산가스에 운반된 마그마 등이 지표로 뿜어져 나오는 출구)가 메워진 둥근 돔(dome)형태를 이루며 소규모로 분포하고 있습니다. 이 지역에서 산출되는 현무암은 다양한 종류의 맨틀 포획암과 하부 지각 물질을 포함하고 있습니다. 따라서 고성의 현무암 분포지에서는 지각 깊은 곳의 물질들을 직접 눈으로 확인할 수 있고, 이와 함께 고성의 제3기 현무암에서는 주상절리가 특징적으로 잘 나타나며, 이들이 부서진 덩어리들이 쌓여서 형성된 독특한 지형(애추, 암괴류)을 함께 관찰할 수 있습니다.

맨틀(mantle): 지각(지구 표면의 암석으로 둘러싸여 있는 일종의 지구 겉껍데기)의 하부면(육지에서는 지표로부터 깊이 30~40km, 해양에서는 해저로부터 5km 정도)에서 핵의 상부면(깊이 약 2,900m)까지의 부분을 말한다. 지구 전체면적의 82%, 전 질량의 68%를 차지한다.

애추(崖錐, talus): 절벽에서 떨어진 돌 부스러기들이 절벽아래 사면을 쌓아 이룬 지형을 말합니다.

암괴류(岩塊流, block stream): 많은 양의 돌 부스러기들이 사면의 경사방향 또는 골짜기를 따라 흘러내리는 듯한 상태로 쌓여 형성 지형입니다.

고성과 철원의 현무암은 무엇이 다른 것일까?

고성지역의 현무암은 제3기의 것으로 분출한 것이 아니라 관입한 것이고, 철원지역 현무암은 제4기에 분출하여 만들어진 것이 가장 큰 특징이며, 고성지역의 현무암은 철원지역의 현무암과 달리 색은 옅은 회색이 우세하고, 성분은 알칼리 현무암질에 해당됩니다. 철원지역보다 점도가 상대적으로 높고, 관입한 것으로서 산의 정상부에 화산전(Volcanic plug)을 이루고 있

으며, 반면에 철원지역의 현무암은 제4기에 분출한 것으로서 점성이 낮아서 저지대를 따라 흘러 넓은 평야지대를 이루고 있으며 이후 하천의 침식작용으로 협곡을 형성하였습니다.

*육군22사단 정문 우측으로 30분 정도 산길로 올라가면 관찰할 수 있습니다

청간정(강원도 유형문화재 제32호)

청간정은 청간천과 천진천이 합류하는 지점인 바닷가 기암 절벽위에 세워진 정면3칸, 측면 2칸의 겹처마 팔작지붕의 건물입니다.

청간정에는 1980년대 복원 당시 최규하 대통령이 지은 시문이 편액으로 걸려있는데, 비록 두 줄이 전부인 짧은 글귀지만, 그가 청간정의 풍경에 매료되었음을 쉽게 헤아려볼 수 있습니다.

시문의 내용은 嶽海相調古樓上(악해상조고루상) 果是關東秀逸景(과시관동수일경)이라 하여 의미는 다음과 같습니다.

[설악과 동해가 상조하는 고루에 오르니 과연 이곳이 관동의 빼어난 승경이로구나]

천학정

천학정은 고성군 토성면에 자리한 팔각지붕의 단층 구조로 정면 2칸, 측면 2칸의 소박한 누각으로, 조화로운 송림과 해안 사이 깎아지른 듯한 기암절벽 위에 자리하고 있습니다.

천학정 에서 북쪽으로 10여 분 정도 이동하면 바다에 파도에 침식된 바위의 기이한 자태가 드러나는 능파대가 있습니다.

고성 건봉사

건봉사는 신라 자장율사가 당나라에서 가져온 부처님 진신 치아사리와 무지개 모양의 능파교, 바라밀 문양의 돌기둥, 불이문이 옛 건봉사 터에 남아 천년을 넘는 역사를 간직하고 있는 사찰입니다. 신라 법흥왕(520년) 때 창건되었고, 임진왜란때 사명대사를 위시한 승병의 봉기처이기도 합니다.

고성 건봉사 능파교(보물 제1336호)

강원도 고성군 거진읍 금강산(金剛山)에 있는 삼국시대 고구려의 승려 아도가 창건한 사찰로써, 건봉사 능파교는 대웅전지역과 극락전 지역을 연결하는 홍교입니다.

건봉사

적멸보궁

능파교

불이문

*고성-청간정-천학정-능파대-고성 제3기 현무암-송지호(서낭바위)-화진포-건봉사-진부령

4. 고성 제3기 현무암

무등산권 국가지질공원

무등산 주상절리대를 비롯하여 화순의 서유리 공룡화석지, 담양의 추월산 등 학술적으로 가치있는 지질유산이 분포하고 있으며, 그와 오랜 시간동안 어우러져 생겨난 역사, 문화, 생태 유산들이 다양하게 포함되어 있습니다.

이러한 자연유산들의 지질학적 가치,역사·문화요소들의 독창성을 인정받아 2014년 12월에는 국가지질공원, 2018년 4월에는 유네스코 세계지질공원으로 공식인증 되었습니다.

무등산은 1972년 5월 22일 도립공원으로 지정된 후, 2013년 3월 4일 국립공원 제21호로 지정되었으며, 무등산국립공원은 전체면적 75.425㎢로 광주광역시(북구, 동구)와 전라남도(담양·화순군)에 위치하고 있습니다.

무등산국립공원은 주로 화순안산암, 무등산응회암(석영안산암질응회암, 무등산용암, 석영안산암), 도곡유문암, 미문상화강암, 흑운모화강암, 석영반암, 암맥류 등으로 구성되어 있고, 무등산의 가장 큰 특징은 주상절리인데, 주상절리는 고온의 용암이 분출 후 지표에 냉각되는 과정에서 수축하여 다각형의 돌기둥이 갈라지며 형성된 다각형의 각이 진 기둥을 말합니다. 이러한 주상절리는 무등산 주상절리대(서석대, 입석대, 광석대), 규봉암, 중봉 등에서 잘 관찰할 수 있습니다.
특히 해발 1,187m의 무등산 최고봉인 천왕봉 일대는 서석대·입석대·규봉 등 수직 절리상의 암석이 석책을 두른 듯 치솟아 장관을 이루고, 마치 옥새 같다 하여 이름 붙여진 새인봉은 장불재에서 서쪽 능선상에 병풍같은 바위절벽으로 이뤄져 있으며 입석대, 서석대 등 주상절리대를 포함하여 산봉·기암·괴석 등 경관자원 145개소가 분포되어 있습니다.

1. 무등산 정상3봉 (천왕봉/지왕봉/인왕봉)

화순군 이서면 영평리 산96-3

무등산을 대표하는 3개의 봉우리(천왕봉/지왕봉/인왕봉)는 광주광역시를 포함하여 인근 지역에서 가장 높으며, 이들의 정상부는 용결응회암 주상절리대로 구성되어 있으며 주상절리대의 절리면 너비는 약 1.5~2m입니다. 무등산의 주상절리대들의 연대측정 결과 백악기에 최소 3번의 화산폭발에 의한 것으로 확인되었는데 그 중 무등산 정상 3개의 봉우리는 약 8,500만 년 전 이후에 형성된 것입니다.

주상절리의 지형의 형성과정

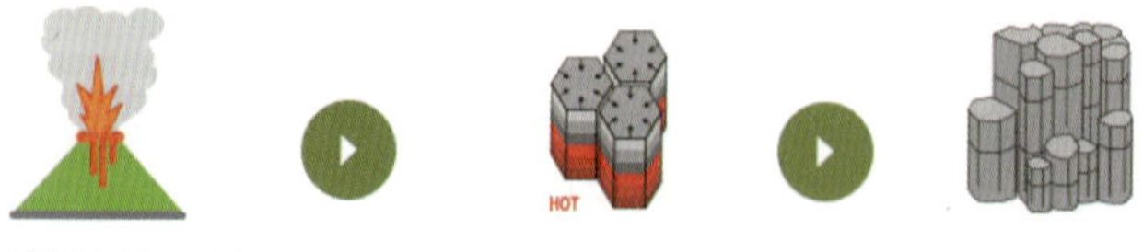

화산분출(화산쇄설물 퇴적)   냉각과 동시에 수축   주상절리 형성

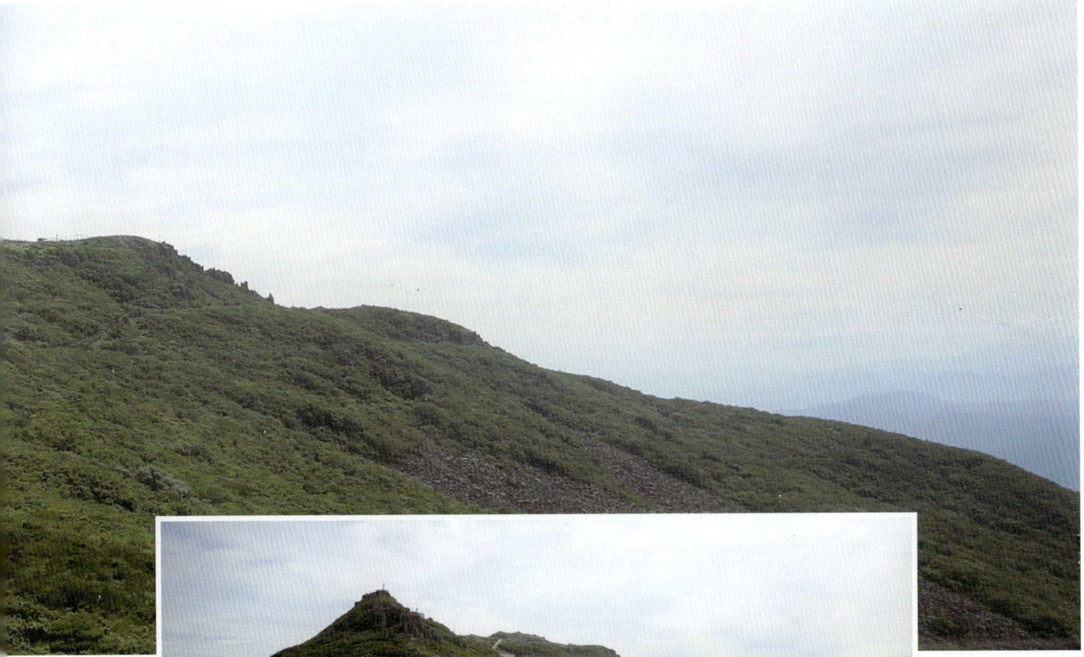

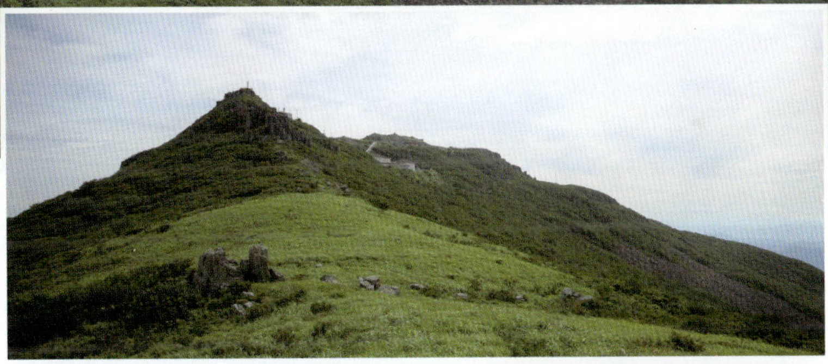

인왕봉
Inwangbong
人王峰·仁王峰
지왕봉
Jiwangbong
地王峰·地王峰
천왕봉
Cheonwangbong
天王峰·天王峰

천왕봉 옛 모습

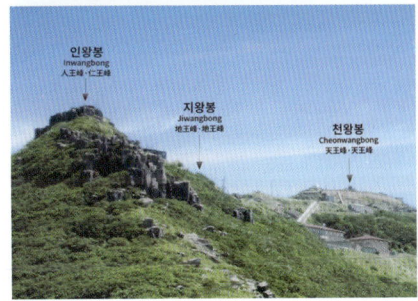

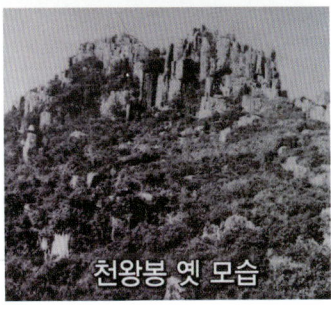

2. 서석대(천연기념물 제465호)

광주광역시 동구 용연동 산354-1

무등산의 대표적인 주상절리대인 서석대(1,050m)는 높이 30m, 너비1~2m의 돌기둥 200여 개가 마치 병풍처럼 300~400m에 걸쳐 펼쳐져 있습니다. 주상절리라고 하면 주로 육각형의 기둥을 생각하기 쉬우나 이곳에서는 사각형, 오각형, 육각형 등 다양한 다각형의 주상절리를 관찰할 수 있으며, 형성된 시기는 87~85백만 년 전 화산분출에 의해 만들어진 석영안산암질 응회암이 11만년 전 마지막 빙하기를 거쳐 지표에 노출되기 시작하고 긴 시간 비바람을 맞으면서 현재와 같은 모습을 주상절리와 주변의 너덜들이 만들어 지게 되었습니다. 약 8,500만 년 전 중생대의 백악기로 알려져 있습니다.

얼고 녹으면서 달라진 땅의 높낮이

서석대는 하부, 관람대, 상부로 3단으로 높낮이를 달리하며, 하늘을 향해 치솟은 형태를 하고 있습니다.
이는 신생대에 있었던 수차례의 빙하기를 전후로 얼고 녹기를 반복해 주상절리가 차례 차례 부서진 모습입니다.

주상절리

다각형 주상절리

응회암: 화산재가 쌓이고 눌려 굳어진 암석을 말합니다.

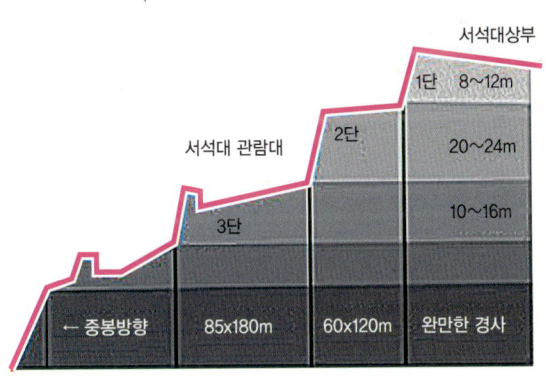

서석대 주상절리대 및 사면의 모습

2. 서석대(천연기념물 제465호) 195

3. 입석대(천연기념물 제465호)

화순군 이서면 영평리 산96

입석대 는 무등산 정상에서 남서쪽으로 해발고도 약 950m에 위치하며, 서석대(1,050m)와 함께 천연기념물 제465호인 무등산 주상절리대에 속합니다.

입석대 는 중생대 백악기 말(약 8,700~8,500만년 전), 화산폭발로 분출된 용암이 냉각되면서 생긴 주상절리대로 한 면이 1~2m인, 5~6각, 또는 7~8각의 돌기둥이 약 40여 개가 수직으로 솟아 동서로 줄지어 서 있고, 돌기둥 전체 폭은 약 120m, 높이는 약 20m 정도이며, 절리면 의 너비는 약 0.6~1.2m이고 절리대 의 너비는 1.5m 안팎이라 규모면에서 매우 웅장합니다.

입석(立石)은 선돌이라는 뜻으로 고대 선돌 숭배신앙의 중요한 표상 이었습니다.

입석대 상부에는 높이 약 10m정도의 비스듬이 누워 있는 놀기둥이 하늘로 솟아오르는 모양의 주상절리인 "승천암"이라 불리는 바위가 있습니다.

승천암

경주 양남 주상절리

수직 주상절리 돌기둥

떨어져 나온 주상절리

주상절리 크기의 비밀은?

주상절리의 크기는 응회암의 냉각속도에 따라 달라지고, 천천히 식을수록 크고, 빠를수록 작고, 냉각 속도는 응회암의 크기와 고도가 영향을 줍니다.

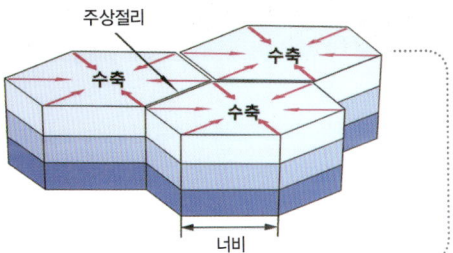

3. 입석대(천연기념물 제465호) 197

4. 광석대

화순군 이서면 영평리 산88-1

주상절리

광석대는 서석대, 입석대와 함께 무등산을 대표하는 3대 주상절리대 중 하나로써, 해발고도 약 950m의 무등산 정상에서 남동쪽방향으로 약 800m 정도 떨어진 지점에 있습니다.

사찰인 규봉암을 중심으로 늘어선 이곳의 주상절리대는 화산폭발 시 분출된 화성쇄설물들이 퇴적되어 만들어진 것으로 크기는 최대너비 약 7m, 높이 약 30~40m로 세계적으로 가장 큰 규모를 자랑하고 있으며, 구성 암석은 '무등산 응회암'이라고 불리는 화산암입니다.

광석대

광석대의 대규모 절리면

세계최대규모를 자랑하는 광석대의 대형 주상절리는 화산재퇴적층의 아래 부분에 위치한 응회암이 천천히 냉각 되어 큰 절리면이 형성된 후 풍화 작용을 거쳐 지표면에 드러 난 것으로 추정 된다고 합니다.

삼존문

규봉암

대규모 절리면

5. 신선대와 억새평전

담양군 남면 만월리 산136

무등산 정상부에서 북동쪽으로 약 2.4km 떨어진, 해발고도 778m인 북산의 남서쪽 능선에 위치한 신선대는 높이 약 6m의 5각형 내지 6각형의 돌기둥으로 구성된 주상절리입니다.

신선대의 구성 암석인 무등산 응회암의 이 지역 분출 시기는 중생대 백악기 후기(약 8,700~8,500만 년)입니다.

신선대에는 커다란 주상절리 내에 수평 및 수직 방향으로 발달한 틈인 2차 절리가 잘 발달되어 있으며 심하게 진행된 풍화를 통해 과거의 환경 변화를 예측할 수 있고, 신선대 인근에는 억새평전이 펼쳐져 있는데 빙하기 당시 빙하에 의한 침식작용으로 평탄화 된 지대위로 억새들이 자라나면서 아름다운 경관을 자랑합니다.

주상절리대 지형 형성사 '빙하기엔 땅 속에, 지금은 땅 위에'

주빙하기후 환경의 무등산권에서는 얼음이 얼고, 녹는 것을 반복하면서 평탄사면이 형성되고 그에따라 주상절리대가 표면에 노출되었습니다.

주상절리

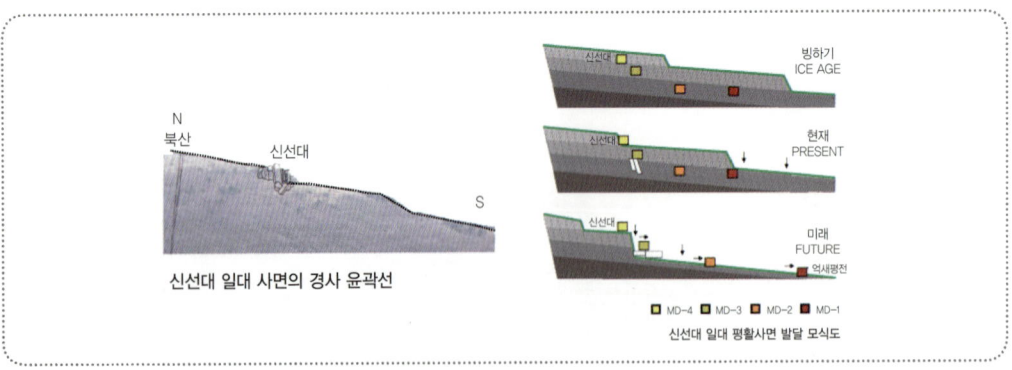

신선대 일대 사면의 경사 윤곽선
신선대 일대 평활사면 발달 모식도

6. 덕산너덜

광주광역시 동구 운림동 산132-1

덕산너덜은 남한에서 관찰되는 너덜지대 중 가장 길고 넓은 면적을 가지며 암괴의 크기도 다양하게 나타납니다. 너덜은 너덜겅으로도 불리며 주상절리나 암석의 덩어리가 풍화 등에 의해 부서진 뒤 무너져 산의 경사면을 따라 흘러내린 돌무더기로 한마디로 '돌바다'라고 할 수 있습니다. 덕산너덜은 무등산 최대의 너덜로 길이 600m, 최대 폭 250m 규모로 펼쳐져 있으며 지공너덜과 함께 무등산의 대표적인 너덜로써, 이곳 너덜 지대는 햇빛이 강하고 복사열이 많아 잎이 두꺼워 이 환경에 잘 견디는 신초나무, 병초나무, 고광나무 등이 서식하고 있습니다.

풍화는 현재 진행형

주상절리대를 세심하게 들여다보면 옅게 금이 가 있는 것을 확인할 수 있습니다. 시간의 풍화가 더 진행되면 쪼개어져 너덜이 형성됩니다.

너덜의 형성과정   너덜의 단면   너덜

7. 지공너덜

화순군 이서면 영평리 산88-1

지공너덜은 응회암으로 이루어져 있으며 무등산 정상부 인 광석대에서 떨어져 나온 암석이 사면을 따라 이동하면서 형성되었으며, 암석의 평균 크기는 0.5~1m이나 4~5m에 달하는 커다란 것도 있습니다. 지공너덜을 이루고 있는 암석의 표면은 거칠고 대체적으로 검은색을 띠는 것이 많은데 이는 오랜 시간 동안 풍화를 받아 변질되면서 색이 검게 변하는 돌이끼 라이켄이 넓게 퍼져 있기 때문입니다.

안내판

너덜지대

돌이끼

8. 무등산풍혈

화순군 이서면 인계리 산77-1

무등산 풍혈(wind hole)은 해발 1,000m 정상에 있는 국내 최대 규모의 풍혈지 구로써, 풍혈은 여름에 서늘한 바람이 나오고 겨울에 따뜻한 바람이 나오는 바위틈이나 구멍을 말하는데 여름에는 너덜지대로 유입된 공기가 지하의 바위 틈을 통과하여 나오는 순간 따뜻한 공기를 만나 단열팽창으로 급속히 냉각   되어 냉혈이 만들어지고, 겨울에는 땅속 바위에 유입된 공기가 따뜻해지고 가벼워져서 밖으로 나오면 주변보다 온도가 높은 온혈이 됩니다.

무등산 풍혈은 바깥 기온과 풍혈 내부의 온도가 최대 27℃ 차이를 보이며,(평균 20℃ 차이). 누에봉에서 꼬막재사이 해발 고도 900m~1000m 사이 지점에서 20개 이상이 발견되었습니다.

다른 지역에 있는 풍혈

울릉도(풍혈)　　　　　　밀양(얼음골)　　　　　　의성(빙계사지)

풍혈의 형성원리

너덜지대에 차가운 공기 유입　→　차가운 공기가 데워져서 상승함　→　따뜻한 공기가 밖으로 유출

9. 백마능선

화순군 화순읍 수만리 산100

백마능선은 해발 800~900m 사이의 2.5km 대규모 능선으로, 무등산에 발달한 여러 능선 중 하나로 말 잔등처럼 미끈하게 뻗어있는 형상을 닮았다하여 붙여진 이름입니다.

백마능선은 빙하에 의하여 사면이 깎인 후 평평하게 다져져 형성되었고 능선의 중간 중간에는 주상절리가 발달해 있는데 낙타봉과 촛대봉이 대표적입니다.

백마능선 남서쪽 사면은 크고 작은 너덜이 해발 500~900m 사이에 많이 분포하고 있는 반면에, 북동쪽 사면에는 너덜이 거의 관찰되지 않는데 이러한 현상은 겨울철에 바위틈 사이의 물이 반복적으로 얼고 녹는 작용에 의한 물리적 풍화가 햇볕이 쪼이는 남서쪽 사면에 집중되어 너덜을 구성하는 암괴가 잘 생성되기 때문으로 추정됩니다.

백마능선 해설 안내판

장불재를 시작으로 능선을 따라 낙타봉을 거쳐 안양산 정상으로 이어지며 봄에는 철쭉 군락이 가을에는 억새가 장관을 이루는 곳이기도 합니다.

10. 장불재

광주광역시 동구 용연동 354-1

입석대에서 본 장불재

장불재는 무등산을 오르면서 꼭 거처가게 되는 곳으로 정상부의 주상절리들을 한 눈에 바라볼 수 있는 명소로써, 이곳은 과거 주빙하기후의 영향으로 동결융해에 의한 사면평탄화 과정을 통해 형성된 곳으로, 무등산 정상부, 특히 입석대와 연결되어있어 이 지역이 과거 어떻게 변화하여 왔는가를 알 수 있는 곳입니다. 장불재가 형성된 시기는 약 5만 년~6만 년 전이며, 거의 평탄하면서 완경사인 장불재의 사면은 주빙하 환경에서 표토의 사면 이동이 일어나면서 토양 및 암괴 등 풍화 산물의 불규칙한 면들이 메워지면서 평탄하고 완만한 사면이 형성되었습니다.

장불재

11. 시무지기폭포

화순군 이서면 인계리 산78-1

상단

시무지기 폭포는 무등산에서 볼 수 있는 유일한 천연폭포로 시무지기란 말은 '세 무지개'의 전라도 방언으로, 비가 그치고 햇살이 비추면 세 개의 무지개가 뜬다고 하여 붙여진 이름입니다.

시무지기 폭포는 규봉암 아래 해발 고도 700m 에 위치하고 있으며, 화산폭발 후 화산재가 굳어진 응회암으로 구성되어 있기 때문에 전체적인 색은 어둡고 퇴적물이 쌓이면서 만든 구조도 보입니다. 폭포의 규모는 높이는 약 72m 이며, 상단 (35m), 중단(15m), 하단부(32m)의 3단계로 나뉘고, 폭포수는 중간부까지 45°로 내려오다 하단부에서는 90°로 떨어지는 수직폭포의 형태를 하고 있습니다.

중단

하단

폭포는 물과 지질의 조각품

시간이 흐르면서 물은 단단한 암석과 무른 암석을 다른 모양으로 만들어 주는데, 이는 시간에 따라 폭포의 경치와 각도가 달라지는 이유입니다.

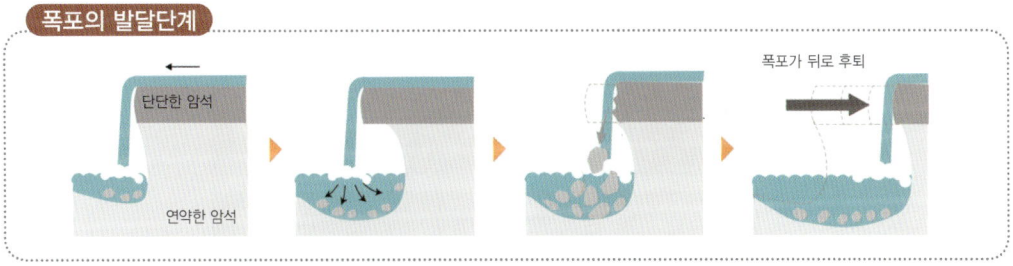

폭포의 발달단계

안내판

너덜지대

12. 윤필봉 자연동굴

광주광역시 북구 무등로 1550

윤필봉 자연동굴은 해발고도 약 400m에 있는 천연동굴로 일명 안양굴이라고도 하는데, 윤필(尹弼)이라는 거사가 이 동굴에서 좌선 수행 했다고 전해집니다. 윤필봉 자연동굴은 지하에 발달한 틈으로 스며든 지하수가 풍화, 침식작용을 일으켜 주변 암석을 떨어뜨려 형성된 동굴로 높이 3.7m, 폭 13m, 길이 21m입니다.

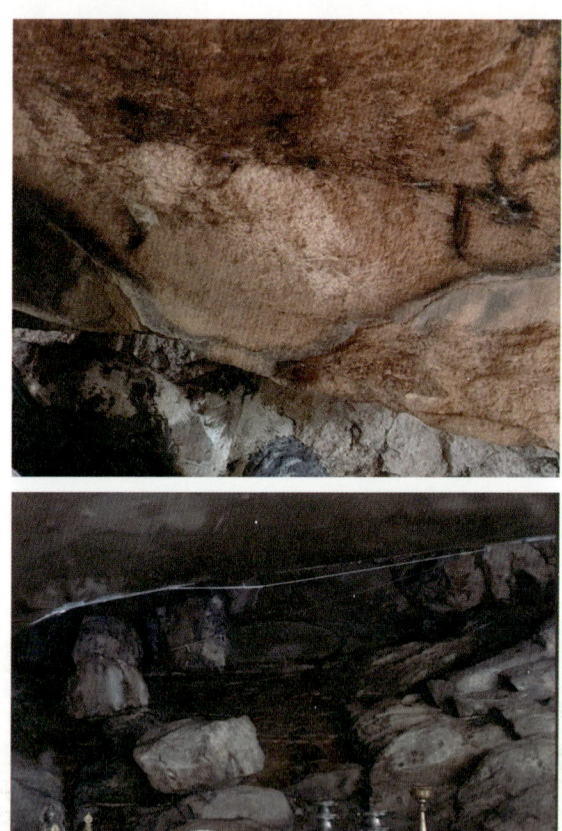

13. 충효동 점토 광물산지(사적 제141호)

광주광역시 북구 금곡동 179-5

충효동 점토 광물산지는 무등산 북쪽 능선에서 있는 가마터로 15세기 자기 제작의 변천과정 및 특징을 살펴볼 수 있는 곳입니다.

무등산은 중생대 화성활동에 의해 형성됨에 따라 이 충효동 도요지 인근은 마그마가 굳어 만들어진 암석이 풍화된 토양(풍화토)으로 이루어져 있고, 이곳 가마터는 고려 말부터 조선 초까지의 도자기가 생산되었던 곳으로, 함께 발견된 3m 가량의 도자기 파편층이 분청사기부터 백자까지 6단계의 변화를 오롯이 간직하고 있으며, 또한 이 지역에서 출토된 도자기를 지질학적으로 분석한 결과, 주변의 화강암 풍화토를 이용했음이 밝혀졌습니다.

굴뚝

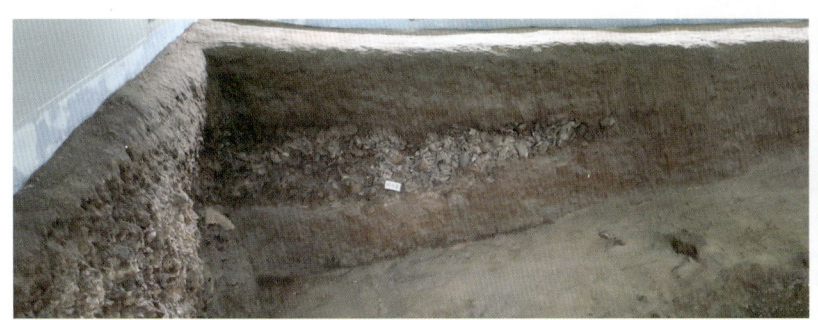
퇴적층

가마터 주변의 생활상

14. 의상봉

광주광역시 북구 금곡동 산4-2

의상봉(550m)은 중생대 백악기 후기(약 8,300만 년 전)의 미문상화강암으로 이루어졌으며 물리·화학적인 풍화작용을 받아 둥글게 구멍이 패인 구조인 나마와 풍화되지 않고 남아 있는 토르가 발달해 있습니다. 해탈암과 병풍 신선대라 불리는 암석에서 토르를 관찰할 수 있고, 비마족바위와 벼루바위라 불리는 암석에서 나마를 관찰할 수 있는데 이는 임진왜란 때 의병장인 김덕령장군이 말을 타고 지왕봉의 뜀바위에서 한 걸음에 여기까지 뛰어내려 생긴 말 발자국(나마)이라 전해져오기도 합니다.

토르

나마

나마

토르(Tor): 차별적인 풍화작용을 받은 결과, 지표에 노출된 독립성이 강한 암괴미지형. 형태적으로는 '똑바로 서 있는 석탑'이라는 의미의 어원을 갖음.

나마(Gnamma): 화학적 풍화작용에 의해 기반암의 표면에 형성된 접시 모양의 풍화혈.

화천 용화산(토르)

부산 금정산 금샘(나마)

화천 용화산(나마)

15. 새인봉

광주광역시 동구 운림동 산227

새인봉은 정상의 바위덩어리가 임금의 옥새같다 하여 새인봉 또는 인괘봉이라 불립니다.

새인봉은 측면이 수직 절벽으로 이루어진 돔 형태를 보이는 해발 고도 488m의 봉우리로서 도곡유문암이라 불리는 화산암으로 구성되어 있고, 큰 규모의 수직 절리와 함께 용암이 흐른 유상구조를 따라 수많은 쪼개짐면이 발달되어 있는데, 측면의 절벽은 수직절리를 따라 암반의 붕괴가 계속되어 생성된 것이고, 정상에는 동결과 융해의 반복으로 직경 20cm, 깊이 10cm 정도의 나마가 형성되어 있습니다.

수직절벽

토르

16. 증심사 계곡 안산암질

광주광역시 동구 운림동 74-15

증심사 계곡에서 발견되는 화성암은 안산암질 응회암 및 안산암과 이를 관입한 화강암으로 구성되어 있으며, 다양한 크기의 백색의 옥수(chalcedony) 또는 녹색의 녹니석(chlorite)이 타원형 모양의 행인으로 안산암에 나타납니다. 이지역의 화성암 형성은 화산 폭발에 의해 화산쇄설물이 쌓여 만들어진 응회암과 액상으로 분출된 용암이 굳어서 형성된 안산암 생성이 여러 차례 반복된 후 미문상화강암이 관입한 것으로 해석됩니다.

화성암의 형성과정

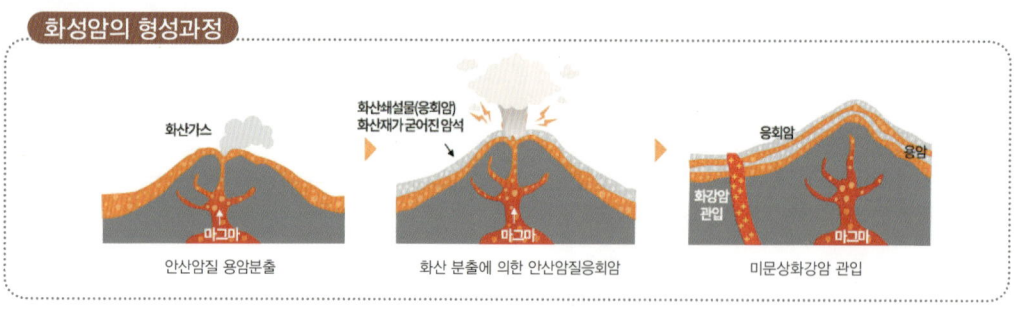

안산암질 응회암: 화산폭발에 의해 안산암질 마그마로부터 분출된 화산재가 퇴적되어 형성된 화산암을 말합니다.
행인: 용암이 굳어질 때 기포가 빠져나간 자리에 광물이 충전된 것입니다.
미문상(微文像)화강암: 비교적 얕은 지하에서 규장질 마그마가 식어서 생성된 화강암으로서 현미경 관찰 시 보이는 미세한 설형문자 같은 무늬가 특징입니다.

청정한 곳에 사는 이끼

이끼는 수분이 많은 숲의 바위나 나무에 카펫처럼 깔려있습니다. 또한 다른 식물이 살지 않는 바위나 척박한 땅에 가장 먼저 정착하여 다른 식물들이 자랄 수 있는 환경을 만드는 중요한 역할을 합니다. 이끼는 공기 중의 물을 몸으로 흡수하며 스스로 살아가기 때문에 공기가 오염된 곳에서는 잘 살지 못한다고 합니다. 즉, 이끼가 많은 곳은 맑고 깨끗한 곳입니다.

증심사

인근에 위치한 증심사는 삼층석탑, 석조보살입상, 철조비로자나불좌상 등 많은 문화재와 보물들을 보유하고 있어 문화재적 가치가 큰 곳으로 광주 일원에서 가장 큰 사찰이며 임진왜란 때 소실되었으나 1971년에 증축해 오늘날의 모습을 갖추게 되었습니다.

광주 증심사 철조비로자나불좌상(보물 제131호)

진리의 세계를 두루 통솔한다는 의미를 지닌 비로자나불을 형상화한 작품으로 전라남도 광주군 서방면 동계리에 있던 것을 1934년 증심사로 옮겨 온 것으로, 현재 광배(光背)와 대좌(臺座)는 잃어버렸지만 불상 자체는 완전한 편입니다.

삼층석탑

석조보살입상

손모양이 왼손이 오른손 검지를 감싸 쥔 형태로 일반적인 비로자나불이 취하는 형식과는 반대로 되어 있는 것이 특이합니다.

증심사(철조비로자나불좌상)

장흥 보림사(철조비로자나불좌상)

철원도피안사(철조비로자나불좌상)

광주 증심사 철조비로자나불좌상(보물 제131호)은 철원도피안사 철조비로자나불좌상(국보 제63호), 장흥 보림사 철조비로자나불좌상(국보 제117호) 등과 함께 통일신라 후기인 9세기경에 만들어진 것으로 추정됩니다.

17. 무등산 광주화강암

광주광역시 동구 서석동 290

이곳은 중생대 쥐라기에 지하에서 마그마가 굳어져 형성된 화강암이 오랜 시간침식을 받아 노출된 노두입니다. 이 지역의 화강암은 중생대 쥐라기의 화강암과 석영섬록암, 백악기의 석영반암과 미문상화강암이 있습니다. 쥐라기의 화강암은 흑운모화강암과 화강섬록암으로 구성되며 이 둘을 묶어 광주화강암이라고 부릅니다. 이곳에서는 지각변동에 의해서 만들어진 단층과 단층활면이 관찰됩니다.

화강암의 형성과정

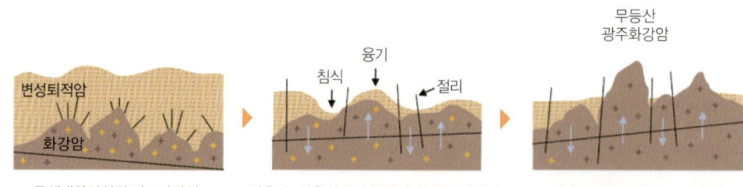

광주 도심을 비롯한 대부분 지역은 화강암 분포지역입니다. 화산 활동이 일어나 무등산지가 솟아 올랐고 시간의 숨결 속에서 오늘의 풍광이 만들어졌습니다.

*조선대학교 본관 좌측 교수연구동 근처에서 관찰할 수 있습니다.

18. 만연사 선캄브리아기 화강편마암

화순군 화순읍 동구리

화강편마암

만연사 선캄브리아기 화강편마암은 무등산이 형성되기 훨씬 이전인 선캄브리아기의 화강 편마암으로 이 일대 암층 중에서 가장 연대가 오래된 무등산 기반암입니다.

선캄브리아기의 편마암은 풍화가 심해 관찰하기가 쉽지 않으나 이 곳에서는 선캄브리아 화강편마암이 전반적으로 무등산 일대 지질 기반을 이루고 있기 때문에 관찰이 가능한 곳으로, 화강편마암은 담회색을 띠는 조립 내지 중립질 화강암질암이며 부분적으로 불연속적인 엽리를 보여줍니다.

선캄브리아기: 고생대(캄브리아기)보다 오래된 5억9천만년 이전의 시대를 말합니다.
화강편마암: 변성작용을 받아 화강암과 동일한 광물조성을 갖게 된 변성암입니다.

화순권

화순군은 전람남도 중앙부에 위치하고 있으며 동쪽으로는 순천시, 곡성군 서쪽으로는 나주시, 남쪽으로는 보성군, 장흥군 북쪽으로는 광주광역시, 담양군, 곡성군과 접해있는 도시입니다.

도곡면, 춘향면 일대의 화순고인돌유적은 전북 고창, 강화도와 함께 유네스코 세계문화 유산으로 지정되어 있으며, 화순적벽, 서유리 공룡화석지등 5곳이 국가지질공원 으로 지정되어 있습니다.

- **적벽**

- **서유리**
  공룡화석지

- **백아산 석회동굴**

- **운주사**
  층상 응회암

- **화순고인돌 장동응회암**

1. 적벽(전라남도기념물 제60호)

화순군 이서면 장학리 산17

창랑적벽

적벽은 물가에 접한 절벽의 퇴적암에 수평으로 잘 발달된 층리와 이를 조화롭게 덮고 있는 식생들로 인해 그 풍경이 중국 양자강 상류의 적벽과 비슷하다고 하여 붙여진 이름입니다.

화순군 이서면에 위치한 동복호를 따라 약 7km에 걸쳐 수려한 절벽경관이 발달하고 있는데, 노루목, 보산, 창랑, 물염적벽 4개로 나누어져 있습니다. 일반적으로 적벽이라 하면 규모가 가장 큰 노루목 적벽을 지칭하며, 과거에는 폭 300m, 높이 70m에 달하는 큰 규모로 발달해 있었으나 1985년 동복댐이 준공되면서 약 25m가량 수몰되었습니다.

적벽의 절벽면에는 사암, 이암, 응회암 등 다양한 퇴적암으로 구성된 얇은 층들이 반복적으로 쌓여 형성된 줄무늬(층리)가 아주 잘 드러나 있고, 이 지역은 중생대 백악기 후기에 형성된 능주분지의 일부이며, 당시의 능주분지에는 지금의 광주, 나주, 담양, 화순 일대에 걸쳐 발달된 호수가 있었습니다. 적벽을 구성하는 퇴적암에는 사층리, 연흔, 건열, 증발광물흔 등의 다양한 증거들이 나타나며, 이를 바탕으로 과거 백악기 때 이 지역이 건조 기후 하의 호수 주변부였음을 알 수 있습니다.

노루목적벽

창랑적벽

물염적벽

물염정

2. 백아산 석회동굴(전라남도기념물 제24호)

화순군 북면 수리 산123-1

백아산 석회동굴은 화순군 북면 수리마을에서 백아산 휴양림으로 가는 산 중턱에 존재하는 동굴로 내부를 보호하기 위해 입구를 폐쇄한 비공개 동굴입니다.
화순 백아산동굴은 지하수의 용해작용에 의하여 생긴 석회암 동굴로, 지금으로부터 약 2억 년 전에 만들어졌으며, 입구가 매우 좁아 출입이 불편하지만, 동굴 안에는 고드름처럼 생긴 종유석이 촘촘히 달려있고, 지하로 150m 가까이 들어가면 높이 5m의 폭포가 있습니다.
전남지역에서 발견된 유일한 석회석 동굴입니다.

*폐쇄된 곳입니다.

3. 서유리 공룡화석지

화순군 북면 서유리 산150-5

서유리 공룡화석지는 주로 해남, 보성 등과 같은 해안지역에서 발견된 것과 달리 내륙지방에서는 처음 발견된 화석으로, 서유리 공룡화석지에는 중생대 백악기의 육식공룡 발자국이 주를 이루고 있으며, 약 70개 이상의 공룡 보행렬을 포함해 총 1,500여 개의 발자국 화석이 보존되어 있습니다.

발자국들은 주로 육식성인 수각류에 의한 것으로 전체 발자국의 약 88%에 이르는데, 특히 소형 수각류의 발자국이 많이 산출되었고, 수각류 발자국은 보행렬 연장성이 매우 뚜렷하고 길게 나타납니다.

공룡발자국 화석은 호수의 범람으로 진흙이 많이 포함된 평원위에 쌓인 이암과 사암이 퇴적된 환경에서 발견되며, 이 외에도 주변에서 연흔, 건열 등 다양한 퇴적구조를 관찰할 수 있습니다.

공룡발자국   화석산지

공룡발자국의 어떻게 만들어 지는 것일까요?

호숫가처럼 완전히 마르지 않은 진흙층 위에 공룡이 발자국을 깊게 남긴 후, 땅이 마르고 굳으면 그 자국이 남게 됩니다. 그 후 어느 날 홍수나 화산폭발이 일어나면 그 위에 퇴적물이 쌓이면서 발자국이 우리에게 그 모습을 드러내게 되는것입니다.

연흔구조

연흔 또는 물결자국이라고 불리는 퇴적구조는 흐르는 물이나 파도에 의해 퇴적물이 쌓이면서 지층의 표면에 만들어지는 물결모양의 구조입니다.

건열

건열이란 물속이나 물가에 쌓인 진흙층이 햇빛에 오래 노출되면 물이 마르면서 부피가 수축되어 표면이 갈라지는 구조입니다.

공룡발자국 화석의종류

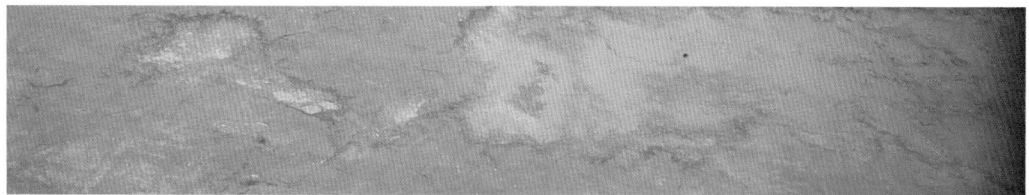
대형수각류 발자국 보행렬

소형수각류 발자국 보행렬

육식공룡은 날카로운 발톱을 가지고 있기 때문에 발자국의 끝이 뾰족한 발톱모양이고, 초식공룡의 발자국은 발톱이 날카롭지 않고 뭉툭합니다.

수각류(2족보행 육식공룡)

용각류(4족보행 초식공룡)

조각류(2족 혹은 4족 보행 초식공룡)

화석산지

4. 운주사 층상응회암

화순군 도암면 용강리 43

운주사 주변의 돌들은 중생대 백악기에 화산에서 분출된 화산재와 돌덩이가 켜켜이 쌓이면서 만들어진 응회암입니다. 이곳의 석불과 석탑은 보통의 화강암으로 만든 것과는 달리 비교적 납작하고 형태가 뚜렷치 않은데, 그것은 이 석불과 석탑이 운주사 주변에서 쉽게 채취할 수 있는 응회암층을 그대로 떼어내 만들었기 때문입니다. 옛 선조들은 층의 형태로 잘 깨지고 부스러지기 쉬운 이 응회암의 암석학적 특징을 이해하고 이를 활용하여 석불과 석탑을 제작했던 것입니다. 또한 운주사에는 수m 높이의 응회암 절벽이 나타나는데 그 앞에는 놓여있는 크고 작은 불상들은 고려시대에 만들어진 것으로 모두 응회암으로 만들어져 있으며, 천개의 불상과 천개의 탑을 세워야 나라의 평안이 찾아온다는 도선국사의 말에서 하루만에 천불천탑을 세웠다는 이야기도 전해져 옵니다.

응회암층 석불

운주사

전남 화순군 도암면 대초리 천불산(千佛山 또는 靈龜山) 기슭에 있는 사찰로 통일신라말 도선국사가 풍수지리에 근거한 비보(裨補)사찰로 세웠다는 이야기가 가장 널리 전해지고 있으며, 이곳 지형이 배(舟)형으로 되어 있어 배의 돛대와 사공을 상징하는 천불과 천탑을 세웠다하고 합니다.

비보사찰이라 함은 '돕고 보호한다'는 의미로 강한 곳은 부드럽게 하고 허한 곳은 북 돋워줌으로서 자연의 흐름에 역행하지 않으면서도 호국과 중생들의 이익을 도모한 도선국사의 지혜가 담긴 사찰을 의미합니다.

와불

운주사의 대표적 유물은 운주사 9층 석탑(보물 제796호), 석조불감(보물 제797호), 원형다층석탑(보물 제798호), 와형 석조여래불(전남유형문화재 제273호)을 비롯해 총 16건의 지정 문화재를 보유하고 있습니다.

9층 석탑(보물 제796호)

석조불감(보물 제797호)

원형다층석탑(보물 제798호)

4. 운주사 층상응회암

5. 화순 고인돌 장동응회암(사적 제410호)

화순군 도곡면 효산리 99-1

화순 고인돌 장동응회암은 청동기 시대의 대표적인 무덤양식인 고인돌 덮개암으로 사용되었으며 지표면에 노출되어 있어 과거 채석장으로 활용되기도 했닙니다. 고인돌 중에서도 받침돌이 작고 덮개돌이 큰 남방식 고인돌이 분포하는 곳으로 세계적으로도 고인돌 크기와 밀집도가 높은 유적지 중 하나입니다.

600여 기에 이르는 고인돌 축조에 사용된 바위는 이 지역 백악기층인 용결응회암에서 산출된 것이며 응회암 노두가 4km에 걸쳐 나타나며, 고인돌의 덮개돌로 용결응회암을 사용한 것은 퇴적암인 응회암이 판상으로 쪼개지는 풍화 특성을 활용한 것입니다.

이 유적지는 고인돌의 크기와 밀집도가 세계적인 유적지로서, 유네스코 세계문화유산으로 등재되어 있습니다.

화순 고인돌 안내도

감태바위 고인돌군

고인돌은 한국청동기 시대의 대표적인 무덤양식으로 지석묘라고도 합니다. 주로 경제력이나 정치권력을 가진 지배계층의 무덤으로 알려져 있습니다. 감태바위 고인돌군은 채석장 바로 아래에 있으며 이곳에서는 고인돌의 덮게돌을 떠내고 쌓아만드는 과정을 한눈에 볼 수 있습니다. 또 지상에 무덤방이 드러난 탁자식고인돌, 고임돌을 괸 바둑판식고인돌, 땅속에만든 무덤방에 뚜껑을 덮는 개석식 고인돌 등 여러형식의 고인돌도 함께 살펴볼 수 있습니다.

마당바위 고인돌군

마당바위 고인돌은 마당처럼 넓다고 하여 붙인 이름으로 길이가 650cm이며 두께가 110cm에 이르는 대형 돌덮게로, 아래에 받침돌 10매가 받치고 있는 전형적인 바둑판식 고인돌입니다.

핑매바위 고인돌군

핑매바위 고인돌군은 돌을 던진다는 뜻에서 붙여진 이름으로 길이7m, 높이 4m, 무게 200톤이 넘는 초대형 덮개돌로 세계 최대 규모를 자랑하는 고인돌입니다. 덮개돌의 아랫면에는 다듬은 흔적이 뚜렷하게 남아 있으며 받침돌이 괴여 있어서 덮개돌 아래에 공간이 있습니다.

달바위 고인돌군

달바위 고인돌군의 달바위는 보검재를 지나다니는 사람들이 볼 때에 산등성이에 있는 큰 고인돌이 보름달처럼 생겨서 붙여진 이름으로, 규모가 가장 큰 달바위 고인돌이 한쪽에 치우쳐 있고 작은 고인돌이 산비탈을 따라 줄을 이어 있습니다. 2004년에 주변을 정비할 때 이곳에서 돌 화살촉과 돌조각을 발견하였습니다.

관청바위 고인돌군

관청바위 고인돌군은 보성원님이 쉬면서 관청 일을 보았다고 하여 붙여진 이름으로, 이곳 190기의 고인돌군은 화순고인돌 유적지에서 가장 큰 무리를 이루고 있는 대표적인 곳입니다.

*안내센터에서 자기 차량으로 이동 관람 가능합니다.

한탄강 국가지질공원

한탄강 지질공원은 우리나라 최초로 강을 중심으로 형성된 지질공원으로서 북한의 강원도 평강군에서 발원한 한탄강과 그 하류에 위치한 임진강 합수부를 포함하고 있습니다. 지금의 한탄강과 임진강 일부 지역은 약 54~12만년전 화산폭발로 인해 형성되었으며, 그 당시 흐른 용암으로 인해 현무암 절벽, 주상절리와 폭포 등 다양하고 아름다운 지형과 경관을 갖게 되었습니다.

한탄강은 '어울이크다' 는 뜻을 지닌 한반도에서 유일하게 화산이 폭발해서 생긴 강으로 강원도 평창군에서 발원해서 김화, 철원을 지나, 포천에서 40km의 물길을 이루며, 한탄강의 아름다운 절경을 보여줍니다. 포천한탄강은 섬돌 같은 주상절리 협곡이 펼쳐져 있어 예전에는 '체천'이라 불렸다고 합니다.

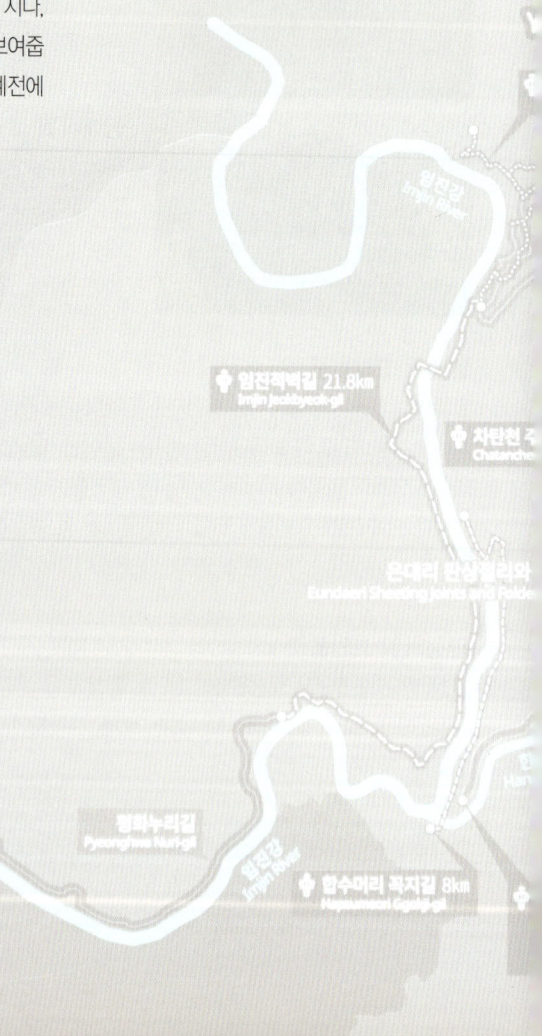

포천시

조선 태종 13년(1413)에 생겨난 이름으로, 포천은 원래 백제와 고구려의 영토일 때 고구려에서는 마홀군 이라 불렀고, 신라의 진흥왕 때에 견성군이라 부르다가 경덕왕 때에 다시 청성이라 불렀습니다. 고려초에 와서 포주라는 이름으로 불리 워지고 다시 조선조에 포천이라는 오늘의 땅이름으로 부르게 되었습니다.

- 대교천 현무암 협곡
- 고남산 자철석 광산
- 지장산 응회암
- 구라이골
- 아우라지 베게용암
- 화적연
- 교동 가마소
- 멍우리 협곡
- 비둘기낭폭포
- 백운계곡과 단층
- 아트벨리와 포천석

1. 대교천 현무암 협곡(천연기념물 제436호)

경기도 포천시 관인면 냉정리 1133번지

주상절리

대교천 현무암 협곡은 신생대 제4기 지금으로부터 약 50~13만년 전 용암 분출에 의해 형성된 지형으로 한탄강 협곡 양쪽 벽과 바닥이 모두 현무암으로 구성되어 있습니다. 협곡의 벽면에 발달되어 있는 주상절리는 분출된 용암이 식어 수축하는 과정에서 5~6개의 틈이 생기면서 연필과 같은 기다란 암석기둥을 만들었습니다. 또한 대교천 협곡에는 과거 무당들이 제사를 지냈던 무당소가 있어 예로부터 이곳을 신성 시 했다고 합니다.

대교천은 위치상으로 철원평야의 서쪽 외곽부를 따라 발달하였으며, 철원평야의 남쪽부분에 평야를 동서로 가로질러 고석정 부근에서 한탄강 본류와 만나게 됩니다.

오늘날의 모습을 보이는 현무암 협곡은 이 평원을 흐르고 있는 현 한탄강과 지류의 침식 작용으로 인하여 만들어졌습니다. 그 중에서도 길이 1.5km, 깊이 20~30m, 폭20~40m인 대교천 현무암 협곡이 가장 대표적입니다.

현무암

협곡

안내판

*농노를 따라 들어가다 보면 이정표가 나오는데 주차가 불가합니다. 주차하시려면 마을 입구 근처에 하시고 걸어 들어가시길 바랍니다.

2. 고남산 자철석 광산

경기도 포천시 관인면 교동길 346

티탄 철광석

함티타늄자철광산은 우리나라에서 유일하게 운영되고 있는 자철광산으로 티타늄성분을 포함하고 있다고 하여 함티타늄자철광 이라고 합니다.

함티타늄자철광 원광석은 철(Fe)성분이 48%이상 포함되어 있어 자석에 잘 붙습니다. 티타늄은 산화티타늄의 경우 자외선차단제, 페인트 안료나 도료, 프린트용 잉크에 사용되며, 금속티타늄의 경우에는 강도가 강하고 쉽게 부식되지 않는 성질이 있어 항공기엔진, 우주선, 초전가합금 등에 이용됩니다.

자철석은 약 14~10억 년 전인 선캠브리아기에 형성되었으며 연천층군을 관입한 반려암질 암석 속에 함유해 있습니다. 이곳에서는 채광, 선광 등 일련의 과정을 거쳐 국내 및 국외로 수출하고 있으며 현재에도 채굴하고 있기 때문에 안전상 일반인의 출입은 제한되고 있는데, 그 대신 교동가마소 인근에 체험장을 설치하여 탐방객들이 간접적으로나마 체험할 수 있도록 하고 있습니다

함티타늄 자철광

*교동 가마소에 가면 광물을 전시해 놓았습니다.

3. 지장산 응회암

경기도 포천시 관인면 중리 885

다양한 크기의 암편을 가진 라필리응회암

지장산 응회암은 지장산 계곡을 따라 분포하는 중생대 백악기에 형성된 것으로, 화산폭발로 많은 양의 화산재와 용암편(조각) 등이 거대한 화산쇄설물층(부스러기)을 형성하여 굳어진 암석으로, 대부분의 입자 크기가 4~64mm로 구성 되어 있는 라필리(화산력, 火山礫)응회암입니다.

응회암은 일반적으로 화산이 폭발하면서 화산력이 공중에서 떨어져 굳은 강하응회암과 용암처럼 흐르며 굳은 회류응회암으로 구분되며, 하부에는 신서각력암(자갈이나 암석이 굳은 퇴적암)이 분포 하고 있습니다.

응회암에서는 고온 용암편 들이 압력에 의해 수분이 빠져나가면서 퇴적되어 굳은 용결(welding)조직이 관찰됩니다. 이러한 응회암은 지장산 계곡부에서 잘 관찰되며, 그 종류 및 퇴적구조가 다양하게 나타납니다.

*주차 후 등산로 따라가시면 계곡이 나옵니다.

응회암

4. 구라이골

경기도 포천시 창수면 운산리 599-16

작은폭포와 주상절리

구라이골은 굴과 바위의 합성어로 굴바위 라고도 하며 여름에 우거진 수풀로 협곡이 굴처럼 생겼다하여 붙여진 이름입니다. 구라이골은 한탄강의 하천에 형성된 작은 협곡으로 주로 현무암으로 이루어져 있으며 인근에 침식지형인 절벽, 하식동굴 등이 발달해 있습니다.

한탄강을 따라 흘렀던 용암은 한번 에 흐른 것이 아니고 여러 번에 걸쳐서 흘렸는데, 이 지역을 잘 살펴보면 아래에서 위로 가면서 세부분의 암석이 서로 다르게 보입니다. 이것은 각각 다른 시기에 흘러들어왔던 용암이 서로 다른 조건에서 식으면서 구조가 다르게 만들어졌기 때문입니다.

하식절벽

주상절리와 하식동굴

5. 아우라지 베개용암(천연기념물 제542호)

경기도 포천시 창수면 신흥리 산209-1

포천 아우라지 베개용암은 한탄강과 연평천이 만나는 곳에서 볼 수 있으며 아우라지는 두 갈래 이상의 물길이 한데 모이는 어귀를 뜻합니다. 베개용암은 물속에서 뿜어져 나온 용암이 물과 만나 냉각되는 과정에서 만들어진 동글동글한 것으로 옛날 베개 모양과 비슷한데, 포천 아우라지 베개용암은 크기가 다양할 뿐만 아니라 내부가 방사상으로 쪼개진 절리가 발달되어 있는 것이 특징입니다.

이러한 베개용암은 육지에서 발견되는 경우가 드물며, 대부분 물이 풍부한 바다 속에서 형성됩니다.

주상절리   베개용암

6. 화적연(명승 제93호)

경기도 포천시 영북면 자일리 산115-2

화적연(禾積淵)은 한탄강변에 13m의 높이로 우뚝 솟아 있는 화강암을 말합니다.
예전부터 화강암 바위가 마치 볏단을 쌓아 놓은 것 같다하여 붙여진 이름입니다. 이러한 화적연은 사실적인 표현기법을 창안하여 새로운 화법의 시대를 열게 된 진경산수화의 대가인 겸재 정선이 금강산 유람길에 이곳에 들러 화적연을 화폭에 담았으며, 현재 간송미술관에 소장되어 있는 「해악전신첩」속에 이 그림이 있습니다. 또한 삼연 김창흡의 시문집에도 화적연의 멋진 풍광을 소개하고 있습니다.

겸재 정선의 '화적연'

화적연의 지질은 중생대 백악기시대의 화강암으로 알려진 명성산 화강암이 하천의 침식작용으로 인해 생성된 것으로 주변에는 다양한 암석들이 분포하는데, 화강암(화적연)을 덮은 제4기 시대의 현무암과 관입되어 나타나는 유문암, 안산암, 산성암맥 등이 관찰됩니다.
또한 현무암이 식으면서 생성된 주상절리, 관입된 유문암에 포획된 화강암(포획암), 하천의 흐름방향을 알 수 있는 현무암의 침식면, 하천침식에 의한 포트홀 및 그루브 등 다양한 지질구조 및 지형을 관찰할 수 있습니다.

〈삼연집〉-삼연 김창흡의 시문집

높은 바위 거기 솟구친, 매가 깃드는 절벽이요
휘도는 물굽이 그리 검으니, 용이 엎드린 못이로다
위대하구나 조화여, 감돌고 솟구치는 데 힘을 다했구나
가뭄에 기도하면 응하고, 구름은 문득 바위를 감싼다
동주 벌판에 가을 곡식 산처럼 쌓였네

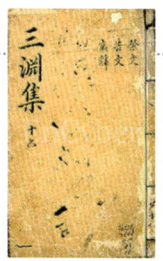

삼연 김창흡의 [삼연집]

그루브, 포트홀

물이 흐른 방향

· 주상절리

6. 화적연(명승 제93호) 235

7. 교동 가마소

경기도 포천시 관인면 중리 290

교동 가마소는 하천의 침식작용 및 풍화작용으로 인해 주변의 주상절리가 깎여나간 자리가 마치 가마솥을 엎어놓은 것 같다하여 붙여진 이름입니다.

원래 이곳은 한탄강으로 시냇물이 흘러 들어가던 작은 계곡이 있었던 곳입니다. 이곳에도 한탄강을 따라 오래전에 흐르던 용암이 흘러들어 왔었고, 다른 계곡의 현무암보다 더 천천히 식은 용암은 다른 지역보다 약간 더 큰 주상절리(평균 직경 60~70cm)를 만들었습니다. 오랜 세월동안 하천의 물이 흐르면서 암석의 약한 틈사이가 깎이게 되어 지금처럼 솥을 엎어 놓은 모양이 된것입니다.

교동 가마소의 암석에는 구멍이 숭숭 뚫리거나 이들이 연결된 가스 튜브가 나타나는데 이는 지표로 분출된 용암이 식을 때 가스가 빠져나간 통로입니다. 특히 가마소 내에 폭포가 발달되어 있는 폭포소, 용이 놀았다고 전해지는 용소, 궁

> **교동 가마소의 전설**
>
> 옛날에 이 마을에 노총각이 하나 살고 있었습니다. 그러던 어느날 이 노총각은 결혼을 하게 되었고, 가마를 타고 가는 새색시를 따라 신이 나서 따라가고 있었습니다. 그런데 그때, 가마꾼이 발을 헛디뎌 가마와 새색시가 빠지게 되었고, 신랑은 새색시를 구하기 위해 물에 뛰어들었습니다. 그러나 안타깝게도 신부와 신랑 모두 빠져 죽게 되었고, 마을사람들은 이때부터 여기를 가마소라고 부르게 되었답니다.

예가 옥가마를 타고 와서 목욕을 즐겼다는 옥가마소 등 작은 연못들이 있습니다. 교동가마소는 한탄강의 지천인 건지천을 따라 역류한 용암이 식어 굳은 곳으로 그 이름의 유래가 다양합니다.

현무암에서 관찰되는 용암가스튜브

교동가마소의 지질·지형적인 특징으로는 용암 가스튜브가 있습니다. 가스튜브는 용암이 식을 때 용암내의 가스가 용암외부로 빠져나간 통로라고 생각하시면 되는데요. 교동가마소의 현무암에서는 이러한 가스튜브가 정말 많이 보입니다. 또한 하나의 용암덩어리에서 안쪽은 괴상의 용암이고 외부는 미쳐 빠져나가지 못한 가스기공이 남아 있는 것을 볼 수 있습니다. 지형적으로는 하천의 흐름방향을 알 수 있는 현무암 침식면이 있는 것을 볼 수 있습니다.
이는 과거부터 하천이 어느 방향으로 흘렀는지 유추할 수 있게 해줍니다.

가스튜브

주상절리

침식면

용소·옥가마소

하천의 방향을 알 수 있는 현무암 침식면과 생성원리

작은 폭포

8. 멍우리 협곡(명승제94호)

경기도 포천시 영북면 소회산리 산3-9

멍우리협곡은 높이 30~40m 주상절리 협곡이 4km 넘게 펼쳐져 '한국의 그랜드캐년'이라 할 정도로 현무암 협곡이 장관을 이루는 곳입니다. 예부터 '술을 먹고 가지마라. 넘어지면 멍이진다.'하여 멍우리라 불리웠다고 합니다.

멍우리 협곡은 한탄강에 흐른 용암의 형성과정을 가장 잘 보여주는 곳으로, 협곡 양쪽 벽에 나타나는 주상절리는 서로 다른 특징을 보이는데 굽이쳐 흐르는 하천 특성상 바깥 부분은 침식 작용을 많이 받아 완만하고 안쪽 부분은 현무암 절벽이 오롯이 남아있음을 관찰할 수 있습니다. 지형특성상 하천이 굽이쳐 흐르기 때문에 한쪽은 하천에 의해 침식을 많이 받아 제4기의 현무암이 거의 깎여나가거나 일부가 남아 완만한 경사를 보입니다. 다른 한쪽은 이와 반대로 현무암 주상절리 절벽이 오롯이 남아 있는 것을 알 수 있습니다. 이러한 현무암 절벽에 생성되는 주상절리는 아래와 같은 원리로 생성되며, 한탄강 전역에 걸쳐서 관찰 할 수 있습니다.

완경사면과 급경사면

용암이 식으면서 생성되는 주상절리는 일반적으로 크게 3부분으로 구분이 됩니다. 상부 콜로네이드(upper colonnade), 엔타블레쳐(entablature), 하부 콜로네이드(lower colonnade)로 나뉘는 데, 이는 각각의 위치에서 용암이 식는 속도에 따라 그 모양과 크기가 다릅니다. 중앙부에 엔타블레쳐 부분은 상하부의 절리가 뒤섞여 방사상 모양으로 나타나는 것이 특징입니다.

하식동굴

이곳에는 돌단풍, 삼지구엽초, 병꽃나무, 철쭉 등을 보실 수 있는데 그중에서 포천구절초는 한탄강 유역에서만 자생하는 특산식물로 국화과의 여러해살이 풀입니다. 포천에서 처음 발견되었기 때문에 '포천 가는잎 구절초'라고 명명되었으며 2003년에 포천시화로 결정 되었다고 합니다.

주상절리

포천 가는잎 구절초

9. 비둘기낭폭포 (천연기념물 제537호)

경기도 포천시 영북면 대회산리 415-2

비둘기낭 폭포는 영북면 대회산리에 위치한 현무암 침식 협곡으로 불무산에서 발원한 불무천의 말단부에 위치해 있습니다. 비둘기낭이란 이름은 주변 지형이 비둘기 둥지처럼 움푹 들어간 주머니 모양을 하고 있다고 하여 비둘기낭 폭포라 부릅니다. 또 다른 설은 예전부터 양비둘기가 폭포 주변의 동굴에 서식하고 있다고 하여 비둘기낭이라 불린다고 전해집니다.

비둘기낭 폭포는 지질·지형학적으로 하식동굴, 협곡, 두부침식, 폭호 등 하천에 의한 침식 지형을 관찰 할 수 있고, 주상절리, 판상절리 등 다양한 지질구조도 확인할 수 있습니다. 또한 한탄강에 흐른 용암의 단위를 한눈에 관찰 할 수 있어 학술적으로도 가치가 있다고 할 수 있습니다.

주상절리

주상절리: "기둥모양의 돌 틈" 이란 뜻으로 암석이나 지층에서 나타나는 기둥모양의 평행한 틈 (절리)를 말합니다.

하식동굴: 하천의 흐름에 의해 만들어지는 동굴로서 절리나 침식에 약한 부분이 깎여 나가면서 만들어 집니다. 이곳 비둘기낭 폭포의 하식동굴은 한탄강 중에서 가장 큰 규모이며, 침식이 계속 이루어지면서 동굴이 더 커지고 있습니다.

하식동굴

비둘기낭 주변의 현무암 협곡

이곳 비둘기낭 폭포주변의 현무암 협곡은 절벽의 평균 높이가 약25m에 이르고 높은 곳은 30m를 넘는 곳도 있습니다. 현무암 협곡에서는 용암이 식으면서 내부의 가스가 공기를 만나면서 생기는 가스구멍(가스튜브)과 클링커(용암층과 용암층이 만나는 경계부분에서 볼 수 있는 특징으로 검붉은색의 거친표면)와 현무암 표면으로 흐르는 물의 방향에 따라 밭고랑처럼 파여있는 '그루브'를 관찰 하실 수 있습니다.

현무암 협곡

가스튜브

그루브

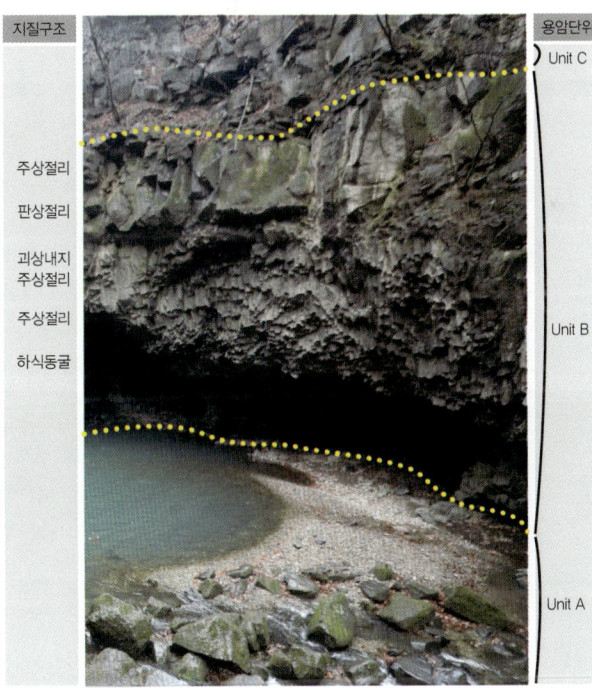
비둘기낭 폭포의 지질 지형학적 특징

10. 백운계곡과 단층

경기도 포천시 이동면 도평리 35

백운계곡은 광덕산과 백운산 정상에서 흘러내린 물이 한데 모여 이룬 골짜기로 계곡의 길이는 10km에 달하며 여름에도 얼음처럼 차고 맑은 물이 흐르는 곳으로, 백운계곡 입구에서부터 약 1.2km 상류지점을 따라 수직 및 수평방향의 틈인 절리들이 발달해있으며 틈을 따라 암반이 이동하면서 어긋난 단층도 관찰되며, 하천 침식에 의해 발달된 작은 연못과 폭포가 있습니다.

작은 폭포

11. 아트밸리와 포천석

경기도 포천시 신북면 기지리 282

토르

염기성 암맥

아트밸리와 포천석은 1960년대 후반 우리나라의 대표적인 화강암(포천석) 채석장을 국내 최초로 친환경 문화예술 공간으로 조성한 곳입니다. 과거 포천석 화강암의 무분별한 채취로 인해 고갈된 후 이 곳은 폐석장으로 방치되었지만 포천시에서 2003년부터 환경을 복원하여 복합 문화예술의 공간으로 재탄생 시켰고, 전체면적이 약 15만㎡에 달하며 공예체험, 전시 및 공연 프로그램 등 다양한 문화행사 아트밸리를 흐르는 에메랄드빛 천주호와 기암절벽 등의 수려한 경관으로 관광객의 발길을 사로잡고 있습니다.

연천군

경기도의 최북단에 위치하고 있으며, 총면적은 676.32㎢로 동쪽은 연천읍과 청산면이 포천시와 접하고 있습니다. 서쪽은 장남면이 파주시와, 북쪽은 신서면이 황해도의 금천로 및 강원도 철원군과 인접해 있으며, 남쪽으로는 전곡읍 간파리가 동두 천시와 경계를 이루며 경원선 철도와 3번국도가 추가령 지구대인 우리군 중심부를 관통하고 있어 교통이 편리합니다.

- 동막골 응회암
- 임진강 주상절리
- 재인폭포
- 백의리층
- 차탄천 주상절리
- 좌상바위
- 은대리 판상절리와 습곡구조
- 전곡리유적 토층
- 당포성

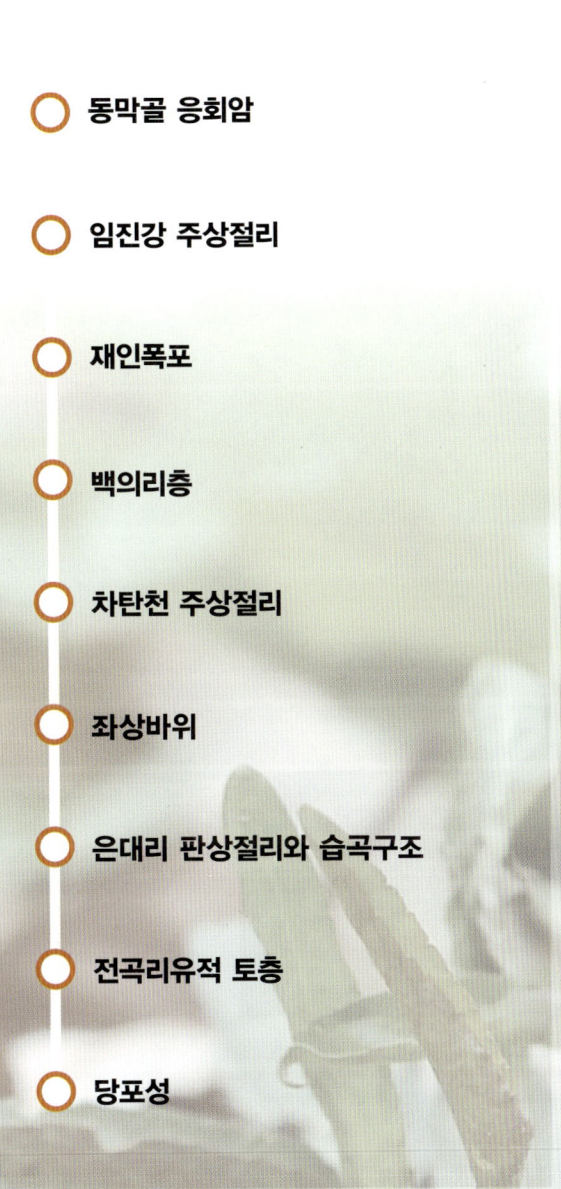

1. 동막골 응회암

경기도 연천군 연천읍 동막리

동막골 유원지 일대에서는 중생대 백악기 응회암이 넓게 분포합니다.

응회암은 화산에서 뿜어져 나온 화산쇄설물인 화산재와 암석부스러기가 쌓여 만들어진 암석을 말합니다.

동막리 일대에서 응회암이 넓게 나타나는 것은 이 부근에서 화산활동이 활발했다는 것을 보여주는 예가 됩니다. 즉, 화산이 폭발하면서 화산재와 화산탄 등이 공중으로 상승하였다가 땅 위를 흐르는 용암과 만나 함께 퇴적된 것이 바로 동막리 응회암입니다.

동막리 응회암 주변에는 멸종위기 종인 깽깽이풀의 서식지도 있습니다.

> **화산쇄설물**
>
> 폭발형 화산에서는 용암이 크고 작은 파편으로 화산가스와 함께 분출합니다. 이때 화산의 기반을 이루고 있던 원래의 암석들도 함께 분출되는데, 화산쇄설물이란 이들이 지표상에 낙하, 퇴적되어 만들어진 것을 말합니다.

2. 임진강 주상절리

경기 연천군 미산면 동이리 64-1

임진강 주상절리는 한탄강과 임진강이 만나는 곳에 형성된 높이 약 25m, 길이 약 2km에 달하는 기둥모양의 절리로 병풍과 같이 넓게 펼쳐져 있습니다.

임진강과 한탄강이 만나는 합수머리(도감포)에서부터 북쪽으로 임진강을 거슬러 마치 병풍을 쳐 놓은 것 같은 아름다운 수직의 주상절리가 수 킬로미터에 걸쳐 발달해 있는 국내에서도 유일한 곳입니다. 북한 평강군 오리산과 680m 고지에서 분출한 용암은 옛 한탄강의 낮은 대지를 메우며 철원-포천-연천 일대에 넓은 용암대지를 형성하였고 임진강을 만나 임진강 상류쪽으로 역류하면서 현무암층을 만들었습니다. 화산활동이 끝난 후 용암대지가 강의 침식을 받게 되자 강을 따라 기하학적인 형태의 현무암 주상절리가 만들어지게 된 것입니다. 예로부터 가을이면 돌단풍이 주상절리 적벽을 붉게 물들여 '임진적벽'이라 부르는 곳입니다.

주상절리

3. 재인폭포

경기도 연천군 연천읍 부곡리 193

재인폭포는 한탄강에서 가장 아름다운 지형으로 손꼽히는 지질명소입니다. 재인폭포는 북쪽 지장봉에서 흘러내려온 작은 하천이 약 18m 높이에 달하는 현무암 주상절리 절벽으로 떨어져 내리는 곳으로 특히 비가 온 후의 풍경은 웅장한 폭포 소리와 함께 장관을 이룹니다. 또한 이곳은 어름치(천연기념물 제238호)와 멸종위기종인 분홍장구채 등의 서식지로 알려져 있으며 폭포의 이름과 관련된 아름다운 사랑이야기도 전해져옵니다.

재인폭포에서는 다양한 현무암의 특징들을 관찰할 수 있는데, 대표적으로 주상절리를 비롯하여 하식동굴과 포트홀, 가스튜브  등을 볼 수 있습니다. 높이 약 18m에 달하는 폭포는 계속해서 폭포 아래를 침식시켜서 수심 5m에 달하는 포트홀을 만들었습니다.
포트홀이란 하천에서 암석의 오목한 곳이나 깨진 곳에 와류(물이 회오리 치는 현상)가 발생하여 깊은 구멍이 생겨난 것을 말합니다..

가스튜브

재인폭포는 어떻게 만들어 졌을까요?

한탄강을 따라 흐르던 용암은 작은 하천을 만나면 하천을 거슬러 올라가는 역류 현상을 보이는데 연천의 차탄천과 임진강 등이 대표적으로 용암이 역류하여 만들어진 현무암 지역입니다. 신생대 제4기에 지금의 강원도 평강군에 있는 680m고지와 오리산에서 분출한 용암이 옛 한탄강을 따라 흘렀고, 이후 굳어진 현무암위로 지장봉 계곡을 따라 흐르던 계곡물이 오랜 세월 흐르면서 암석을 침식시켜 지금의 재인폭포를 만들었습니다.
용암은 크게 50만년전에서 12만년전 까지 크게 3차례에 걸쳐 흘렀던 것으로 재인폭포에서는 크게 3매의 현무암 층을 확인할 수 있습니다. 내려오는 계곡물이 현무암을 계곡 침식시켜 미래에는 한탄강과 더 멀어지면서 폭포는 점점 뒤로 후퇴하게 될 것입니다. 재인폭포를 비롯하여 한탄강 일원에 위치한 비둘기낭폭포와 직탕폭포는 모두 이와 같은 두부침식에 의해 만들어진 폭포에 해당합니다.

두부침식(頭部侵蝕, headward erosion)

하천 침식형태의 하나로 하천이 상류 쪽으로 침식하여 그 길이를 증가해 가는 현상을 말합니다. 지반(地盤)이 융기하거나 해수면이 하강하면 하천의 침식력이 부활되어 하방침식을 활발히 하게 되는데, 그 침식은 기준면(base level)으로부터 상류 쪽을 향해 진행됩니다. 하천에 발달한 폭포가 상류 쪽으로 점차 그 위치를 변동시키는 것은 두부침식의 전형적인 예입니다.

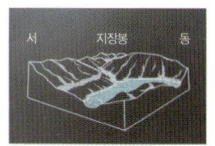
옛 한탄강이 동쪽에서 서쪽으로 흐르고 지장봉에서 흘러온 작은 개울이 한탄강으로 들어간다.

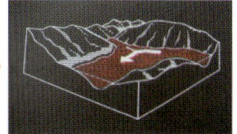
약 50만 년 전, 옛 한탄강을 따라 흘러온 용암이 한탄강 주변의 낮은 지역을 덮는다.

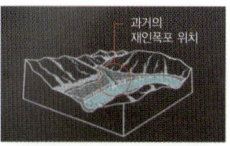
용암이 식어 현무암이 생성된 후 현무암 위로 다시 한탄강이 흐르고 작은 개울도 한탄강으로 들어간다.

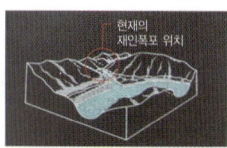
침식작용으로 한탄강은 조금씩 넓어지고 깊게 흐른다. 한탄강가에 있던 재인폭포는 점차 상류로 이동한다.

하식동굴

주상절리

재인폭포의 전설

재인폭포에는 두 가지 전설이 전해집니다. 옛날 재인폭포 인근 마을에 금실 좋기로 소문난 광대 부부가 살고 있었습니다. 어느 날 줄을 타는 재인이었던 남편과 아름다운 아내에게 날벼락이 떨어졌습니다. 마을 원님이 재인폭포에서 줄을 타라는 명을 내린 것입니다. 광대의 아내에게 흑심을 품은 원님의 계략이었던 것이지요. 줄을 타던 남편은 원님이 줄을 끊어버리는 바람에 폭포 아래로 떨어져 그만 숨을 거두었습니다. 원님의 수청을 들게 된 아내는 원님의 코를 물어버리고 자결합니다. 그 후로 사람들은 이 마을을 코문이가 산 마을이라하여 '코문리'라 부르게 되었고, 현재 재인폭포 마을인 고문리라는 이름으로 자리 잡았습니다. 문헌으로 전해지는 이야기는 전설과는 또 다릅니다. 폭포 아래에서 놀며 자신의 재주를 자랑하던 재인이 사람들과 내기를 했습니다.
"양쪽 절벽에 외줄을 묶어 내가 능히 지나갈 수 있소." 사람들이 믿지 못하겠다며 자신의 아내를 내기에 걸었습니다. 재인이 쾌재를 부르며 호기롭게 줄을 타자 아내를 빼앗기게 된 사람들이 줄을 끊어버렸습니다. 흑심을 품었던 재인은 아래로 떨어져 죽고 말았습니다. 그 후로 이 폭포를 '재인폭포'라 부르게 되었다는 이야기입니다. 이처럼 재인폭포는 아름다운 풍광과 함께 광대 재인과 관련된 아름답고도 슬픈 전설이 전해지고 있습니다.

4. 백의리층
경기도 연천군 연천읍 고문리 545

주상절리

한탄강을 따라 웅장하게 펼쳐져 있는 20~30m 현무암 주상절리 절벽 아래에 아직 암석화 되지 않은 퇴적층이 분포하는데 이러한 퇴적층을 백의리층이라 부릅니다. 연천군 청산면 백의리 한탄강변에서 처음 발견되어 백의리층으로 불리는데 백의리층은 주로 자갈들이 많은 역암층이 많지만, 일부 모래층과 진흙층이 현무암 아래에 놓여 있기도 합니다.

백의리층은 옛 한탄강을 따라 흐르던 강물에 의해 쌓여진 것으로 예전에 이곳이 한탄강의 한 부분이었음을 알 수 있게 해줍니다. 또한 자갈들이 놓인 모습을 통해 과거 한탄강이 흐른 방향도 알 수 있습니다. 그리고 백의리층 상부 현무암에서는 판상절리와 주상절리가 관찰됩니다.

이러한 백의리층은 국내 내륙에서는 한탄강 일대에서만 관찰되는 매우 특이한 현상으로 지질 교육적 가치가 매우 높은 지질명소에 해당합니다.

판상절리

백의리층

클링커층 / 백의리층

5. 차탄천 주상절리

경기도 연천군 군남면 왕림리 산281

차탄천 주상절리는 다양한 형태의 주상절리로서 신생대 제4기에 분출한 현무암이 옛 한탄강을 따라 흐르다가 차탄천을 만나면서 역류하여 흘렸던 지역에 해당합니다. 차탄천과 한탄강이 만나는 지점부터 현무암층이 관찰되다가 차탄천을 따라 상류로 올라가면 더 이상 현무암이 관찰되지 않는데 이곳까지 용암이 흘렸던 곳임을 알 수 있습니다. 차탄천 주상절리는 다른 지역에 비하여 비교적 가까운 지역에서 현무암층을 볼 수 있는 장점이 있습니다. 현무암층에는 수직으로 발달한 주상절리를 비롯하여 방사상 형태나 여러방향으로 복잡하

게 발달한 주상절리도 볼 수 있으며, 주상절리를 절단한 수평면도 가까이에서 직접 볼 수 있습니다.

이곳의 용암은 몇 번에 걸쳐 흘렀을까?

한탄강 일대에 분포하는 현무암에 대한 많은 연구자들이 심도 깊은 연구를 하였음에도 불구하고 다양한 의견을 제시하고 있습니다. 문산에서는 1매, 전곡에서 4매, 갈말에서 6매, 철원 한탄강 상류에서 11매로 보고된 바 있습니다. 그리고 가장 최근인 2013년 발표에 따르면 철원부터 파주까지 크게 3매(3개 unit)로 구분한 바 있고 용암류의 공급률, 온도, 냉각속도 등의 차이로 인해 서로 다른 특성을 보이는 것으로 판단하였습니다. 차탄천에서는 크게 3매의 현무암층이 관찰되는 것으로 보아 한탄강과 같이 3매의 용암류가 모두 흘렸던 것으로 추정할 수 있습니다.

주상절리

하식절벽

6. 좌상바위

경기도 연천군 청산면 장탄리 1-2

압도적인 경관을 자랑하는 좌상바위는 한탄강 주변에 약 60m 높이로 우뚝 솟아있는 현무암입니다. 중생대 백악기 말 화산활동으로 만들어진 현무암으로 마그마가 지표로 분출하는 구멍인 화구나 마그마가 지표로 올라오는 길인 화도에서 삐져나온 용암이 분출되면서 만들어진 것으로 알려져 있습니다.

좌상바위 표면에 작은 구멍들이 하얗게 메꾸어져 있는 모습이 보이는데 이는 화산이 분출할 때 공기와 가스가 빠져나간 구멍에 시간이 흐르면서 암석에 있던 칼슘성분이 빠져나가면서 구멍을 채우게 된 것입니다. 이러한 모양이 마치 살구 씨의 흰색 알맹이와 비슷하다고 하여 행인상 구조라 부릅니다. 신생대 제4기 현무암에서는 만들어진 시간이 짧아 이러한 구조가 보이지 않습니다.

좌상바위를 바라볼 수 있는 지역에는 하천의 자갈사주가 만들어져 있고, 이곳에서는 다양한 연천의 암석들을 관찰할 수 있는 지질교육에 있어 중요한 장소입니다. 현무암을 비롯한 미산층의 퇴적기원 변성암, 화강암, 응회암, 각력암, 편마암 등을 한자리에서 볼 수 있어 암석을 공부하기에 최적의 장소를 제공하고 있습니다. 또한 과거에 하천이 흘렀던 흔적을 보여주는 하안단구층이 좌상바위 초입부에 있어 지형학적 특징도 관찰할 수 있습니다.

행인상 구조

좌상바위의 나이는?

암석의 나이를 측정하는 방법에는 여러 가지가 있는데, 장탄리 현무암에 대해서는 K-Ar 전암 연대로 측정을 하였습니다. 측정결과 73.1±1.6 Ma 및 94±5 Ma로 보고된 바 있어 중생대 백악기 후기에 분출한 것으로 해석됩니다. 즉, 동막골 응회암을 포함하는 철원분지도 백악기 후기의 화산암류로 알려졌으므로 연천 지역은 중생대 백악기 후기에 격렬한 화산분출이 있었던 환경이었음을 알 수 있습니다.

좌상바위 명칭의 유래

좌상바위는 오랜 기간 여러 이름으로 불려왔습니다. 신선이 노닐던 바위라고하여 선봉바위, 풀무 모양을 하였다하여 또는 그곳에서 풀무질을 하였다하여 풀무산. 스님이 앉아 있는 모양이라하여 좌살바위, 한국전쟁 당시에 많은 사람들이 떨어져 죽었다고 하여 자살바위 등등…그러나 어떤 이름보다도 현재 좌상바위가 위치하고 있는 청산면 일원에서 가장 많이 불려지고 있는 것은 좌상바위입니다. 좌상바위는 청산면 일대를 오랫동안 수호해 온 장승과 함께 궁평리 마을의 수호신으로 여겨지고 있습니다. 좌상은 궁평리 마을 좌측에 있는 커다란 형상이라는 뜻에서 유래합니다.

7. 은대리 판상절리와 습곡구조

경기도 연천군 전곡읍 은대리 산134

은대리 판상절리와 습곡구조는 차탄천을 따라 역류한 용암이 굳어져 만들어졌습니다. 은대리 판상절리는 보통 기둥모양으로 형성된 주상절리와는 다르게 판상으로 누워있는데 옆에서 보면 마치 물고기 비늘과 유사하며, 인근에 위치한 습곡구조는 석회질과 규질의 퇴적층이 평평하게 퇴적되었다가 압축력으로 휘어져 구불구불한 물결모양과 같이 나타납니다. 이 외에도 베개용암, 용암 분출 이전 하천 주변에 있었던 자갈층인 백의리층이 분포하는 등 다양한 지질현상을 볼 수 있습니다.

안내판

은대리 지역의 기반을 이루는 암석은 고생대의 미산층에 해당하며 퇴적기원의 변성암으로 알려져 있습니다. 암석은 약 14억년 전에 만들어졌고 석회질과 규질이 반복하여 퇴적되었습니다. 즉, 생물기원으로 추정되는 석회질층과 쇄설성 기원(모래와 진흙)의 규질이 반복해서 쌓이고, 이후 지하 깊은 곳에서 지각변동에 의한 변성작용을 받아 변형되었으나 퇴적 당시 층리를 보존하고 있어 퇴적기원의 변성암이라 부릅니다. 암석의 표면을 보면 층에 따라 깊이 파여져 있는 정도가 다르게 관찰되는데, 이것은 석회질 부분이 풍화에 약해 깊이 파이고 상대적으로 규질 부분이 풍화에 강해 튀어나와 보입니다.

판상절리와 베개용암

습곡구조: 수평으로 퇴적된 지층이 횡압력을 받아 물결처럼 굴곡된 단면을 보여주는 구조입니다. 습곡구조는 층리면을 가지고 있는 암석에서 쉽게 볼 수 있으며, 습곡축의 기울기, 습곡축면의 기울기, 날개 사이의 각도 등에 따라서 여러 가지 형태로 구분될 수 있습니다.

판상절리: 현무암에서 보통 세로방향으로 발달한 주상절리와 달리 가로방향으로 발달한 절리를 말합니다.

습곡구조 / 백의리층 / 판상절리 / 베개용암

7. 은대리 판상절리와 습곡구조 255

8. 전곡리유적 토층

경기도 연천군 전곡읍 전곡리 180

전곡리 유적은 한탄강 일대에 위치하며 우리나라 전기 구석기시대의 대표적인 유적으로, 1977년 처음 발견되어 1979년 최초의 고고학 발굴조사를 거쳐 사적 268호로 지정되었습니다.

전곡리유적 토층은 현무암반 위에 쌓인 높이 약 2~7m에 이르는 토층입니다. 토층의 하부는 물에 의해 퇴적된 고운 모래와 미세한 실트질 퇴적물이 쌓여있고 상부는 물과 바람에 의해 운반된 점토가 퇴적되어 있습니다. 또한 점토층에서는 토양쐐기구조라 불리는 균열이 나타나는데 이를 통하여 과거의 기후를 연구하는데 많이 활용되고 있습니다.

전곡리 토층은 고기후와 고환경을 연구하는데 있어서 매우 중요한 자료를 제공하고 있으며, 인류의 발달에 대한 기록을 가지고 있는 지질명소에 해당합니다. 토층은 현무암 위에 하천의 활동으로 쌓인 모래층과 바람에 의해 쌓인 것으로 추정하는 점토층으로 구별됩니다. 점토층 기원에 대하여 바람에 의한 것과 하천의 범람에 의한 것 두 가지 이론이 있으나 최근에는 두 기원이 섞여 형성되었을 가능성이 제시된 바 있습니다.

점토층에서는 토양쐐기(soil wedge)구조라 불리는 건조균열현상이 관찰되는데, 빙하기에 형성되었을 것이라 추정하고 있고 고기후를 연구하는데 있어 중요한 자료로 활용되고 있습니다. 또한, 일본에서 바람에 의해 날려온 화산재(Tephra)가 토층에서 발견되어 상부층이 약 2만년에서 10만년전에 쌓인 것을 알 수 있습니다. 이렇듯 전곡리 토층은 고고학적으로도 중요하지만, 지질학적으로 고기후를 연구하는데 있어 매우 중요한 지질명소에 해당합니다.

전곡리 유적지는 처음 어떻게 발견되었을까?

우리나라 구석기 유적을 대표하는 이 유적은 1977년 한탄강 유원지에 놀러 왔던 한 미군 병사에 의해 지표에서 석기가 발견되면서 주목받게 되었습니다. 그렉보웬이라고 하는 이 병사는 채집한 석기를 서울대학교 고 김원룡 교수에게 가져갔고 김원룡 교수와 영남대학교 정영화 교수에 의해 아슐리안계 구석기 유물로 밝혀지면서 세계적으로 주목받는 구석기 유적으로 알려지게 되었습니다. 연천 전곡리 유적은 전곡 시가지 남쪽, 한탄강이 감싸고 도는 현무암 대지 위에 자리 잡고 있으며 선캠브리아기에 형성된 변성암류인 편마암과 화강암이 기반암을 이루며 이 암반층을 강원도 평강지역에서 분출하여 임진강과 한탄강의 강바닥에 형성된 현무암이 넓게 덮고 있습니다. 현무암위에 적색점토퇴적층과 사질층의 퇴적물이 형성되어 있는데 이 퇴적물의 상부 점토층이 구석기 문화층으로 석기가 집중적으로 발견되고 있습니다.

1977년 주먹도끼와 가로날 도끼 등 아슐리안형 석기의 발견이후 현재까지 11차에 걸친 발굴을 통하여 유적지의 성격 규명을 위한 학문적 노력이 계속되어 왔고 3000여점 이상의 유물이 발견되었습니다. 이들 석기의 발견은 1970년대 말까지도 이들 석기의 존재 유무로 동아시아와 아프리카 유럽으로 구석기 문화를 양분하던 모비우스의 학설을 바꾸는 계기로서 세계구석기학 연구의 새로운 지평을 열었습니다. 또한 동아시아의 구석기 문화를 새로운 각도에서 이해하려는 많은 시도들을 불러일으켰고 이는 한국의 구석기 연구뿐만 아니라 전세계 구석기 연구를 풍부하게 만드는 계기가 되었습니다.

토층 전시관

9. 당포성(사적 제468호)

경기도 연천군 미산면 동이리 778

현무암 성벽

당포성은 임진강과 당개나루터로 흘러드는 하천이 만든 절벽 사이의 삼각형 대지에 축조된 고구려 성입니다. 당포성은 주변에서 흔히 구할 수 있는 현무암을 가공하여 쌓아 올렸으며 하천의 절벽은 높이 약 20m에 달하는 현무암 주상절리로 용암이 분출한 후 급격히 식으면서 만들어진 5~6각형 기둥으로 이루어져 있고, 또한 이곳에는 수직 주상절리 외에도 방사형 등 특이한 절리도 발달해 있습니다.

당포성은 지형을 최대한 활용하여 수직단애를

이루지 않는 평지로 연결된 동쪽에만 돌로 쌓아 성벽을 축조했습니다. 당포성 동벽은 길이 50m, 폭 31m, 높이 6m정도이며 동벽에서 성의 서쪽 끝까지의 길이는 약 200m에 달하고 전체둘레는 450m 정도입니다. 성 축조에 이용한 돌은 대부분 주변에서 흔히 구할 수 있는 현무암을 가공하여 쌓았는데 이는 고구려 성의 큰 특징 중에 하나입니다. 당포성의 배후에는 개성으로 가는 길목에 해당하는 마전현이 자리하고 있어 양주분지 일대에서 최단거리로 북상하는 적을 방어하기에 당포성은 필수적이라 할 수 있습니다. 반면에 남하하는 적을 방어하는데도 매우 중요한 위치이므로 신라의 점령기에도 꾸준히 이용되었던 것으로 보입니다.

철원군

철원군 일원은 중생대 백악기와 신생대 제4기에 일어난 화산활동에 따른 화산지형의 발달이 우세한 지역입니다. 특히 신생대 제4기에 분출한 용암류(현무암)가 계곡을 메우면서 용암대지가 형성된 이후 하천에 의해 용암류가 다시 깎이는 것에 의해 협곡형성 등 이차적인 지형발달이 두드러지며, 용암대지 상부는 용암류에 완전히 묻히지 않고 남은 낮은 산지가 스텝토를 이루고있으며, 하천에 의해 깊이 깎여 드러난 협곡의 하부에는 현무암층 아래로 화강암층이 부정합으로 분포합니다. 이에 따라 철원 지역은 용암대지를 기준으로 상·하 사면의 지질·지형적인 차이를 보이는 국내의 대표적인 지역입니다. 이에 비하여 중생대 백악기의 화산활동은 상대적으로 하부에 넓은 분포로 나타내며, 한반도에서 일어난 중생대 화산활동은 그 규모가 비교적 활발했음에도 불구하고 다양한 지각변동에 의해 그 원형이 거의 사라졌기 때문입니다. 철원 지역의 중생대 화산활동의 흔적은 비록 그 원형은 존재하지 않지만 지질학적 관찰과 분석을 통해 화산활동이 일어났다는 사실을 확인할 수 있다는 점에서 가치가 있고, 철원의 남서쪽에 분포하는 초거력 각력암은 칼데라의 붕괴로 인해 형성된 것으로 추정됩니다.

○ 철원
　(용암대지)

○ 고석

○ 삼부연폭포

○ 직탕폭포

1. 철원 용암대지

강원도 철원군 철원읍 사요리 산61

철원 용암대지는 남한 내륙지역에서는 유일하게 관찰할 수 있는 용암대지로 점성이 낮은 현무암질 용암이 기존의 하천을 메우면서 흘러 넓게 퍼진 화산지형입니다. 일반적으로 화산지대 현무암층은 절리의 발달로 인해 물 빠짐이 좋아 물을 함유하기 어렵지만 철원 용암대지에서 농경이 가능했던 것은 현무암층 위를 덮은 퇴적층 때문이었고, 또한 1914년 이전에는 관개시설이 발달하지 않아 한탄강의 물을 끌어다 쓰는데 어려움이 있었으나 근대적 수리시설이 갖춰지면서 강원도 제일의 곡창대지로 발전하게 되었습니다.

펄펄 끓는 용암은 어디서 왔을까?

철원용암대지는 신생대 제4기 현무암의 용암류가 골짜기를 따라 흘러내리면서 형성된 화산지형 입니다. 이는 남한의 내륙지역에서 관찰할 수 있는 유일한 용암대지 입니다. 철원 용암대지를 구성하는 현무암의 형성 시기는 약 54만 년 전에서 12만 년 전 사이로 추정됩니다. 이 현무암의 용암류는 서울과 원산을 잇는 추가령구조곡 하부의 연약한 지점(오리산 452m)과 검

불랑 지역에서 동북쪽 4km에 위치한 608m 고지를 잇는 선)을 따라 솟아올라 물처럼 넓게 퍼져 흐르면서 철원 일대의 계곡과 낮은 부분들을 메우면서 현재와 같은 용암대지를 형성시켰습니다.

이와 같은 화산 분출양식을 열하분출(裂罅噴出, fissure eruption)이라고 합니다. 한편, 화산활동 말기에는 부분적으로는 중심분출도 일어나 오리산과 680m 고지 등 소규모 화산체를 만들었습니다.

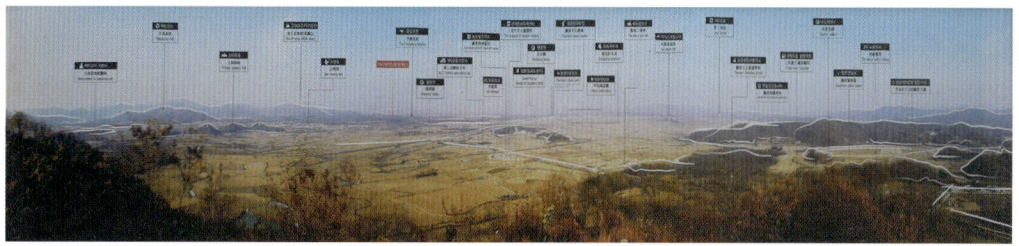

지역 안내판

철원용암대지는 최소 11번!

용암대지 형성 이전의 철원 지역은 기반암인 중생대 화강암의 차별 침식 및 풍화의 결합으로 완만한 구릉지대를 이루었으며, 이 사이를 한탄강이 유유히 흘렀을 것으로 추정됩니다. 이후 신생대 제4기에 추가령 구조곡에서 점성이 낮은 현무암 용암류가 여러 차례 분출하여 한탄강 유로를 따라 흘러내려오면서 낮은 부분을 채우면서 용암대지를 이루게 되었습니다. 이러한 용암의 분출은 여러 차례에 걸쳐 반복적으로 이루어진 것으로, 한탄강 중류의 철원읍 화지리 동쪽 강변의 암벽에서 11매의 현무암 켜가 관찰되는 것으로 보아 최소한 5~11번 정도의 분출이 있었음을 알 수 있습니다.

수도국 급수탑

철원 용암대지 내부에는 야트막한 독립구릉이 여러 개 존재합니다.

이는 용암이 지표를 메워 평탄한 철원 용암대지를 형성할 때, 기존의 산지가 용암에 완전히 매몰되지 않고 용암대지 상에 마치 섬처럼 돌출된 채로 남겨진 것입니다.

이러한 지형을 스텝토(steptoe)라고 부릅니다. 철원 용암대지 내에 위치한 스텝토들은 입지적 이점이 많아 군사적으로 매우 중요하여 6.25전쟁 당시 격전이 벌어졌던 장소이기도 합니다. 그 중 대표적인 것이 아이스크림 고지(219m)입니다. 아이스크림 고지(철원군 동송읍 하길리)는 6.25전쟁 당시 폭격을 받아 산이 아이스크림 녹듯이 흘러내렸다 하여 붙여진 이름입니다.

> **화산은 모두 폭발하는 것일까?**
>
> 화산 분출 장면을 연상하면 대부분 커다란 화산이 폭발하는 모습을 떠올릴 것입니다.
> 일반적인 화산의 분출은 이에 속합니다. 그렇다면 화산이 분출하는 형식은 모두 똑같은 것일까요?
> 화산분출은 크게 열하분출과 중심분출, 두 가지 형식으로 나눌 수 있습니다. 중심분출은 원통모양의 화도(마그마의 분출통로)를 따라 용암이 분출되는 것입니다. 반면, 열하분출은 지각에 생긴 틈을 따라 용암이 분출하는 것을 말합니다. 열하분출은 현무암이 분출하는 일이 많으며, 넓은 면적을 덮는 것은 여러 개의 틈에서 분출된 결과입니다.
> 최근의 예로서 아이슬랜드에서 1783년 길이 30km의 틈을 따라 분출한 것과 하와이 제도의 총연장 500km에 달하는 해저분출, 미국 북서의 오리건 주와 그 부근, 인도의 데칸 고원 및 시베리아 중부의 대지 현무암. 우리나라에서는 서울~원산선에 따르는 현무암의 용암대지가 있습니다.

백마고지

강원도 철원군 철원읍 북서쪽으로 약 12㎞ 지점에 있는 해발 395m의 고지로서 군사적 관례에 따라 395고지라고도 하는 이곳은, 6·25전쟁 때 국군과 중공군이 이 고지를 차지하기 위하여 치열한 전투를 벌였고, 심한 포격으로 산등성이가 허옇게 벗겨져서 하늘에서 내려보면 마치 백마(白馬)가 쓰러져 누운 듯한 형상을 하였으므로 '백마고지'라고 부르게 되었습니다.

백마고지

철원 노동당사 (국가등록문화재 제22호)

강원도 철원군 철원읍 관전리(官田里)에 있는 옛 조선노동당의 철원군 당사 건물입니다. 1946년 공산치하에서 지역주민들의 강제 노력동원과 모금에 의해 완공된 지상 3층의 건축물이며, 사회주의 리얼리즘 계열의 건축적 특징과 시대성을 잘 반영하고 있는 이 건축물은 언덕을 이용한 기단의 설정과 대칭적 평면, 비례가 정돈된 입면의 사용으로 공산당사로서의 당시 권위가 표현되고 있으며, 일부 구조체의 철근콘크리트 사용과 화강석과 콘크리트, 벽돌 및 목재의 혼용을 통

노동당사

노동당사

철원철새 도래지(재두루미)

해 당시의 건축일면을 엿볼 수 있고, 분단과 전쟁의 비극을 증언하는 중요한 자료로써, 현재 안보관광지로 활용되고 있습니다.

철원 도피안사

강원도 철원군 화개산에 자리잡은 도피안사는 신라 경문왕 5년(865)에 도선대사가 창건하였습니다. 기록에 의하면 도선대사가 철조비로자나불을 만들어 철원의 안양사(安養寺)에 모시려고 했으나 운반 도중에 불상이 없어져서 찾아보니 도피안사 자리에 앉아 있었다고 합니다. 그래서 이곳에 절을 세우고 불상을 모셨다고 전해지고 있습니다.

도피안사 전경

철조비로자나불좌상 (국보 제63호)

신라말에서 고려초에는 철로 만든 불상이 크게 유행했는데, 이 작품은 그 대표적인 예로, 불상을 받치고 있는 대좌(臺座)까지도 철로 만든 보기 드문 작품입니다.

삼층석탑 (보물 제223호)

도피안사 법당 앞에 세워져 있는 탑으로, 2단의 기단(基壇) 위에 3층의 탑신(塔身)을 올린 모습입니다.

철조비로자나불좌상 (국보 제63호)

삼층석탑 (보물 제223호)

2. 고석

철원군 동송읍 장흥리

협곡

고석정

고석은 한탄강 협곡 내에서 관찰되는 높이 약 15m의 화강암체로써, 이곳은 대보조산운동으로 형성된 쥐라기시대의 대보화강암이 기반암을 이루고 그 위를 현무암층이 덮고 있는데 두 층 사이에는 시간적 단절이 보이는 부정합 구조가 나타나며, 이후 한탄강은 새로운 물길이 생기는 과정에서 부정합을 따라 흐르게 되는데 상부에 있던 현무암은 침식되어 사라지고 하부의 화강암이 드러나면서 현재의 고석이 생기게 되었습니다. 한편 고석 근처에는 고석정이라는 정자가 위치하고 있어 그 일대의 협곡을 총칭해 고석정이라고 부르기도 합니다..

화강암

돌개구멍

고석정

*유람선 타고 계곡 관람, 또는 철원 한탄강 물윗길 트레킹 이용하시면 됩니다.

3. 삼부연 폭포

강원도 철원군 갈말읍 신철원리 26-1

삼부연 폭포는 명성산(870m) 중턱의 화강암 지대에 위치한 높이 약 20m 규모의 3단 폭포로 중생대 백악기에 관입한 화강암이 지표에 드러난 이후 흐르는 물에 의해 오랜 기간 깎여져(침식되어) 만들어졌습니다. 폭포를 구성하는 화강암의 연령은 약 1억 1,000만 년 전으로 측정됩니다(황재하와 김유봉, 2007). 삼부연폭포는 물줄기가 세 번 꺾어지고 폭포의 하부가 가마솥처럼 움푹 패여 있어 가마솥 '부(釜)'자를 써서 삼부연(三釜淵)폭포라 불리고 있습니다. 삼부연이란 이름을 지은 사람은 조선 초중기의 성리학자이며 시인이었던 삼연(三釜) 김창흡(金昌翕, 1653~1722)입니다.

삼부연 폭포 하단의 벽면에서는 현재 물이 떨어지는 물줄기 옆으로 둥글고 매끈하게 깎여 나간 부분을 2개 정도 볼 수 있습니다. 이와 같이 물줄기의 흔적이 여러 개 관찰되는 것은 옛날의 폭포 위치가 오늘날과 달랐음을 말해줍니다. 즉, 크게 2차례 이상 폭포가 상류 방향으로 후퇴하였음을 나타내는 것입니다. 이와 같이 폭포의 방향이 바뀌며 후퇴하는 데에는 폭포를 구성하고 있는 화강암에서 관찰되는 X자형의 절리(균열구조)의 영향이 큰 것으로 해석되고 있습니다. 쉽게 말하면 절리를 따라 물줄기가 오랫동안 흐르거나 방향이 꺾이는 부분에 침식이 집중되면서 현재와 같은 폭포의 모양을 이루게 되었습니다.

삼부연 폭포의 후퇴 과정

4. 직탕폭포

강원도 철원군 동송읍 직탕길 94

직탕폭포(直湯瀑布)는 철원팔경 중 하나로, 한탄강 본류에 위치한 폭포로 편평한 현무암 위에 형성되어 우리나라의 다른 폭포들과는 달리 하천면을 따라 넓게 펼쳐져 있는 모습을 하고 있습니다. 직탕폭포는 용암이 겹겹이 식어 굳어진 현무암 위로 오랫동안 물이 흐르면서 풍화와 침식작용을 받는 과정에서 현무암의 주상절리를 따라 떨어져 나감으로써 계단 모양의 폭포가 형성된 것으로 높이는 약 3m에 불과하지만 너비는 약 80여 m에 이릅니다.

직탕폭포를 이루고 있는 암석은 신생대 제4기에 만들어진 현무암으로 형성 시기는 54만 년 전에서 12만 년 전 사이로 추정되고 있습니다.

이 암석은 서울과 원산을 잇는 추가령구조곡 하부의 연약한 지점을 따라 솟아오른 용암이 흘러내려와 굳어진 것으로 철원 용암대지를 구성하고 있는 현무암의 일부분입니다.

직탕폭포와 폭포 주변에 노출된 현무암에서는 육각형 및 다각형 모양의 구조가 눈에 띄게 관찰됩니다. 이는 현무암에 특징적으로 발달하는 주상절리 입니다. 현무암질 용암은 냉각과정에서 수축작용을 받아 그 표면이 육각형 및 다각형 모양으로 갈라지게 되며 냉각과정이 지속되면서 표면의 틈은 땅속까지 연장되게 됩니다. 이로 인하여 하나하나의 기둥모양의 바위들이 무수하게 서있는 것과 같은 모습의 단면을 갖게 되는 것입니다. 주상절리라는 말은 이 때문에 붙여진 것으로 주상절리가 발달한 곳에는 침식작용이 일어나면서 하나하나의 기둥들이 무너져 내려 수직 절벽을 이루게 됩니다.

한편, 직탕폭포의 주변을 보면 여러 개의 용암층(현무암층)이 겹겹이 쌓여 있는 것을 관찰할 수 있습니다. 이 용암층은 추가령구조곡에서 반복해서 분출한 용암이 한탄강을 메우면서 흘러내려 겹겹이 쌓인 것입니다. 직탕폭포의 용암층은 크게 두 개의 단위로 구분되어지며, 그 증거로 용암단위 경계에서 용암 표면에서 잘 만들어지는 다공질 구조를 관찰할 수 있습니다.

주상절리

하천 바닥에 있는 주상절리

현무암

현무암 돌다리

직탕폭포 형성 과정

*주차장 협소합니다.

4. 직탕폭포

강원 고생대 국가지질공원

태백시, 영월군, 평창군, 정선군일대로 우리나라의 대표적인 고생대 퇴적암류를 보여주는 장소이며,
국내에서 가장 뛰어난 하천지형 및 카르스트지형이 발달하여 학술적으로도 중요한곳입니다.

지질공원 현황
면적
1,990.01㎢(영월: 634.11㎢, 정선: 942.75㎢, 태백: 303.44㎢, 평창: 109.71㎢)

지질명소 21개소

암석 및 화석
선돌, 건열구조 및 스트로마톨라이트, 쥐라기 역암, 금천골 석탄층, 장성 전기고생대 화석 산지,
구문소 전기고생대 지층 및 하식지형.

카르스트지형
고씨굴, 백복령 카르스트 지대, 화암동굴, 용연동굴, 고마루 카르스트 지형, 백룡동굴.

하천 및 습지
요선암 돌개구멍, 한반도 지형, 어라연, 물무리골 습지, 청령포, 화암약수, 소금강, 동강, 검룡소.

특징
고생대퇴적암류의 표식지로서 지질학적으로 학술적으로 중요한 가치를 지님.
국내의 대표적인 카르스트 지형과 동굴.
국내에서 가장 뛰어난 감입곡류 하천지형.

태백시

강원도 남부에 위치한 태백시는 태백산맥의 모산인 태백산(해발 1,567m)이 소재하며 한반도 이남의 젖줄인 한강 발원지인 검룡소와 낙동강의 발원지인 황지연못 있으며, 서해와 동해, 남해로 각각 빗물이 흐른다하여 삼수령 이라 부릅니다. 특히 태백시는 우리나라 석탄생산지로써 이름이 높습니다.

이곳에는 검룡소, 용연동굴, 금천골석탄층, 장성화석산지, 구문소 지질공원으로 등재되어 있으며 한반도 생성초기~현재까지의 지층이 순차적으로 쌓여있고 고생대의 다양한 화석들이 발견되고 있는 우리나라 지질학의 보고지입니다.

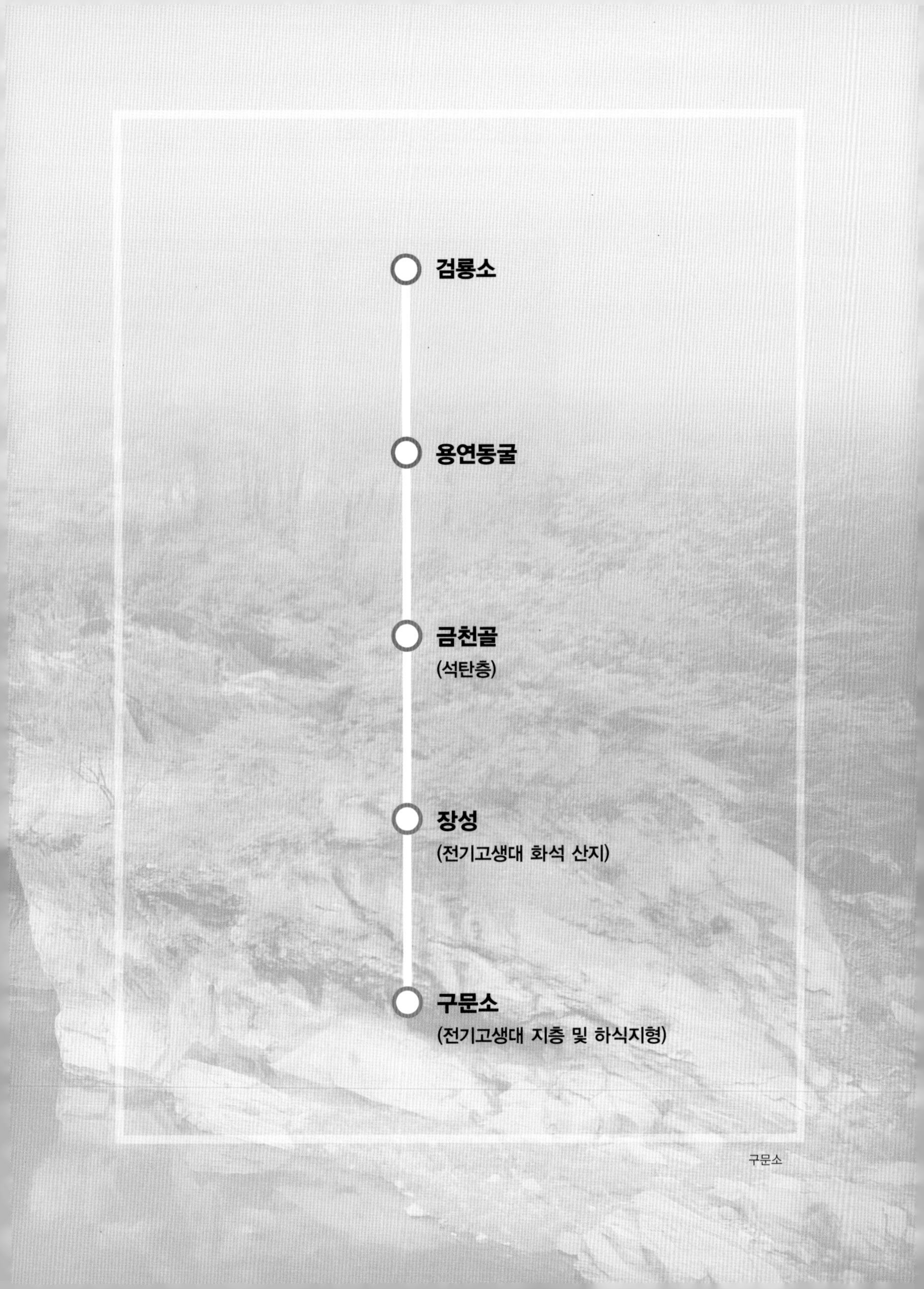

- 검룡소
- 용연동굴
- 금천골
  (석탄층)
- 장성
  (전기고생대 화석 산지)
- 구문소
  (전기고생대 지층 및 하식지형)

구문소

1. 검룡소 (명승 제73호)

강원도 태백시 창죽동 산1-1

검룡소는 1987년 국립지리원이 공식 인정한 한강의 발원지로 폭5m의 둥그런 샘물로 하루 약 2천 톤에서 3천톤의 평균9℃의 차가운 냉천 지하수가 솟아나옵니다. 검룡소 에서 이렇게 많은 양의 지하수가 쏟아져 나오는 이유 중 하나는 이 지대를 이루고 있는 암석이 물에 잘 녹는 석회암으로 구성되어 있기 때문인데, 땅속으로 스며든 빗물이 여러 갈래로 흘러가면서 지하수와 합쳐져 유량이 증가됨에 따라 지표면의 틈을 통해 솟아 나와서 발생

한강발원지 검룡소

계단 형태 지형

하는 현상으로, 이렇게 검룡소에서 솟아난 물이 지표의 석회암 지대를 흐르면서 돌개구멍을 만들고, 그 위를 흐르는 물이 암반 위를 기어가는 용과 같다고 하여 검룡소라 이름 붙여졌습니다.

이 물줄기는 검룡소(한강발원지)를 시작 으로 골지천(삼척 하장면)을지나 –임계천 합류– 송천 (정선북면) –조양강 – 오대천 합류–동남천 (동강)–영월 (서강) –남한강–달천강 합류(충주)–섬강 합류 (경기여주)–양평 –양수리 두물머리 (북한강) 서쪽으로 서울–김포–파주–임진강–강화 해협 –서해로 흐르게 됩니다.

석회암

탄산칼슘을 주성분인 암석으로 우리나라 석회암은 아주 오래전에 주로 바다 밑에 조개와 같은 퇴적물질이 쌓여서 만들어진 퇴적암입니다. 석회암의 중요한 성질 중에 하나는 물에 잘 녹는다는 것입니다. 그래서 석회암이 넓게 분포 된 지역에서는 지하수나 빗물에 의해서 녹아서 형성된 지형등을 볼 수 있습니다.

석회암

돌개구멍 (포트홀, pothole)

하천이나 개천 등의 바닥에 있는 암석의 작은 틈에 모래나 자갈이 들어가, 물이 빠르게 흘러내리면 물이 소용돌이를 치면서 암석을 깎아 내면서 만들어지는 것입니다.

*탐방안내소에서 왕복 1시간 소요됩니다.

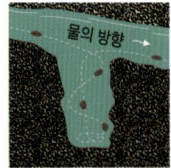

돌개구멍(포트홀)

낙동강 발원지 "황지연못"

강원도 태백시 황지동에 있는 못으로, 낙동강의 발원지로도 알려져 있습니다. 연못은 둘레가 100m인 상지, 50m인 중지, 30m인 하지 등 세 개의 연못으로 구성되어있고 매일 약 5000 톤의 물이 용출되며, 황지연못에서 용출된 물은 황지천을 이루고 구문소를 거쳐 낙동강과 합류하여 경상북도, 경상남도 및 부산광역시 을숙도에서 남해로 유입됩니다.

황지연못

황부자 전설

옛날에 욕심많고 심술궂은 황부자가 살았는데, 어느날 황부자의 집에 시주를 요하는 노승에게 시주 대신 쇠똥을 퍼 주었는데 이걸 며느리가 보고 깜짝 놀라면서 시아버지의 잘못을 빌며 쇠똥을 털어내고 쌀을 한 바가지를 시주하니 "이 집의 운이 다하여 곧 큰 변고가 있을 터이니 살려거든 날 따라 오시오. 절대로 뒤를 돌아다 봐서는 아니 되오"라는 노승의 말을 듣고 뒤따라 가는데 갑자기 뇌성벽력이 치며 천지가 무너지는 듯한 소리가 나기에 놀라서 노승의 당부를 잊고 돌아다 보았는데, 이 때 황부자 집은 땅 밑으로 꺼져 내려가 큰 연못이 되어버렸고 황부자는 큰이무기가 되어 연못 속에 살게 되었다고 합니다. 며느리는 돌이되어 있는데 흡사 아이를 등에 업은 듯이 보이고, 집터는 세 개의 연못으로 변했는데 큰 연못인 상지가 집터, 중지가 방앗간터, 하지가 화장실 자리라고 합니다.

*황지연못−태백시내에 공원으로 조성되어 있습니다.

2. 용연동굴

강원도 태백시 화전동 산47-69

태백 용연동굴은 국내 유일의 최고(最高)(백두대간의 중추인 금대봉 하부능선 해발 920m)지대 에 위치한 건식 석회동굴입니다. 고생대 오르도비스기(약 5억 년 전부터 6,000~8,000만 간 지속된 고생대의 한기)에 퇴적된 석회암이 지난 수백 년간 빗물과 지하수가 서서히 녹아서 만들어진 석회동굴로써, 동굴로 총 길이는 826m이며, 지금으로부터 약 3억 년 전에서 1억 5천만~3억 년 전 사이에 생성되었습니다.

동굴은 여러 갈래로 갈라져 있으며 동굴 가운데에는 폭 50m, 길이 120m, 높이 30m의 넓은 공간이 있고, 종유석과 석순이 많으며, 산호 모양의 생성물도 있습니다. 긴 다리 장님 좀 딱정벌레를 비롯한 6종류의 동굴생물이 발견되어 전 세계 동물학회와 곤충학회의 주목을 받았습니다.

용연동굴은 선조 25년 임진왜란(1592) 때 수 많은 의병이 모이는 본부의 역할을 하였다고 하며, 또한 유배된 사람이 동굴 안에서 일생을 마치면서 유서를 남겨 놓았다는 이야기가 전해지고 국가에 변란이 있을 때마다 피난처로 이용되었다고 합니다.

여러 형태의 동굴생성물

① 이무기의 눈물- 휴석이라는 동굴생성물로 천장에서 떨어지는 물이 퍼져 흐르면서 마치 계단식 논 형태로 자라는 것입니다.
② 바티칸궁전- 벽면을 따라 흐르는 물에 의해서 자라는 유석입니다.
③ 큰송이-(석순)- 천장으로부터 떨어진 물에 의해서 자라요.
④ 등용문- 여기 통로는 지하수가 동굴속을 흐르면서 동굴의 벽과 바닥을 녹이거나 깎아서 확장되었고 벽면에는 종유석과 동굴산호가 자라고 있습니다.
⑤ 샘물(휴석)- 물이 바닥을 흐르면서 마치 계단식 논 모양으로 자라는 동굴생성물입니다.
⑥ 피사의사탑(유석)- 벽면을 따라 흐르는 물에 의해 자라나는 유석입니다.
⑦ 해태상- 천장으로부터 떨어진 물에 의해 자라는 석순입니다.
⑧ 초의눈물-(석주)- 종유석과 석순이 만나서 생성된 동굴생성물입니다
⑨ 염라대왕- 천정으로부터 떨어지는 물에 의해 자란석순과 바닥과 벽면을 흐르던 물에 의한 유석입니다.

3. 금천골 석탄층

강원도 태백시 금천동 산1-1

함백산층

금천골 석탄층은 우리나라 최초로 석탄이 발견된 곳입니다.

1926년 상장면 사무소에 근무하던 분이 먹돌배기 언덕에서 노두에 나와 있는 검은 돌덩어리를 주어다 놓은 것을 일본인 소목탁이가 괴탄임을 확인하였고 그 후 삼척개발주식회사(현 대한석탄공사)가 석탄을 캐기 시작했다고 합니다.

이 지역은 지표에 노출된 석탄으로 비가 내릴 때 마다 개천 물이 검게 된다고 하여 거무내 또는 검천(黑川)이라 불려졌다고 합니다. 금천골 지역의 층은 하부로부터 만항층, 금천층, 장성층, 함백산층으로 구성되어 있는데 석탄은 주로 장성층에서 무연탄 형태로 나타나고 금천골 일부 도로 절개면에서 이 석탄층을 관찰할 수 있으며 이 외에도 고생대의 식물화석과 그 당시 퇴적암도 함께 볼 수 있습니다.

금천골 입구 함백산층 절벽: 이 일대의 지역은 모두 암석으로 이루어져 있지만 유난히 이곳에 나타나는 암석은 가파른 절벽을 이루고 있습니다. 이 절벽을 이루는 암석이 풍화에 아주 강한 사암으로 이루어져 있기 때문인데, 여기의 암석은 주로 석영이라는 강한 광물로 이루어져 있기 때문에 잘 무너지지도 않고 흑(토양)으로 변하지도 않습니다.

석탄: 과거에 식물이 오랜 시간 동안 퇴적되어 압력을 받아 생성된 고체 물질 입니다.
무연탄: 불꽃이 작고 연기가 나지 않는 석탄을 말합니다.

4. 장성 전기고생대 화석 산지(천연기념물 제416호)

강원도 태백시 장성동 산29-1

장성 전기고생대 화석 산지는 전기 고생대 퇴적층인 직운산층 입니다. 직운산층의 하부는 석회질의 비중이 높고 상부로 갈수록 셰일층의 비중이 커지면서 석회암층과 셰일층이 번갈아 쌓여있는데, 특히 셰일층에서는 많은 화석(삼엽충, 완족류, 필석류, 두족주, 복족류, 개형충 등)이 발견되는데 산소의 포화도가 낮고, 환경의 변화가 적은 곳에서 퇴적되는 셰일의 특성 때문에 생물 유해 등의 보존율이 높기 때문입니다. 태백지역의 직운산층에서 산출되는 화석은 종류가 다양하고 양이 많아 우리나라의 전기고생대의 고환경, 지각변화 연구에 매우 중요합니다.

셰일층

이암은 모서리가 날카롭지 않고 둥글며, 촉감이 부드럽다. 또한 크기가 작아 잘 보이지 않는 알갱이로 이루어져 있으며, 잘 부서진다.
셰일은 나뭇잎을 겹겹이 포개놓은 듯한 층상구조가 발달되어 있으며, 촉감이 부드럽다. 알갱이의 크기가 매우 작으며, 잘 쪼개진다.

완족류

두족류

셰일

5. 구문소 전기고생대 지층 및 하식지형(천연기념물 제417호)

강원도 태백시 동점동 295

구문소 전기고생대 지층 및 하식지형은 낙동강 상류의 하천인 황지천이 현재의 구문소에 이르러 석회암으로 구성된 산을 뚫고 지나가면서 높이 약 25m, 너비 약 30m 정도의 커다란 석문을 만들고 소(沼)를 이루었다고 합니다.

이 지역은 한반도의 지사(20억년~5억년 전)를 관찰 할 수 있는 지질학적으로 중요한 곳으로, 선캄브리아기~하부고생대~상부고생대의 부정합 관계를 관찰할 수 있을 뿐아니라, 석회암층으로 구성된 막골층 에는 건열, 스트로마톨라이트, 새눈구조, 습곡, 연흔, 생흔 등의 퇴적구조와 셰일로 구성된 직운산층 에는 삼엽충류, 완족류, 두족류, 필석류 의 화석이 대량으로 발견되고 보존되어 당시의 환경과 생물상을 알 수 있는 곳입니다.

석문 위에 자개루가 위치하고 있어 자개문 이라고도 부르며 예로부터 시인, 묵객의 발길이 이지 않았다고 합니다.

복족류

복족류: 배로 기어다니 때문에 배에 발이 달린 것과 같다고 해서 붙여진 명칭으로 소라나 복과 같은 동물의 조상을 말합니다.

두족류

두족류: 오징어처럼 머리에 발이 달린 동물을 말합니다.

완족류: 조개와 비슷하게 생겼지만 아주 다른 동물입니다. 조개는 보통 퇴적물 위나 퇴적 속에 살지만 이 완족류는 딱딱한 바닥에 붙어서 살던 동물을 말합니다.

완족류

삼엽충: 고생대(약5억 4천만년 전~2억 5천년만 년 전)바다에서 번성했으며, 캄브리아기와 오르도비스기 바다의 지배자로 페름기 말에 멸종한 고생대의 대표적 표준화석입니다.

삼엽충

새눈구조
해양생물이 죽어 부패하면서 발생하는 가스가 굳기 시작하는 갯벌을 빠져 나가면서 생긴 공간을 물속에 녹아 있던 방해석 성분이 2차로 하얗게 채워져 마치 새의 눈같이 보인다고 해서 새눈구조입니다.

새눈구조

생교란구조
자세히 살펴보면 짙은 회색의 암석 속에 밝은 회색의 긴 형태가 보입니다. 이것은 과거 퇴적층 속에 작은 생물이 뚫고 들어간 구조로서 생교란구조 라고 부릅니다. 과거에 작은 생물들은 먹이를 먹기위해 혹은 속에 들어가 살기위해 이러한 구멍을 만들었습니다.

생교란구조

건열
얕은 물 밑에 쌓인 퇴적물이 건조한 기후의 대기 중에 노출되어 마르면, 수분이 증발하면서 퇴적물이 줄어들거나 오그라들게 됩니다. 이 과정에서 틈이 생기게 되는데 이것을 건열이라고 합니다. 즉 건조한 곳에서 땅이 말라 생기는 것입니다.

건열

연흔
약한 파도나 물의 흐름에 의해 퇴적물의 겉 표면에 물결 모양이 나타나는 것을 말합니다.
물결 모양의 뾰족한 쪽이 지층의 위쪽에 해당하며, 바람의 영향으로 모래 언덕 표면에 나타나는 물결 모양도 연흔의 일종입니다. 연흔이 있는 곳은 진흙이나 모래 평원 또는 얕은 수심의 강이나 호수였을 것으로 추정합니다. 물에 생긴 파동이 퇴적물에까지 영향을 주어야 하기 때문에 아주 얕은 물이나 물의 흐름이 느린 환경에서 생기는것입니다.

연흔

습곡

습곡
지층이 휘어지면서 주름이 생긴 지질구조를 말하는데 이런 형태가 형성되기 위해서는 양쪽에서 미는 힘인 횡압력(양쪽에서 안쪽으로 미는 힘) 이 작용해야 합니다.

자개문단층

자개문단층
구문소는 황지천과 철암천이 이곳의 단층대를 침식시켜 빚어낸 지상동굴입니다. 자개문 옆 흰색을 띠우는 수직층리는 단층운동에 의해 생겨난 틈 사이를 파쇄된 작은 암편들과 점토가 채워져 만들어진 단층비지(단층점토)입니다.

암염

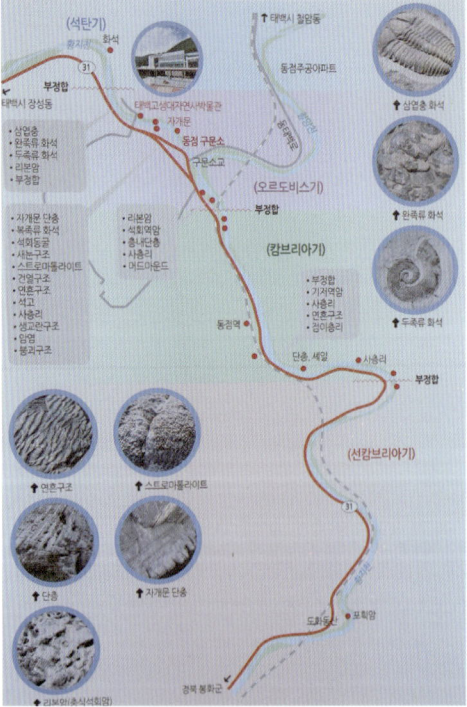

안내도

석고흔적

여러 형태의 지질 지형

석회암층리   두무골층   부정합

직운산층 노두의   포트홀   구문소

돌개구멍   폭포와 폭호   하식동굴

영월군

강원도 영서 남부 지역에 위치해 있는 영월군은 슬픈 단종 의 역사와 더불어 김삿갓의 풍류가 공존 하는 곳이며, 오랜 시간동안 굽이굽이 흘러내린 동강과 서강 그리고 북면과 한반도면에는 석회암층과 퇴적지층 으로 되어 있으며, 지질공원 으로 등재 된 곳은 요선암돌개구멍, 한반도지형, 선돌, 청령포, 스트로마톨라이트, 물무리골, 어라연, 고씨굴이 있습니다.

- 요선암 (돌개구멍)
- 건열구조 및 스트로마톨라이트
- 선돌
- 한반도지형
- 어라연
- 물무리골 (생태습지)
- 청령포
- 고씨굴

1. 요선암 돌개구멍(천연기념물 제543호)

강원도 영월군 무릉도원면 무릉리 1423

요선암 돌개구멍은 흑운모 화강암이 많이 포함된 주천강 하천바닥의 틈을 따라 오목하게 파여 있는 침식지형입니다. 돌개구멍(포트홀)은 하천을 따라 운반되어 온 자갈이나 모래 등이 하천 바닥의 갈라진 기반암 (원래있던 암석) 틈 속에 들어가 물살과 함께 빙글빙글 회전하면서 오목하게 파이는 지형인데, 계속되는 회전운동으로 인해 깎이고 벽면이 무너지면서 그 크기는 점점 커지게 됩니다. 대부분의 돌개구멍(포트홀) 은 원형이나 항아리 모양 그리고 타원형 형태를 하고 있으며, 주로 사암이나 화강암 같은 단단한 암석에 잘 만들어집니다.

또한 요선암 이라고도 불리는 요선정은 영월군 수주면의 법흥천이 주천강에 유입하는 지점 인근의 정자로 1915년 주민들이 이 정자를 세우고 주천 청허루에 보관되어 오던 숙종의 친필어제시를 이곳으로 옮겨 봉안 하였습니다.
이 건물은 정면2칸 측면 2칸의 팔작 지붕으로 건축한 작은 정자입니다.

요선정 옆에 위치하고 있는 무릉리 마애여래좌상은 강원도 유형문화재 제74호로 지정되어 있는데 고려시대 마애여래불좌상으로 암벽위에 높은 부조로 불상을 새겼으며 높이는 3.5m정도이며 살이 찌고 둥근 얼굴에 눈, 코, 입과 귀가 큼직하게 표현되어있습니다.

요선정 　　　　　　　마애여래좌상

여러 형태의 돌개구멍

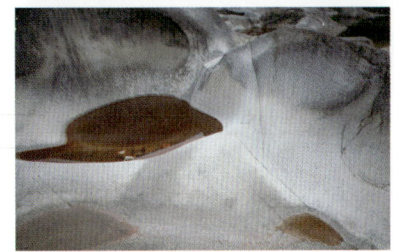

요강바위

전남순창군 동계면 어치리 에 있는 요강바위, 이 바위는 섬진강 일원최고의 자연조형물입니다. 둘레 1.6m, 깊이 2m 가량이 되며 이곳에도 돌개구멍(포트홀)이 잘 발달되어있습니다.

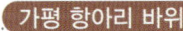

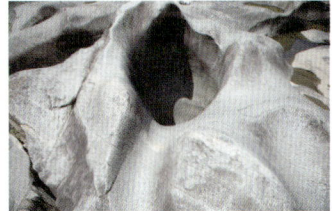

요강바위

요강바위 돌개구멍

*주차 후 오솔길을 따라가다. 자그마한 사찰을 지난 후 하천으로 내려가면 돌개구멍을 볼 수 있고, 다시 들어오던 길에서 산 중턱으로 올라가시면 요선암 입니다.

2. 건열구조 및 스트로마톨라이트(천연기념물 제413호)

강원도 영월군 북면 문곡리 산3

건열구조 및 스트로마톨라이트는 약 4~5억년 전 하부고생대의 퇴적층으로 이지역이 과거에는 바닷가나 호수같은 물 밑에 있었다는 것을 알려주는 곳입니다.

건열구조는 논바닥이 메말라 갈라진 모습과 유사한데, 점토나 실트 등 굳지 않은 세립질 퇴적물에 포함된 수분이 증발하면서 갈라진 틈을 말하며, 스트로마톨라이트는 단세포 식물인 남조류의 얇은 막에 석회질이 포함된 퇴적물 알갱이들이 붙으면서 형성된 층상구조를 의미합니다. 영월군에서 발견되는 이 두 구조는 구성암석이 세립질 돌로마이트($CaMg(CO_3)_2$)이며 형성장소는 증발암에서 나타나는 석고 결정을 통해 과거 조간대 또는 조상대로 추정됩니다.

스트로마톨라이트

바위의 벽면을 보면 불룩 불룩 튀어난 모양의 구조가 있습니다. 이것을 옆에서 보면 아주 얇은 선(금)들이 관찰되는데 이 선(금)들을 층리 라고 합니다. 이렇게 암석내에 얇은 층리선이 나타나는 스트로마톨라이트는 박테리아와같은 작은 미생물에 의해 만들어지는 퇴적구조입니다.

스트로마톨라이트 화석

건열구조

바위 벽면에 다각형 모양의 갈라진 구조를 말하는데 이것은 모래보다 더 작은 진흙과 같은 고운퇴적물이 쌓인 후 물이 마르면서 수분이 증발되어 수축 되면서 퇴적물이 갈라지는 퇴적구조를 말합니다.

3. 선돌

강원도 영월군 영월읍 방절리 산122

선돌은 서강(평창강)에 우뚝 솟은 돌기둥으로 신선암 이라고도 불리며 푸른 강과 하식절벽이 어우러져 마치 한 폭의 산수화 을 보는 듯합니다. 이 선돌은 전기 고생대의 백운암층에 발달한 수직방향의 틈을 따라 물의 동결 등과 같은 물리적인 힘이 작용해 붕괴되고 기둥모양으로만 남아있게 된 것으로, 1820년(순조20) 문신 홍 이간이 영월부사로 재임하고 있을 때 문신이자 학자인 오희상과 홍 직필이 홍 이간을 찾아와 구름에 쌓인 선돌의 경관에 반해 시를 읊고, 암벽에 '운장벽(雲莊壁)'이라는 글씨를 새겨놓았다는 이야기가 전해지고 있습니다.

*주차장에서 왕복 10분 정도 소요.

4. 한반도지형 (명승 제75호)

강원도 영월군 한반도면 옹정리 산180

한반도지형은 평창강(서강) 지역을 대표하는 경관 중 하나로 평창강이 크게 곡류하면서 형성된 감입곡류하도입니다. 산지 사이를 구불구불 하게 흐르는 물이 하천바닥을 깎거나 주변 지반의 상승으로 인해 깊이가 깊어진 이곳의 감입곡류 하천은 3면이 바다로 둘러싸인 한반도의 모습과 비슷하죠. 한반도지형의 오른쪽 부분에는 선암마을이 위치해 있는데 지형을 자세히 살펴보면 마치 계단처럼 이루어져 있음을 볼 수 있는데 하안단구라 불리는 이 지형은 과거에 하천바닥 이었던 곳이 상승 작용을 반복하면서 현재의 계단과 같은 모습을 가지게 되었습니다.

서강과 동강
서강의 정식명칭은 평창강입니다. 영월군을 동서로 가르며 흐른다 하여 동쪽을 동강, 서쪽을 서강 이라고 부르는것입니다.

감입곡류
하천의 바깥쪽은 물이 빠르게 흐르기 때문에 주변에 있는 암석들이 깎여서 절벽이 생기고, 하천안쪽은 반대로 물이 천천히 흐르면서 모래가 쌓이게 됩니다.
하천이 점점 옆쪽으로 암석을 깎아서 넓어지게 되면서 이러한 형태가 생기는것입니다.

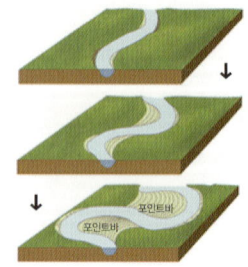

감입곡류 발달 과정

*한반도 지형의 지질은 석회암으로 이루어 져있습니다 석회암은 다양한 분야에 이용되고 있는데 건물을 지을 때 쓰는 석회암 조각, 농장에서 사용하는 칼슘사료, 페인트, 종이, 대리석(석회암이 변성작용을 통해 변성암이된 것), 오염을 중화시키는 재료, 소독제, 석회비료 등 산업전반에 걸쳐 사용됩니다. 또한 석회암은 우리가 사용하는 석유를 지하에서 포함하고 있으며 세계 50% 이상이 석회암에서 나옵니다.

석회암·층리

돌리네

석회암이 지하수나 빗물에 의해서 녹는 과정에서 움푹 파인 땅이 만들어지는데 이것을 돌리네라고 하고 돌리네가 2개 이상 연결되어 움푹 패인 지형을 '우발라', 여러 개의 돌리네가 합쳐져서 생긴 분지를 '폴리에', 물에 약한 부분이 빠르게 녹고, 강한 부분이 볼록하게 탑처럼 남은 것을 '탑 카르스트', 지하수가 석회암층에 생긴 절리를 따라 흘러 들어가 침식하여 생긴 동굴 '석회 동굴' 등이 있습니다. 이 근처에 석회동굴은 영월고씨굴이 있습니다.

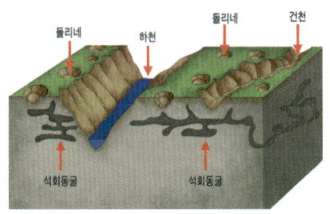

카르스트 지형

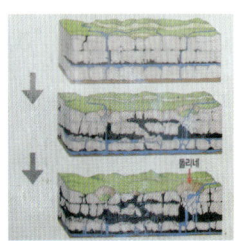

돌리네 형성 과정

돌리네

석회암지대의 지표식물 회양목

석회암 지대가 발달한 북한 강원도 회양에서 많이 자라기 때문에 회양목이라고 부르게 되었답니다. 회양목은 성장속도가 매우느려 나무의 직경을 한 뼘 정도 키우기 위해서는 무려 500년의 시간이 걸린다고 합니다. 꽃말은 '참고 견뎌냄'입니다.

회양목

선암마을

*주차장에서 왕복 1시간 정도 소요.

5. 어라연(명승 제14호)

강원도 영월군 영월읍 거운리 산40

어라연은 하천지형이 다양하게 나타나는 천혜의 보고로 감입곡류하천, 하식애, 협곡, 구하도 등을 볼 수 있는 곳입니다. 전망대가 위치한 잣봉(약 540m)에 올라서면 어라연을 한눈에 감상할 수 있는데 봄에 만발하는 진달래와 절벽에서 자라는 노송과 같은 식생경관과 어우러져 아름다운 경관을 볼 수 있습니다.

사암: 표면이 약간 울퉁불퉁하며, 촉감이 까칠까칠하다. 알갱이의 크기가 모래 알갱이 크기 정도이며, 단단하다.

역암: 울퉁불퉁하고 자갈이 드러나 있으며, 단단하다. 자갈 부분은 매끄럽지만 다른 부분은 거친 느낌이 들며, 알갱이는 자갈 크기부터 모래 정도의 크기까지 다양하다.

전산옥 주막터   하식애

이암과 셰일은 모두 알갱이의 크기가 작지만, 다소 차이가 있다. 셰일은 이암 중에서 층이 보이는 것을 가리키는 말이며, 쪼갰을 때 일정한 방향으로 분리된다. 이암은 쪼갰을 때 덩어리 모양으로 불규칙하게 분리된다.

하식동굴

강가에 있는(역암)

강 주변(역암)

전망대(역암)

삼선암(역암)

*잣봉까지 왕복 4시간 정도 소요: 강가를 따라 출발해서 전망대-잣봉으로 하산하는 길이 조금 더 편합니다.

6. 물무리골 생태습지

강원도 영월군 영월읍 영흥리 산131-1

물무리골 생태습지 일대는 급한 경사를 보이는 해발고도 400m 이상의 산지가 발달해 있으며, 이러한 산지 사이를 소하천이 깍이 면서 퇴적물이 이동되어 와서 아래쪽에 소규모의 평평한 지역에 형성된 것입니다. 이곳 습지는 주변의 산지를 빠져나온 하천이 평지를 만나면서, 하천의 흐름이 일시적으로 느려 지게 되어 습지환경을 조성하여 형성된 것으로 다른 암석에 비해 배수율이 높은 석회암지대에 형성된 희귀한 내륙습지로써, 지질, 지형학적으로 가치가 높은 곳입니다.

이곳에는 멸종위기 2급으로 분류된 백부자와 산작약이 자생하고 있으며 이 외에도 개잠자리난초, 거센털지치, 닭의난초, 큰조롱(하수오), 병아리꽃나무, 진퍼리잔대, 큰제비고깔, 좀개미취, 쑥방망이 등 희귀한 식물들이 다수 서식하고 있습니다.

원추리

큰조롱(하수오)

닭의 난초

동의나물

충절의 상

산책로

안내도

*엄흥도 기념관에 주차 후, 왕복 2시간 정도 소요.

7. 청령포(명승 제50호)

강원도 영월군 남면 광천리 산67-1

청령포는 서강 이라는 하천이 구불구불 흐르면서 마치 뱀이 기어가는 모습과 같은 곡류(사행천)가 발달한 지역입니다.

하천이 곡류하게 되면 곡류하는 안쪽은 물이 흐르는 속도가 느려지지만, 반대로 바깥쪽은 빨라지게 됩니다. 안쪽으로는 자갈이나 모래가 쌓이고, 반대로 바깥쪽은 하천변이 깎여 나가게되면서 말발굽모양(Ω)의 물길이 발달하게 되는데 이런 작용이 계속해서 시간이 흐르고 흐를수록 말발굽모양의 형태의 물길은 더욱더 심하게 구부러지고, 마침내 에는 잘록한 부분이 끊어지면서 하천은 직선으로 흐르면서 주변에는 곡류가 잘린 구부러진 물길이 그대로 남게 되는데 이것을 '구하도'라고 합니다.

이렇게 형성된 청령포는 서쪽으로는 험준한 암벽이 솟아있고 삼면이 강으로 둘러싸여 나룻배를 이용하지 않고는 출입이 어려운 외딴 섬과도 같아 과거 단종이 유배되어 머무르던 곳으로도 유명합니다.

안내도

단종어소

금표비

*주차 후 나룻배를 이용해서 청령포에 들어갑니다. 왕복 1시간 정도 소요.

영월장릉 (세계유산, 사적 제196호)

조선 제6대 임금 단종의능

청령포

시조비

단종(1441~1457, 재위 1452~1455)은 조선임금 제5대 문종의 아들로 1452년 문종이 재위 2년 4개월 만에 승하하니 12세 어린나이로 왕위에 오르게 되었습니다. 어머니 현덕왕후는 단종의 출산 후유증으로 출산 하루 만에 승하하였고, 단종의 작은아버지인 수양대군(세조)이 계유정난으로(1453년)으로 권력을 잡자 1455년(단종 3년) 세조(수양대군)에게 왕위를 선위하고 상왕으로 물러나게 됩니다. 이듬해 성삼문, 박팽년, 하위지 등 사육신이 시도한 단종 복위 운동이 실패로 돌아갔고, 1457년(세조 3년) 단종은 노산군 으로 강봉되어 영월 청령포에(명승 제50호)로 유배되었으며, 여름철 장마에 잠길 우려가 있어 객사 관풍헌 으로 거쳐를 옮겼으며, 영월 유배 4개월만인 음력 10월 24일 세조가 내린 사약을 받고 17세의 일기로 승하 하였습니다.

1516년(중종 11년) 장릉은 비로소 왕릉의 모습을 갖출 수 있었고, 1698년(숙종 24년) 묘호를 단종, 능호를 장릉 이라 하였습니다.

8. 영월 고씨굴(천연기념물 제219호)

강원도 영월군 김삿갓면 진별리 산262

용의머리

영월 고씨굴은 남한강 상류에 있으며 임진왜란 때 의병장 고종원(高宗遠) 일가가 이곳에 숨어 난을 피하였다 하여 "고씨굴"이라고 합니다.

동굴의 총 길이는 3㎞ 정도이며 형태는 대략 W자를 크게 펴놓은 듯하며, 지금으로부터 약 4~5억 년 전에 만들어졌고, 전형적인 석회동굴의 형태를 띠고 있는데 여러 층으로 이루어져 있는 게 특징입니다. 4개의 호수와 3개의 폭포, 10개의 광장이 있으며, 고씨굴 안에는 고드름처럼 생긴 종유석과 땅에서 돌출되어 올라온 석순이 널리 분포해 있으며, 화석으로만 존재한다. 믿어왔던 갈루아 곤충이 서식하고 있습니다.

고씨굴은 다른 동굴에 비하여 동굴 속에서만 살아가는 희귀한 생물들이 많이 서식하고 있습니다.

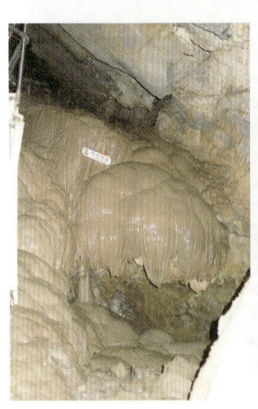
연꽃바위

만장폭포

석주

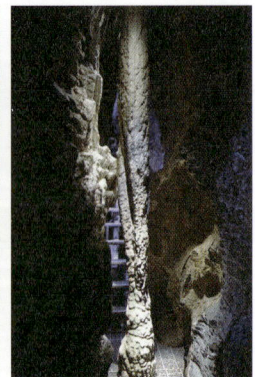
석주와 유석

여러 형태의 동굴생성물

① **층리면**- 석회동굴을 만드는 석회암은 옛날에 바다에서 살던 생물이 죽어서 차곡차곡 쌓인 암석입니다. 학자들은 강이나 호수, 바다 와 같은 지역에 퇴적물이 차곡차곡 쌓여서 만들어진 암석을 '퇴적암'이라고 하며, '퇴적암'은 퇴적물들이 오랜 시간 동안 차곡차곡 쌓여가면서 평편한 면을 만드는데 이것을 '층리면'이라고 합니다.

② **욕 선대**- 동굴 속에는 다양한 종류의 작은 동물들이 살아요. 보통 구리로 만든 동전을 물속에 던지면 구리 성분 때문에 물이 오염됩니다.

③ **무량탑**- 이 무량탑은 석순입니다. 여러층으로 이루어지며 각층은 마치 유석처럼 물이 흘러내리면서 만들어진 동굴생성물이 표면을 덮고 있어서 재미 있는 모양으로 자라고 있습니다.

④ **여러 형태의 석순**- 이곳에 있는 석순을 잘 살펴보면 키가 크고 작은석순. 뚱뚱한석순. 날씬한석순 등 여러 모양이 있는데, 왜그럴까요? 석순의 형태는 천장에서 떨어지는 물의 양과 속도, 천장의 높이 때문에 다른 형태의 모양을 가지고 있습니다.

⑤ **여러 가지 색을 띄고 있는유석(부동암)**- 여러 색의 유석이 자라는 것은 천장으로부터 이곳에 물이 떨어지고 있기 때문입니다. 색이 제각기 다르죠. 자세히 보면 한 가지 색을띄는 유석이 다른 색의 유석에 의해 덮여있으며, 이것은 이 유석들이 서로 다른 때에 자랐다는 것을 알려주는 것입니다.

⑥ **유식공**- 동굴 속에는 벽이나 천장을 이루고 있는 석회암이 여러 모양으로 변한 것들이 많은데 이곳은 벽 속으로 움푹 들어간 모양을 하고 있습니다. 이것은 동굴이 만들어진후에 동굴속을 흐르던 물이나 동굴 속공기 중의 수증기에 의해 석회암이 녹으면서 만들어 진 것입니다.

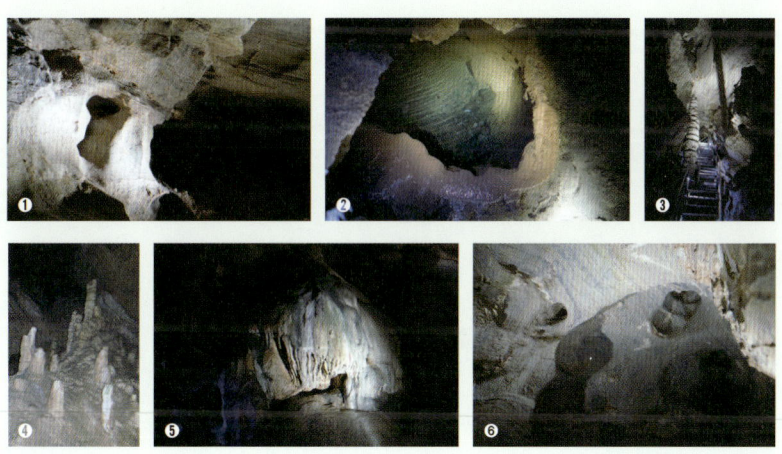

평창군

강원도 영서 남부지역의 내륙 산간지역인 평창은 봄과 가을은 짧고 겨울이 길며 적설량이 많은 곳으로 영동과 영서를 나누는 백두대간이 지나고, 평창강과 오대천은 남쪽으로 감입곡류 하며 각각 영월과 정선으로 흐르고 있습니다. 또한 미탄면은 동강이 흐르는 석회암 지대로 카르스트지형과 석회동굴이 많은곳입니다. 지질공원으로 등재된 곳은 고마루 카르스트지형과 백룡동굴이 있습니다.

○ 고마루 카르스트지형

○ 백룡동굴

평창 가리왕산 이끼계곡

1. 고마루 카르스트 지형

강원도 평창군 미탄면 한탄리 141-1

평창군 미탄면 한탄리에 위치한 비교적 완만하지만 높은 지대로 이루어진 마을입니다.

이 지역의 카르스트지형은(빗물이나 지하수에 석회암이 녹으면서 만들어지는 아주 독특한지형) 재치산(750.9m) 남쪽의 산정 산사면 산꼭대기에 있는 편평한 지대에 발달 하고, 남사면 고마루 일대는 해발고도 530~750m의 산간지대 입니다.

석회암으로 구성된 이곳은 빗물 등에 의한 화학적 풍화로 인해 녹아 공동이 생성되고 지반의 무게를 이기지 못해 붕괴된 돌리네(석회암이 지하수나 빗물 에 의해서 녹는 과정에서 움푹 파인 땅이 만들어진 것), 우발라(돌리네가 모여서 합쳐진 것), 싱크홀 등과 같은 약 70여개의 카르스트 지형이 형성되어 자연보전법에 의거 '생태·경관 보전지역'으로 지정되어있습니다.

돌리네

우발라

*이곳은 마을부터 길을 따라 계속 이동하면서 관찰할 수 있습니다.

2. 백룡동굴(천연기념물 제260호)

강원도 평창군 미탄면 마하리 산1

백운산에 위치한 백룡동굴은 오래 전부터 주민들에게는 잘 알려져 있는 동굴로 1976년 지역주민인 정무룡씨에 의해 좁은 통로(일명: 개구멍)가 확장됨으로써 전구간에 대한 실제적인 조사·연구가 이루어지게 되었다고 합니다. 백룡동굴의 명칭은 동굴이 위치한 백운산의 '백'자와 정무룡의 '룡'자를 따서 백룡동굴로 명명되었습니다.

안내도

평창 백룡동굴은 석회동굴로 수면 위 약10~15m지점에 입구가 있고, 동굴 주변은 기암절벽으로 이루어져 있어서 배를 타야만 접근이 가능합니다.
백룡동굴은 입구 부근에는 아궁이와 온돌흔적이 남아있고, 그 주위에 토기들이 발견되었습니다. 이것으로 미루어 보아 오래 전에는 우리 조상들의 거처로 이용 되었을 것으로 추정되고 있습니다.

백룡동굴의 전체규모는 약1,875m로 주굴(A굴) 약 785m,, 지굴(B굴: 약 185m, C굴: 약 605m, D굴: 약 300m)입니다. 동굴내부에는 다른 석회동굴 처럼 종유관, 종유석, 석순, 석주, 휴석(소), 동굴진주 등 다양한 동굴생성물들이 잘 발달 하여 있습니다. 또한 박쥐, 나방, 거미, 곱등이를 비롯하여 총61종의 동굴생물들이 서식하고 있습니다.

백룡호

입구

신의손(유석)

동굴내부

삿갓(석순)

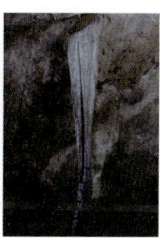
동굴방패(종류석)

피아노(종류석)

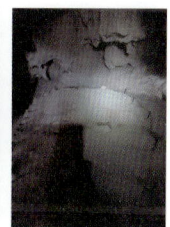
구들장

※ 다른 동굴과 다른점은 국내최초의 체험형 동굴인 만큼 안전모, 장화, 등의 복장을 갖추고 헤드 렌턴도 착용해야하며 입장 가능한 인원과 시간제한이 있으므로 사전예약과 확인은 필수사항입니다.

정선군

높은 일교차와 고도차로 인한 다양한 특화작물을 생산하는 정선은 굽이굽이 흐르는 동강이 시작되는 곳으로 석회암지대가 많아 석회동굴과 카르스트지형 등을 쉽게 만날 수 있는 곳입니다.
지질공원으로 등재 된 곳은 천연기념물 제440호로 지정된 백복령 카르스트지형과 쥐라기 역암(천연기념물 제556호), 화암동굴(천연기념물 제557호), 화암약수, 소금강, 동강이 있습니다.

- 백복령 카르스트 지대
- 쥐라기 역암
- 화암약수
- 화암동굴
- 소금강
- 동강

화암동굴

1. 백복령 카르스트 지대(천연기념물 제440호)

강원도 정선군 임계면 서동로 5927-1

백복령 카르스트 지대는 석회암이 녹아 형성된 공동 때문에 지반 무게를 이기지 못하고 무너진 지형(돌리네, 우발라, 싱크홀 등)이 발달해 있는 곳입니다. 이곳에는 약 130개의 돌리네와 1개의 우발라, 28개의 싱크홀이 발달하고 있으며, 우발라 내에서는 지속적인 지표수가 흐르며, 이 지표수는 낮은 고도에서 발달하는 돌리네로 유입되어 석회동굴로 흘러들어가는 포노르를 형성하고 있습니다. 백복령 카르스트 일대에는 총 4개의 석회동굴이 발달하고 있습니다.

일반적으로 카르스트가 발달된 곳에서는 석회암의 탄산칼슘이 제거되고 남은 잔류물인 테라로사라는 토양이 발달되어 있어 주로 경작지로 활용되고 있으나 백복령 카르스트 지대에는 잎이 누렇게 변하는 황화현상 등으로 인해 식물종의 구성이 다른 지역과 차이가 있으며 대표적인 식물로는 한계령풀, 노랑무늬붓꽃, 솔나리 등이 있습니다.
과거 이곳에서 한약재 중 하나인 백복령이 많이 났다고 해서 이름 붙여졌다는 설도 있습니다.

돌리네와 우발라의 가운데에는 비가 내릴 때 빗물이나 흙이 빠져 내려가는 구멍을 싱크홀 이라 부릅니다. 하지만 싱크홀은 돌리네와 같이 푹 꺼진 지형을 모두 가리키는 용어로도 사용 되기도 합니다. 싱크홀의 크기는 다양하며 돌리네의 바닥에는 대부분 테라로사라고 불리는 토양층으로 덮여 있어서 싱크홀이 보이지않는 경우가 많습니다. 이곳의 싱크홀은 길이 40m, 너비 15m, 깊이 20m의 대규모 싱크홀입니다.

카르스트지형 모식도 | 돌리네(doline): 원형 또는 타원형 으로 움푹 팬 지형 | 돌리네의 형성과정 모식도

우발라(uvala): 돌리네가 더욱 침식이 진행되어 2개이상 연결된 복합돌리네

테라로사(terra rossa): 석회암지대의 붉은 점토질 토양

*주차 후 지질공원 안내센타에서 왕복 2시간 정도 소요

1. 백복령 카르스트 지대(천연기념물 제440호)

2. 쥐라기 역암(천연기념물 제556호)

강원도 정선군 정선읍 봉양리 919

조양강변의 쥐라기 역암은 중생대 쥐라기 시대에 모래, 자갈(역) 등의 퇴적물이 운반되어 오다가 퇴적된 것으로 종류, 모양, 크기 등이 다양하게 나타납니다.

또한 비스듬한 방향으로 자갈이 퇴적되어 있는 비늘구조와 아래는 무겁고 큰 자갈(역)이 퇴적되다가 위로 갈수록 가볍고 작은 자갈(역)이 퇴적되면서 형성된 구조인 점이층리도 나타나는데, 이를 통해 과거 물이 흘렀던 방향을 유추하거나 자갈들이 퇴적될 당시의 환경을 파악할 수 있습니다.

역암은 자갈과 같이 직경 2mm 이상의 입자가 많이 포함되어 있는 암석을 역암(礫岩, conglomerate)이라고 합니다. 퇴적암의 일종으로 물이 빠르게 흐르면 역들이 바닥으로 굴러가며 서로 부딪쳐서 이렇게 둥굴둥굴한 모양을 갖게 되었습니다.

여러 형태의 역암

이 외에도 쥐라기 역암이 분포하는 동강에는 천연기념물인 어름치 및 멸종위기 야생생물II급인 가는돌고기, 묵납자루, 새호리기 등이 살고 있습니다.

정선군 동면 테일러스: 가파른 낭떠러지 밑이나 경사진 산허리에 고깔(talus)모양으로 쌓인 흙모래나 돌부스러기로써 우리나라가 빙하기일 때 바위가 얼었다 녹았다를 반복하면서 깨진 모난 돌들이 오랜 시간동안 사면을 따라 쌓여 있는것입니다.

정선 동면 테일러스

*주차하기 불편합니다. 안전하게 주차하시길 바랍니다.

3. 화암약수

강원도 정선군 화암면 약수길 1328

화암약수는 화암8경 중 하나로 하천 양쪽으로 흡수된 물이 중력에 의해 낮은 쪽으로 이동하면서 암석 내에 포함된 마그네슘, 무기물 등을 녹여 씁쓸하고 톡 쏘는 맛을 내는데 피부병 등에 효험이 있어 많은 사람들이 찾는 곳입니다. 1910년 경 문명무라는 사람이 꿈에 청룡과 황룡이 엉키며 승천하는 것을 본 후 잠에서 깨자마자 땅을 파보았더니 거품을 뿜으며 물이 솟아 올랐다고 하는데 사악한 마음을 갖고 물을 마시려는 사람에게는 약수 물에 구렁이가 똬리를 틀고 있는 형상이 보여 물을 마실 수 없다고 전해집니다. 또한 약수터 인근에는 천연기념물이자 멸종위기 야생생물II급인 하늘다람쥐가 서식하는 것으로 알려져 있습니다.

화암약수에서는 어떻게 물이 나올까?

하늘에서 내린 비의 일부는 표면을 흐르지만 많은 양이 지하로 스며들어가서 암석 속에서 흐르고 있습니다. 이것을 지하수라고 하고 땅을 파면 물이 나오는 지점을 지하수면이라고 합니다. 지하수가 주변의 하천으로 흐르기 때문에 이러한 지하수면은 하천 근처에서는 아주 얕은 깊이에 있습니다. 그런데 암석으로 되어 있는 곳은 모세관 현상(얇은 관을 따라 액체가 흡수되는현상)으로 인해 작은 틈을 따라 지하수가 지표면으로 올라오기도 합니다.

화암약수의 물맛과 옆 계곡의 물맛은 왜 다를까?

화암약수에서 나오는 물의 맛은 톡 쏘는 맛이 강한 탄산수이고 바로 옆에 흐르는 계곡물은 그냥 맹물입니다. 그 이유는 화암약수에서 나오는 물은 주변의 석회암($CaCO_3$)을 통과하면서 지하로부터 올라온 이산화탄소(CO_2)가 물에 포함되면서 탄산의 성분을 많이 포함하게 되었고 주변계곡에서 흐르는 물은 다른 종류의 암석을 통과하였기 때문입니다.

약수터

4. 화암동굴(천연기념물 제557호)

강원도 정선군 화암면 화암동굴길 12-8

화암 관광 단지 내에 위치한 금 광산과 석회석 자연동굴이 함께 어우러져 있는 세계 유일의 화암동굴은 국내 최초로 테마형 동굴로 개발하여 금을 캐던 천포광산에 상부 갱도 515m 구간에는 금광맥의 발견에서부터 금광석의 채취까지의 모든 과정을 생생하게 재연하여 놓았습니다.

하부갱도와 상부갱도를 연결하는 수직 90m를 365개의 계단으로 연결하여 각종 석회석 생성물과 자라나는 종유석의 모습을 관찰할 수 있도록 하였으며, 하부갱도 676m는 "동화의 나라", "금의 세계"라는 테마로 금광석의 생산에서 금제품의 생산 및 쓰임까지 모든 과정을 전시하였으며, 천연동굴은 2,800㎡의 대 광장으로 광장 주위에 392m의 탐방로를 설치하여 유석폭포, 대 석순, 곡석, 석화 등 진귀한 종유석 생성물을 관찰할 수 있도록 개발되었습니다.

동굴에서 제일 먼저 만나는 동양 최대 규모의 유석폭포는 높이 28m의 황금색 종유폭포로 웅장한 규모가 모든 이를 놀라게 합니다. 폭포중앙에 있는 부처상의 정교함은 마치 조각 작품을 보는 것 같습니다. 탐방로를 따라 조금 더 내려가시면 6억 년 동안 생성된 대석순과 석주가 자리 잡고 있으며 이곳에서 바라보는 동굴 천정에는 크고 작은 석화와 곡석들이 아름다운 자태를 뽐내고 있고 벽면에 있는 성모마리아 상은 관광객을 반갑게 맞이합니다.

탐방로를 따라 조금 더 내려가시면 장군석이 있고 장군석을 지나 동굴전시관에 도착하시면 석화, 곡석 그리고 동굴 내 서식하는 생물들을 가까이에서 촬영한 사진들이 전시되어 있습니다.

동화의 나라   역사의장

곡석: 동굴생성물 중에 가장 아름답고 경이로운 생성물 중의 하나입니다. 동굴 생성물 은 대부분 천정에서 떨어지는 물이나 벽면을 따라서 흐르는 물에 의하여 생성되기 때문에 자라는 모양들이 수직 방향이지만 곡석은 벽면, 천정 바닥 등 모든 방향으로부터 주변 환경에 의하여 성장함으로 뒤틀린 모양으로 성장한 것을 말합니다.

곡석

모암(성충을 가지고 있는 석회암): 이 동굴을 배태하고 있는 모암인 석회암이 앞쪽에 관찰됩니다. 이 모양을 자세히 살펴보면 선상으로 종유관이 성장하고 있는 것을 볼 수 있습니다.

모암

석화와 곡석

석화와 곡석: 벽면을 따라 수cm 정도로 꼬불꼬불하게 성장하고 있는 동굴 생성물 을 곡석. 곡석과함께 백색의 석화와 종유석도 아름답게 성장하고 있으며 백색을 띠는 것은 화암동굴 생성물이 최근에 성장 하였고, 지하수 성분이 매우 순수하였음을 알 수 있습니다.

용식공

용식공: 이것은 과거에 지하수가 흐르면서 석회암을 녹인 흔적입니다. 구멍의 바로위를 보면 작은 틈이 있으며, 이 틈을 절리라고 합니다. 이 절리 면을 따라 공급된 지하수에 의해 석회암이 녹으면서 작은 동굴이 형성된 것입니다.

잣송이

대형석주: 천장에서 성장하던 종유석과 바닥에서 성장하던 석순이 합쳐진 형태입니다.
일반적으로 석순은 약 1,000년에 1~6cm 정도 자라는 것으로 알려져 있습니다. 그러나 그 성장 속도는 매우 다양합니다.

대형석주

잣송이(석순): 석순의 모양은 모두 특이한 형태를 보여주어 자연의 복잡하고 심오한 현상들을 느낄 수 있습니다.

5. 소금강

강원도 정선군 화암면 몰운리 산109-1

소금강(小金剛)은 몰운리에서 화암리까지 흐르는 계곡을 따라 기암절벽이 즐비해있는데 마치 금강산을 닮았다 하여 소금강이라 이름 붙여졌습니다. 소금강 주변에 수직 또는 수평방향의 절리가 발달해 있는데 물리적 풍화·침식 작용이 주로 수직방향의 절리에 영향을 미치면서 절벽을 형성하게 되었다. 또한 이 절벽은 규암이나 사암과 같이 화학적 풍화를 덜 받는 석영으로 구성되어 있기 때문에 풍화에 의한 흙이 잘 형성되지 않아 깎은 듯한 절벽을 유지하고 있습니다.

소금강을 따라 멋진 절벽이 생기는 이유는 무엇일까?

소금강을 따라 분포하는 암석은 주로 하부고생대의 퇴적암류인 사암(장산층)으로 이루어져 있습니다. 이 사암은 많은 열과 힘을 받아 거의 규암으로 변한 상태입니다. 암석이 지표면에 나오게 되면 비가내리고 식물이 자라서 흙으로 변하게 되는데, 이것을 화학적 풍화라고 합니다.

규암이나 사암은 대부분 석영으로 이루어져 있고, 석영은 화학적 풍화를 받아도 다른 광물이 변하지 않아서 토양(흙)이 잘 만들어지지 않습니다. 이 지역은 이렇게 석영으로만 이루어진 암석으로 되어 있어서 토양으로 변해 흘러내리지 않기 때문에 절벽을 이루고 있는 것입니다.

수직절리

테일러스

가파른 낭떠러지 밑이나 경사진 산허리에 고깔(talus)모양으로 쌓인 흙모래나 돌 부스러기로써 우리나라가 빙하기일 때 바위가 얼었다 녹았다를 반복하면서 깨진 모난 돌들이 오랜 시간동안 사면을 따라 쌓여 있는 것입니다.

테일러스

그림바위

이 바위는 높이 50m, 길이 150m로 한폭의 그림과 같다 하여 화암(畵岩), 즉 그림바위라고 하였으며 마을 이름도 화암리 라고 합니다.

바위형상은 그림을 그린 병풍과 같고 마주보는 신선대의 바람막이로서 둘러 친 듯이 펼쳐져 있습니다.

신선바위에서 정면으로 바라보면 한 마리 커다란 공룡이 가로로 엎드려 이 고장의 흥망성쇠를 말하여 주는 듯 바위 꼬리 부분에는 미련한 곰바위가 암석을 굳게 지키고 있어, 오늘날 이 지역이 날로 번창할 수 있는 원천적 뿌리가 되었다고 합니다.

그림바위

신선대

몰운대

화표주

6. 동강

강원도 정선군 신동읍 덕천리 산158

동강은 강원도 정선군, 평창군, 영월군 등 3개 군을 걸쳐 흐르며, 남한강과 한강을 흘러 황해로 빠져 나갑니다. 지형적으로 구불구불한 형태로 흐르는 하천(감입곡류)입니다.

동강을 따라 절벽과 단단하지 않은 모래나 진흙 등이 쌓여 주변 바닥보다 볼록하게 튀어나온 모래톱, 융기와 침식의 반복으로 만들어진 계단형태의 지형인 하안단구 등이 나타납니다.

또한 동강에 발달한 절벽(단애), 자갈로 퇴적된 지역(자갈톱), 홍수가 나면 물이 넘쳐서 흘러가는 지역(범람원), 그리고 여러 형태의 석회동굴 등 다양한 지형을 가지고 있습니다.

그 밖에 동강에는 쉬리, 버들치, 원앙, 동강할미꽃 등을 포함해 많은 천연기념물 및 희귀동식물이 서식하는 생태계의 보고로도 알려져 있습니다.

병방산 전망대에서 본 감입곡류 하천(한반도 지형)

동강은 우리나라에서 감입곡류의 형태로 흐르는 대표적인 하천입니다. 감입곡류란 하천이 흐르는 지역이 융기되거나 하천이 계속 아래를 깎으면서 흐를 때 자유로운 방향으로 구불구불한 형태를 보이면서 아래를 깊게 파서 만들어진 하천입니다.

한반도지형을 자세히 보면 하천이 흐르는 바깥쪽은 하천이 빠르게 흐르기 때문에 주변의 암석을 깎아서 절벽이 생기는 곳이며, 하천의 안쪽에는 물이 천천히 흘러서 모래가 쌓인 것입니다. 하천이 점점 옆쪽으로 암석을 깎아서 넓어지면서 이와 같은 한반도 모양이 가운데 생긴 것입니다.

병방산(한반도 지형)

감입곡류

층리: 퇴적암은 바다나, 호수, 강과 같은 곳에 차곡차곡 쌓이기 때문에 수평적인 면이 만들어지는 데 이것을 층리면 이라고 합니다.

층리   층리(모식도)

습곡: 지층이 휘어지면서 주름이 생긴 지질구조를 말하는데 이런 형태가 형성되기 위해서는 양쪽에서 미는 힘인 횡압력(양쪽에서 안쪽 으로 미는힘) 이 작용해야 합니다.
구불 구불한선이 위로 볼록하면 배사, 아래로 볼록하면 향사라고 합니다.

습곡   습곡(모식도)

포인트바: 하천은 여러형태로 흐르지만 보통 뱀처럼 구불구불하게 흐릅니다. 이것을 사행천,혹은 곡류하천이라고 합니다. 구불구불하게 흐르는 하천은 옆에서 보면 물이 흐르는 속도가 다릅니다. 멀리 돌아가는 부분의 물의 속도가 가장 빠르고, 가장 안쪽으로 흐르는 물의 속도가 가장 늦습니다. 따라서 빠르게 흐르는 바깥쪽은 암석을 깍아서 절벽을 만들고(하식애), 천천히 흐르는 안쪽에서는 모래나 자갈이 쌓이게 되는 것입니다.(포인트바)

모래톱   동강 주변의 모암에 발달하는 하식애와 포인트바

6. 동강   313

층리가 발달한 퇴적암

지구상에 있는 암석은 뜨거운 마그마나 용암이 식어서 만들어진 화성암, 바다나 강에서 퇴적물이 차곡차곡 쌓여서 만들어진 퇴적암, 그리고 이미 있던 암석이 뜨거운 열이나 큰 압력을 받아 다른 암석 으로 변하게 된 변성암이 있습니다. 이중에서 퇴적암은 퇴적물이 편평하게 쌓여서 만들어지기 때문에 수평 방향으로 선이 생깁니다. 이러한 것을 층리면이라고 하고 층리면은 암석을 이루는 입자의 크기가 달라지거나 성분, 혹은 입자의 배열이 달라질 때 보통 만들어집니다.

퇴적암

석회동굴

이 지역은 약 5억 5천만년~4억 5천만년전(캄브리아기-오르도비스기) 동안 바다에서 쌓였던 퇴적암(조선누층근)중의 하나인 석회암지대로 빗물이 내리면서 지표면이나 얕은 지하수에서 녹아 동굴이 만들어지게 됩니다. 특히 지하수 근처에서 녹을 경우 이렇게 타원형태의 보양을 보입니다.

석회동굴

나란히 있는 작은 타원 형태의 동굴 옆으로 보면 절리가 보이는데 이 동굴들은 절리를 따라 만들어 진 것 입니다. 이러한 절리면 을 따라 물이 잘 통과 하기 때문에 여러 개의 동굴이 나란히 만들어 지는 것입니다.

절리(면)

인편구조

우리는 보통 하천물이 천천히 흐른다고 생각합니다. 하지만 많은 양의 비가 오면 계곡의 물이 갑자기 불어나게 되고 아주 빠르게 흐릅니다. 이렇게 빠른 하천의 물은 아주 큰 자갈들도 움직이게 하는데, 빠른 속도의 물에 의해 구르는 자갈은 서로 부딪쳐서 표면이 동글동글하게 깍이고 물이 흐르는 방향으로 자갈 하나하나가 서로 겹치면서 낮게 놓이게 되는데 이것을 인편구조라고 합니다.

물의 흐름 방향과 인편구조

개바우(효자강아지)

동강(할미꽃)

민물 가마우지

*동강 할미꽃- 평창 백룡동굴 근처에서도 보실 수 있습니다.

경북 동해안 국가지질공원

경상북도 동해안을 따라 위치한 경주, 포항, 영덕, 울진의 아름답고 희소성 있는 지질·지형 유산을 보존 및 활용하고자 조성된 경북 동해안 지질공원은 동해의 발달과 연관되어 나타나는 다양한 지질·지형 명소들을 보유하고 있습니다.

동해의 형성

동해는 유라시아 대륙과 붙어있던 일본이 떨어져 나가 열린 자리에 해수가 채워져 만들어졌으며, 신생대 중기 말 현재의 모습이 완성되었습니다. 동해의 형성 원인과 그 양상에는 현재에도 다양한 가설이 제기되며 활발한 연구가 이루어지고 있어, 이곳은 세계 연구자들에게 꾸준한 관심을 받고 있습니다. 따라서 동해는 지질학적으로 매우 희소한 학술적 가치를 지닌다고 할 수 있습니다.

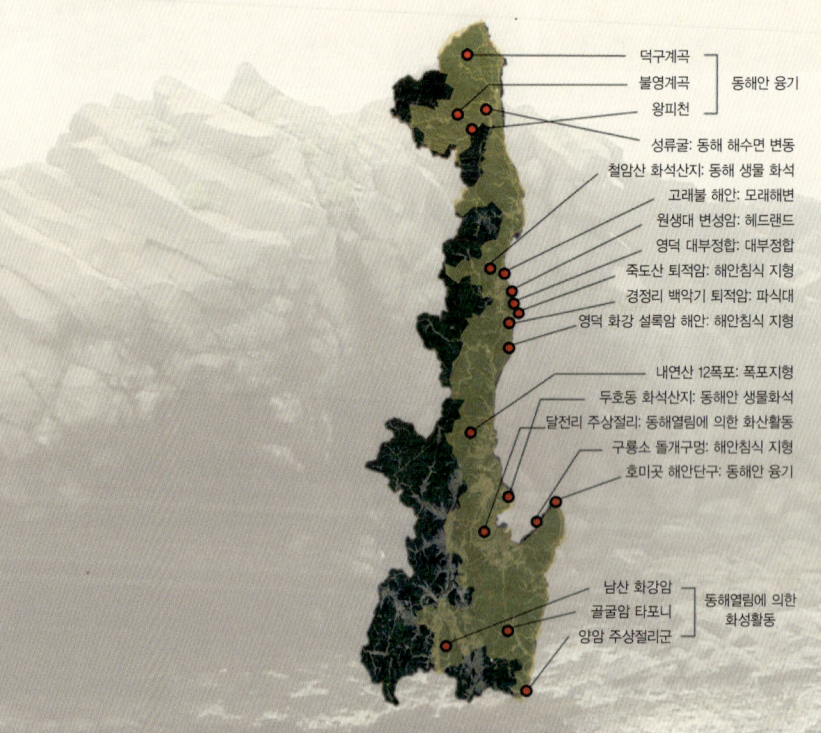

○ **경주시**
(양남 주상절리군)

○ **포항시**
(구룡소)

○ **영덕군**
(경정리 백악기 퇴적암)

○ **울진군**
(성류굴)

양남 주상절리군

경주시

포항의 남쪽에 위치하는 경주시도 젊은 연령 분포(약 5400만 년-약 2000만 년)를 보이는 암석과 관련된 3개소의 지질·지형 명소(남산 화강암, 골굴암 타포니, 양남 주상절리군)가 있고, 경주는 신라의 천년고도로서 수많은 역사문화유산을 지닌 도시이며, 지질·지형 유산과 조화를 이루고 있는 신라인의 문화를 발견할 수 있습니다.

○ 양남
(주상절리군)

○ 골굴암
(타포니)

○ 남산
(화강암)

골굴암 타포니

1. 양남 주상절리군(천연기념물 제536호)

경북 경주시 양남면 읍천리 405-2

양남 주상절리군은 경주시 양남면에 위치하며, 동해안을 따라 발달한 주상절리군 입니다.

주상절리는 주로 현무암과 같은 화산암에서 형성되는 육각기둥 모양의 돌기둥을 의미하며, 주상절리 명소로 유명한 제주도 중문 주상절리나 광주의 무등산 주상절리는 위로 솟은 주상절리이나, 이 곳 양남 주상절리군을 이루는 주상절리들은 1.7km 정도의 짧은 해안 사이에 부채꼴 주상절리, 누워있는 주상절리, 기울어진 주상절리, 위로 솟은 주상절리 등 다양한 모양을 가지는 주상절리들이 모여 있습니다.

이 중에서도 특히 둥글게 펼쳐진 형태의 부채꼴 주상절리는 세계적으로 유래를 찾기 힘든 사례이며, 이들의 형성과정에 대해서도 아직 밝혀진 바 없어 많은 지질학자들의 관심을 받고 있습니다.

주상절리군

양남주상절리군을 이루는 현무암은 한반도와 붙어있던 일본이 잡아당기는 힘으로 떨어져 나가면서 동해가 형성되었을 때 만들어졌고, 잡아당기는 힘은 양남주상절리군 일대에도 영향을 주어 땅이 벌어지게 되었고, 벌어진 틈으로 땅 속 깊은 곳에 있던 마그마가 솟아오르면서 일어난 화산활동으로 현무암이 만들어진 것입니다.

 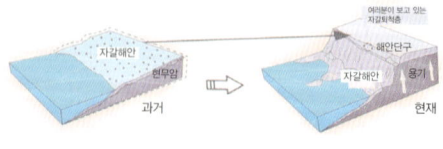

경주 양남 주상절리 자갈퇴적층

부채꼴(방사형) 주상절리

기울어진 주상절리

누워있는 주상절리

위로 솟은 주상절리

광주입석대 주상절리

제주 중문 주상절리

2. 골굴암 타포니

경북 경주시 양북면 안동리 595

골굴암은 경주시 양북면에 위치한 국내 최초의 석굴사원으로, 6세기 무렵 인도에서 온 광유선인 일행이 이곳에 있던 자연굴(타포니)을 이용하여 만든 것으로 알려져 있습니다.

골굴암 일대에 분포하는 안산암질 응회암은 한반도와 붙어있던 일본이 잡아당기는 힘으로 떨어져 나가면서 동해가 형성되었을 때 만들어졌는데, 잡아당기는 힘은 골굴암 일대에 영향을 주어 땅이 벌어지게 되었고, 벌어진 틈에 주변에 있던 화산퇴적물이 쌓이면서 안산암질 응회암이 만들어진 것으로, 이 암석은 비바람에 비교적 약해서 보다 쉽게 깎여 나가는 성질을 가지고 있습니다. 이 암석이 비바람에 깎여나갈 때 암석에 포함된 크고 작은 암석덩어리들이 빠져나간 자리가 수많은 구멍들을 만들었고, 이 구멍들은 신생대 제 4기의 간빙기와 빙하기가 교차하던 시기에 점점 더 커지게 되었는데, 이러한 구멍들이 다수 발달한 것을 타포니라고 합니다.

골굴암은 이러한 타포니 동굴을 다듬어서 석실을 만들고 불상을 배치한 석굴로써, 이는 단단한 화강암이 많은 우리나라에서는 매우 특이하며, 여기서 신라인들이 암석의 특성을 잘 이해하고 있었다는 점을 알 수 있습니다. 이렇듯 골굴암은 자연적으로 발달된 타포니와 신라인들의 불교문화가 조화를 이룬 가치 있는 명소입니다.

광유선인
6세기 무렵 인도에서 와 함월산에 정착한 인도 스님으로 골굴사 이외에도 기림사를 창건하였습니다.

경주 골굴암 마애여래좌상(보물 제581호)
이 불상은 골굴암 주 존불로 동남쪽을 향한 암벽의 약 4m 높이에 새겨져 있습니다.

높다란 상투 모양의 머리와 뚜렷한 얼굴, 가는 눈, 작은 입, 좁고 긴 코의 독특한 이목구비(耳目口鼻)와 얼굴 전체에 웃음을 띤 형태 등은 형식화가 진행된 9세기 신라불상의 특징을 잘 나타내고 있고, 광배(불상의 머리나 몸체 뒤쪽에 있는 원형 또는 배 모양의 장식물)는 불꽃무늬로 장식되어 있습니다

마애여래좌상(보물 제581호)

여러 형태의 타포니 지형

3. 남산 화강암

경북 경주시 배동 산72-6

경주시의 남쪽에 위치한 남산은 금오봉(약 468m)과 고위봉(약 494m)을 중심으로 한 긴 타원형의 화강암 바위산입니다. 화강암은 석재로 흔히 쓰이는 대리암이나 석회암에 비해 단단하고 비와 바람에 잘 깎여나가지 않는 특성 때문에 경주 남산의 수많은 문화재들이 오랜 시간 동안 잘 보존된 것은 화강암의 이러한 특성 덕분이라 할 수 있습니다. 그 뿐만 아니라 남산 화강암은 신라 문화를 대표하는 문화재로 손꼽히는 석가탑과 다보탑을 만들 때도 쓰였기 때문에 신라인들이 남산 화강암을 문화재의 재료로 많이 사용하였다는 것을 알 수 있습니다.

신라인들은 남산의 바위절벽을 이용하여 남산 문화재 중 으뜸으로 꼽히는 마애삼존불좌상, 선각여래좌상, 마애석가여래좌상과 같은 불상들을 만들었는데, 이러한 바위 절벽은 남산 화강암에 흔히 잘 발달하는 수직 틈에 의해서 자연적으로 형성된 것입니다. 다른 화강암들보다 남산에 분포하는 화강암이 특히 수직 틈을 많이 가지는 이유는 아주 오래 전 이 지역에 단층활동이 일어났기 때문으로 추정됩니다.

용장사지 마애여래좌상(보물 제913호)

용장사지 마애여래좌상(보물 제913호)
용장사는 조선 세조 때 김시습이 우리나라 최초의 한문 소설인 금오신화를 지은 곳이며, 이곳 능선 위에 용장사터 3층석탑이 있고, 이 마애불 바로 앞에는 삼륜대좌불이 있습니다.

이 불상은 자연암벽을 이용하여 조각되었는데, 머리 둘레의 두광과 몸 둘레의 신광은 2줄의 선으로 표현하였고, 얼굴은 풍만하고 머리는 나선형 머리카락을 표현하였으며, 귀는 눈에서 목까지 상당히 길게 표현하였고, 목에는 삼도가 뚜렷하고, 옷의 주름선은 얇고 촘촘한 평행선으로 섬세하게 표현되었는데 오른쪽 어깨와 왼쪽 어깨를 동시에 걸치고 있고 가슴부분에도 역시 속옷을 비스듬한 모양으로 섬세하게 표현 하였습니다.

삼릉계곡 선각육존불 (경북 유형문화재 제21호)

이 불상은 남산에서 드물게, 선각으로 된 여섯 분의 불상이 두 개의 바위면에 새겨져 있습니다.

경주 남산 칠불암 마애불상군 (국보 제321호)

가파른 산비탈을 평지로 만들기 위해서 동쪽과 북쪽으로 높이 4m 가량되는 돌축대를 쌓아 불단을 만들고 이 위에 사방불(四方佛)을 모셨으며, 1.74m의 간격을 두고 뒤쪽의 병풍바위에는 삼존불(三尊佛)을 새겼습니다.

삼존불은 중앙에 여래좌상을 두고 좌우에는 협시보살입상을 배치하였으며, 화려한 연꽃위에 앉아 있는 본존불은 미소가 가득 담긴 양감있는 얼굴과 풍만하고 당당한 자세를 통해 자비로운 부처님의 힘을 드러내고 있고, 왼쪽 어깨에만 걸치고 있는 옷은 몸에 그대로 밀착되어 굴곡을 실감나게 표현하고 있습니다. 손은 오른손을 무릎 위에 올려 손끝이 땅을 향하게 하고 왼손은 배부분에 대고 있는 모습입니다.

삼릉계곡 선각육존불(경북 유형문화재 제21호)

좌·우 협시보살은 크기가 같으며, 온몸을 부드럽게 휘감고 있는 옷을 입고 있고, 삼존불 모두 당당한 체구이며 조각수법이 뛰어나며, 다른 바위 4면에 새긴 사방불도 화사하게 연꽃이 핀 자리에 앉아 있는 모습으로 방향에 따라 손모양을 다르게 하고 있습니다.

경주 남산 칠불암 마애불상군(국보 제321호)

원래 불상이 들어 앉을 공간을 만들고 그 안에 모셨을 것으로 추정되며, 현재도 이곳 주변에서 당시의 구조물을 짐작케 하는 기와조각들이 발견되고 있습니다. 조각기법 및 양식적 특징으로 미루어 보아 이 칠불은 통일신라시대인 8세기에 만들어진 것으로 여겨집니다.

경주 남산 용장사곡 석조여래좌상

경주 남산 전역에서도 손꼽히는 큰 사찰이었던 용장사터를 내려다보는 곳에 위치하고 있습니다.
머리 부분은 없어졌고 손과 몸체 일부가 남아 있는데 대좌에 비해서 불상은 작은 편이며, 어깨는 적당하고, 전반적으로 볼륨이 강조되지 않은 현실적인 체구로 어떤 승려의 자세를 보고 만든 것으로 보입니다. 불상이 입고 있는 옷은 양 어깨를 모두 감싸고 있으며, 옷자락이 대좌(臺座) 윗부분까지 흘러 내리는데, 마치 레이스가 달린 것처럼 사실적으로 표현되어 있으며, 대좌는 자연기단 위에 있는 특이한 3층탑이라 생각될 만큼 특이한 원형(圓形)인데, 맨 윗단에는 연꽃무늬를 새겨 놓았습니다.

이 석불은 특이한 대좌 뿐 아니라 석불 자체의 사실적 표현이 작품의 격을 높여주며, 『삼국유사』에서 보이는 유명한 승려 대현(大賢)과 깊이 관련되어 있는 유명한 불상으로, 대현의 활동 기간에 제작되었다고 보아 8세기 중엽에 만들어진 것으로 추정됩니다.

용장사곡 석조여래좌상

용장사곡 삼층석탑(보물 제186호)

4. 경주 감은사지 동·서 삼층석탑(국보 제112호)

감은사터 넓은 앞뜰에 나란히 서 있는 쌍탑으로, 2단의 기단(基壇) 위에 3층 탑신(塔身)을 올린 모습으로, 서로 같은 규모와 양식을 하고 있으며, 옛신라의 1탑 중심에서 삼국통일 직후 쌍탑가람으로 가는 최초의 배치를 보이고 있습니다.

감은사는 삼국을 통일한 문무왕이 새 나라의 위엄을 세우고, 당시 틈만 나면 동해로 쳐들어 오던 왜구를 부처의 힘으로 막아내어 나라의 안정을 도모하고자 세운 절로, 동해 바닷가인 이 곳에 터를 잡았고, 문무왕은 생전에 절이 완성되는 것을 보지 못하고, 그 아들인 신문왕이 아버지의 뜻을 이어받아 즉위 이듬해인 682년에 완공하였습니다. 이러한 호국사상은 탑에도 이어져 장중하고 엄숙하면서도 기백이 넘치는 탑을 필요로 하게 되었습니다.

이 탑의 가장 큰 특징은, 각 부분들이 하나의 통돌로 이루어진 것이 아니라 여러개의 부분석재로 조립되었다는 것이며, 탑을 세운 시기는 신문왕 2년(682)으로, 1960년 탑을 해체 수리할 때 서쪽 탑 3층 몸돌에서 금동 사리기(보물)와 금동 사리외함(보물)이 발견되었고, 경주에 있는 삼층석탑으로는 가장 거대하며, 동해를 바라보는 높은 대지에 굳건히 발을 붙이고 하늘을 향해 높이 솟아오른 모습은 실로 한국석탑을 대표할 만합니다.

포항시

영덕의 남쪽에 위치하는 포항시에는 대부분 영덕보다 젊은 연령(약 6700만 년-약 1400만 년) 의 암석과 관련된 5개소의 지질·지형 명소(내연산 12폭포, 두호동 화석산지, 달전리 주상절리, 구룡소 돌개구멍, 호미곶 해안단구)가 있고, 포항은 산업화가 급속히 이루어진 도시이지만 근·현대 문화와 지질·지형 유산 간의 공존을 모색하고 있습니다.

○ **구룡소**
(돌개구멍)

○ **달전리**
(주상절리)

○ **두호동**
(화석산지)

○ **호미곶**
(해안단구)

○ **내연산**
(12폭포)

내연산 12폭포

1. 구룡소 돌개구멍

경북 포항시 남구 호미곶면 대동배리 산93-7

구룡소 돌개구멍은 바닷가에 위치한 연못 형태의 지형으로 아홉 마리의 용이 살다가 승천하였다고 하여 붙여진 이름입니다.

전설 속 아홉 마리의 용이 살았던 연못은 구룡소 지역 곳곳에 남아있으며, 이것은 사실 머린포트홀(해안형 돌개구멍)으로, 머린포트홀은 파도를 따라 자갈이 움직이면서 집괴암을 깎아 만든 접시 모양의 구조이며, 이곳에 바닷물이 채워지면서 연못처럼 보이게 된것입니다.

이곳의 몇몇 머린포트홀은 바다와 연결된 뚫린 형태여서 바닷물이 머린포트홀을 통해 땅 위로 뿜어지는 것을 종종 볼 수 있는데, 이는 구룡소 전설 속의 용트림을 연상케 합니다.

또한 구룡소에서는 파도에 의해 육지가 깎여 평평하게 만들어진 파식대지와 타포니를 볼 수 있으며, 집괴암에 박혀있던 돌조각들이 빠져나가고 남은 구멍에 소금알갱이가 들어오면 주변 암석을 깎아 더 큰 구멍을 만들게 되는데, 이러한 큰 구멍들이 모여 마치 벌집처럼 보이는 지형을 타포니라고 합니다.

돌개구멍

머린포트홀(해안형 돌개구멍): 바닷물에 의해 움직이는 자갈에 의해 움푹 팬 지형입니다.

집괴암: 화산에서 분출한 다양한 크기와 형태의 돌과 용암이 쌓여서 만들어진 암석을 말합니다.

현무암질 집괴암

여러 형태의 지질 지형

타포니

현무암질 용암

풍화혈

파식대지

구룡소

갯메꽃

빙혈

장군바위

*주차 후 해안가를 따라 좌측으로 200m 정도 가시면 됩니다.

2. 달전리 주상절리(천연기념물 제415호)

경북 포항시 남구 연일읍 달전리 산19-3

달전리 주상절리는 포항시 남구 연일읍 달전리에 위치하며, 높이 약 20m, 길이 약 100m의 큰 규모입니다. 주상절리는 주로 현무암과 같은 화산암에서 형성되는 육각기둥 모양의 돌기둥을 의미합니다. 달전리 주상절리는 지질명소로 많이 알려져 있는 제주도 중문 주상절리, 광주의 무등산 주상절리처럼 위로 솟은 주상절리이며, 뚜렷한 육각기둥이 잘 발달한 이곳에서는 용암이 식어 주상절리가 되는 과정을 확인할 수 있습니다. 또한 달전리 주상절리의 현무암은 한반도와 붙어있던 일본이 잡아당기는 힘으로 떨어져 나가면서 동해가 형성되었을 때 만들어졌고, 잡아당기는 힘은 이 곳 달전리에도 영향을 주어 땅이 벌어지게 되었고, 벌어진 틈을 따라 땅 속 깊은 곳에 있던 마그마가 솟아오르면서 일어난 화산활동으로 현무암이 만들어진 것입니다. 따라서 달전리 주상절리는 주상절리 그 자체뿐만 아니라 동해열림의 환경을 알려준다는 점에서 지질학적 가치가 높습니다.

1. 주상절리 표면이 육각형인 이유

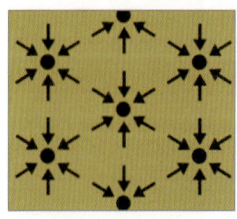  

뜨거운 용암이 보다 차가운 면과 만나 식을 때, 수많은 지점(수축점)을 중심으로 수축하게 됨.

서로 다른 지점에서 수축하는 힘은 수축점 사이를 서로 반대방향으로 잡아당겨 갈라지게 함.

갈라진 틈들이 더욱 벌어져 서로 이어지고 가뭄에 갈라진 논바닥같이 갈라짐.

2. 돌기둥들이 만들어지는 이유

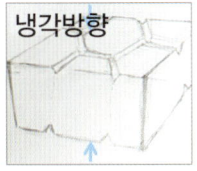 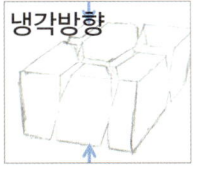 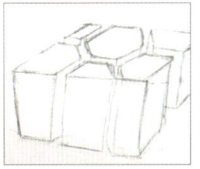

용암이 공기와 만난 윗부분과 땅과 만난 아랫부분이 수축하면서 갈라지기 시작함.

용암이 점점 식어가면서 갈라진 틈들은 용암 내부로 성장하게 됨.

용암 내부로 성장한 틈들이 만나 이어지게 되면 기둥모양의 주상절리가 만들어짐.

위로 솟은 주상절리

*학전 마을회관을 지나서 가시다 보면 다리가 나오는데 그곳에 주차하시면 됩니다.

3. 두호동 화석산지

경북 포항시 북구 환호동 7-2

두호동 화석산지는 환호공원 해안도로 옆의 이암 사면에 분포하며, 신생대 제 3기(약 2200만 년 전)에 살았던 고생물들의 화석을 간직하고 있는 명소로써, 두호동 화석산지는 영덕의 철암산 화석산지와 더불어 우리나라에서 동해가 형성된 시기의 바다 생물이 화석으로 산출되는 곳이기 때문에 당시 동해 환경을 파악할 수 있는 중요한 연구지로 꼽히고 있습니다. 두호동 화석산지에서 산출되는 화석은 한반도와 붙어있던 일본이 잡아당기는 힘으로 떨어져 나가면서 동해가 형성되었을 때 만들어졌고, 이곳에도 잡아당기는 힘이 영향을 주어 땅이 벌어지게 되었고, 벌어진 틈을 따라 주변에 있던 퇴적물들이 이곳에 살고 있던 생물들을 빠르게 덮으면서 화석이 만들어지게 된 것입니다.

화석

*환호공원에 주차 후 등산로 이용.

4. 호미곶 해안단구

경북 포항시 남구 호미곶면 대보리 234-14

호미곶 해안단구는 포항시 남구 호미곶면에 위치한 계단 모양의 지형으로, 예로부터 이곳은 한반도를 호랑이에 비유하였을 때 호랑이 꼬리에 해당하는 천하제일의 명당으로 알려져 있으며, 최근에는 한반도에서 가장 먼저 해가 떠오르는 일출 명소로 각광받고 있습니다.

호미곶 해안가에 서서 육지 쪽을 바라보면 바다와 육지를 연결하는 계단 모양의 해안단구를 관찰할 수 있는데, 해안단구는 주로 동해안 남부에서 잘 관찰되며, 그 중에서도 특히 호미곶 일대의 해안단구는 다른 곳보다 평평한 땅(단구면)이 잘 구분되는 우리나라의 대표 해안단구로 손꼽히고 있습니다. 호미곶 해안단구는 4개의 단구면으로 이루어져 있으며, 첫 번째 단구면은 현재 해안선과 같은 높이에 위치하여 파도에 의해 계속 깎여나가고 있고, 두 번째 단구면은 주로 도로와 여러 건물들이 위치하고 있으며, 세 번째 단구면과 네 번째 단구면은 호미곶 주민들의 농경지로 이용되고 있습니다. 이러한 호미곶 해안단구는 동해가 열리면서 만들어진 해안이 융기하면서 만들어졌으며, 동해가 만들어진 후 현재까지 있었던 동해 해수면 변동과 지각 운동을 기록하고 있는 소중한 장소입니다.

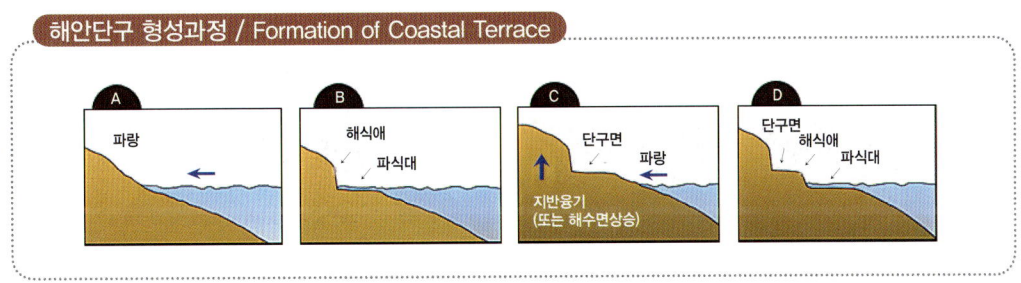

해안단구 형성과정 / Formation of Coastal Terrace

5. 내연산 12폭포

경북 포항시 북구 송라면 중산리 산97

경북 8경 중 하나로 꼽히는 내연산은 약 14 km에 이르는 계곡을 따라 다양한 형태를 가진 12개의 폭포가 발달하는 곳으로 하나의 계곡에 이처럼 여러 개의 폭포가 발달하는 경우는 매우드문 경우입니다. 특히 무풍, 관음, 연산폭포(제 5~7폭포)는 기암 절벽이 병풍처럼 둘러선 곳에 웅장하게 발달하고 있으며, 겸재 정선이 그린 '내연삼용추도(內延三龍湫圖)'의 배경이 되었습니다. 내연산의 바위는 모두 화산재가 굳은 암석으로 이루어져 있는데, 이곳의 다양한 폭포들은 이러한 암석에 발달한 틈의 영향을 받아 형성되었습니다. 바위의 틈은 암석이 일정한 방향의 힘을 받아 깨어질 때 만들어지며, 이곳에서는 대부분 수직과 수평 방향을 보이고 있습니다. 이러한 틈을 따라 암석이 블록 모양으로 떨어지는 경우 절벽이나 계단 형태의 지형이 만들어지고, 그 위로 물이 흐르면 다양한 형태의 폭포가 만들어질 수 있습니다.

폭포는 다른 다양한 지형들을 만들기도 하는데, 폭포 아래의 물웅덩이인 폭호는 떨어지는 폭포수에 의해 폭포 아래의 암석이 움푹 깎여 만들어지고, 폭포 뒤에 발달한 특이한 동굴인 관음굴은 바위 벽의 틈 속으로 스며든 물에 의해 약해진 암석이 깎이면서 만들어졌습니다.

겸재 정선: 산천을 배경으로 하는 사실적인 그림을 그리는 진경산수화를 개척한 조선후기의 화가로 대표적인 작품에는 '인왕제색도'가 있습니다.

보현폭포   상생폭포   절리

연산폭포

관음폭포

관음굴

하식동(동굴)

보경사
보경사는 신라 25년(602) 진나라에서 유학하고 돌아온 대덕 지명(智明)에 의하여 창건되었다고 전합니다.

원진국사의 탑비(보물 제252호)

보경사에 있는 고려 중기의 승려 원진국사의 탑입니다.
원진국사(1171~1221)는 13세에 승려가 되어 명산을 두루 돌아다니며 수도를 하기도 하였고, 왕의 부름으로 보경사의 주지가 된 후, 51세로 입적하자 고종은 그를 국사(國師)로 예우하고, 시호를 '원진'이라 내리었습니다.

비는 거북받침돌 위로 비몸을 세운 간결한 모습으로, 비몸 윗부분의 양 끝을 접듯이 잘라 놓았는데, 이러한 모습은 당시에 유행하던 양식이며, 넓다란 바닥돌과 하나의 돌로 이루어진 거북받침돌은 여의주를 물고 있는 용머리를 하고 있으며, 등에는 6각형의 무늬마다 '왕(王)'자를 질서정연하게 새겨놓았으며, 등 중앙에는 연꽃을 둘러 새긴 네모난 받침대를 조각하여 비몸을 끼워두게 하였습니다. 비몸의 둘레에는 덩굴무늬가 장식되어 있는데 이 역시 고려 중기의 특색이라 할 수 있습니다.

비문에는 원진국사의 생애와 행적이 기록되어 있으며, 글은 당시의 문신이었던 이공로가 지었고, 김효인이 글씨를 썼습니다. 비문에 의하면, 비가 완성된 것은 고종 11년(1224)으로 원진이 입적한 지 3년 후의 일입니다.

보경사 승탑(보물 제430호)

보경사 뒷산의 중턱에 서 있는 묘탑으로, 원진국사의 사리를 모셔두고 있습니다. 원진국사 신승형(申承逈)은 고려 중기의 승려입니다.

원진국사의 탑비(보물 제 252호)

기단부(基壇部)의 아래·중간·윗받침돌 가운데 3단으로 이루어진 8각 아래받침돌은 맨윗단에만 연꽃조각이 둘러져 있고, 중간받침돌은 8각의 모서리마다 기둥모양의 조각을 새겨두었습니다. 윗받침돌에는 솟은 연꽃무늬를 새겼는데, 꽃잎의 끝이 뾰족하고 중앙의 세로선이 볼록하게 돌출되어 당시로서는 드문 모습입니다.

탑신(塔身)은 몸돌이 매우 높아 마치 돌기둥처럼 보이며, 한 면에만 자물쇠 모양을 새겨놓았고, 지붕돌은 낙수면의 경사가 느리고, 모서리에서 뻗어나가는 곡선의 끝마다 꽃장식이 조그맣게 솟아있으며, 처마의 곡선은 양쪽 끝에서 가볍게 들려있고, 추녀는 두터워 보입니다.

지붕돌 위의 머리장식으로는 활짝 핀 연꽃받침 위에 복발(覆鉢: 엎어놓은 그릇모양의 장식)을 올리고, 연꽃조각이 새겨진 돌을 놓은 다음, 보주(寶珠: 연꽃봉오리모양의 장식)를 얹어서 마무리 하였는데 보존이 잘 되어 원래의 모습을 잘 알 수 있습니다.

보경사 승탑(보물 제430호)

*내연산 12폭포는 보경사 경내를 지나서 계곡을 따라 올라가시면 됩니다. 왕복 약 3시간 정도 소요됩니다.

영덕군

울진의 남쪽에 위치하는 영덕군에는 가장 넓은 연령 분포(약 20억 년-약 2300만 년)를 보여주는 암석과 관련된 7개소의 지질명소(철암산 화석산지, 고래불 해안, 원생대 변성암, 영덕 대부정합, 죽도산 퇴적암, 경정리 백악기 퇴적암, 영덕 화강섬록암 해안)가 있고, 영덕군의 지질명소들은 대부분 해안과 접하고 있어 동해안에서 나타나는 여러 지형을 잘 드러내고 있습니다.

○ 죽도산
(퇴적암)

○ 경정리
(백악기 퇴적암)

○ 원생대
(변성암)

○ 영덕
(대부정합)

○ 고래불해안

○ 철암산
(화석산지)

○ 영덕
(화강섬록암 해안)

경정리 백악기 퇴적암

1. 죽도산 퇴적암

경북 영덕군 축산면 산106-2

죽도산은 조선시대까지만 해도 육지와 동떨어져 있는 섬이었으며, 섬이 거의 발달하지 않는 동해안에서 특별한 의미를 지녀왔습니다. 이러한 죽도산은 시간이 지남에 따라 모래둔덕이 점점 쌓이면서 육지와 연결된 육계도가 되었는데, 특히 강 하구의 모래가 쌓여 만들어진 육계사주는 우리나라에서 흔하지 않은 지형으로, 비록 일제의 매립공사에 의해 원형이 파괴되었으나 생성 당시의 전체적인 형태는 보존되어있습니다.

죽도산은 과거(약 1억 년 전)의 모래와 진흙, 자갈로 만들어진 암석으로 되어 있어 퇴적암 과의 관련이 매우 깊은 곳으로, 죽도산 둘레를 따라 이어진 해안산책로에는 퇴적암 해안이 잘 발달해 있고, 해안산책로 앞 강 하구에서는 강물을 타고 내려온 모래와 자갈이 펼쳐져 있습니다. 따라서 퇴적암의 시작인 모래, 자갈에서부터 온전한 퇴적암, 시간이 지나 깎여 나가거나 갈라져 나가는 퇴적암까지 다양한 퇴적암의 양상을 관찰하기에 최적의 장소입니다.

육계도: 육지와 모래로 이어진 섬입니다.
육계사주: 육지와 육계도를 잇는 모래둔덕을 말합니다.
퇴적암: 암석 또는 생물 조각이 쌓여 눌리고 다져져 만들어진 암석입니다.

죽도산 육계도의 형성과정 / Formation of Jukdosan Land-tied Island

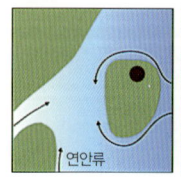
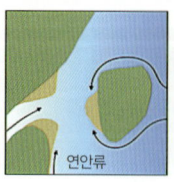
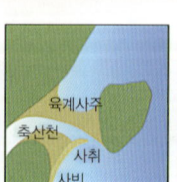

바다　사취　역습지　축산천　육계사주

나이테층리　　　　퇴적암　　　　얼굴바위

*해변가에 주차 후 좌측 해안 길을 따라 관찰하시면 됩니다. 등대 전망대까지 올라가실 수 있습니다.

1. 죽도산 퇴적암

2. 경정리 백악기 퇴적암

경북 영덕군 축산면 경정리 115-1

차유마을과 경정마을 사이의 해안가에는 약 1억 년 된 백악기의 이암과 사암이 파식대지를 이루고 있으며, 붉은 이암이 동해바다 앞에 펼쳐진 흔하지 않은 풍경을 볼 수 있습니다. 차유마을 쪽에서는 붉은 이암이 관찰되고, 경정마을 쪽에서는 붉은 이암과 흰 사암이 함께 펼쳐져 있는데, 보통 얕은 바다 속에서 만들어지는 파식대지가 해수면 위에 있다는 점을 통해 동해안 지역의 땅이 솟아올랐다는 것을 알 수 있습니다.

붉은 이암과 흰 사암이 편평하게 펼쳐져 있는 것은 이 암석들의 알갱이들이 편평하게 쌓여있는 것에 영향을 받았기 때문이며, 북쪽의 차유마을 해안가에서는 과거 강이 흘렀던 흔적과 조개가 굴을 파고 들어간 흔적이 나타나고, 남쪽의 경정마을 해안가에 분포하는 사암층에는 사암을 이루는 모래 알갱이 크기가 위로 갈수록 점점 작아지는 점이층리가 있으며 사암층에 포함된 석회암 조각에서는 과거에 살았던 생물의 일부분을 발견할 수 있습니다.

파식대지

서관구조

파식대지: 파도에 의해 깎여 해저에 생긴 평탄한 면입니다.

이암: 1/16 mm 보다 작은 크기의 진흙이 쌓여 만들어진 암석입니다.

사암: 1/16-2 mm 크기의 모래가 쌓여 만들어진 암석입니다.

이암과 사암

점이층리

하도구조

*주차장이 협소합니다. 주변에 주차하시고 바닷가로 내려가시면 됩니다.

2. 경정리 백악기 퇴석암

3. 원생대 변성암

경북 영덕군 영해면 사진리 617

건물을 지을 때 건물을 받치기 위해 땅 위에 기초를 세우듯이 한반도도 기초가 되는 지층들 위로 여러 암석들이 쌓이면서 하나의 땅이 되는데, 이런 기초가 되는 지층의 덩어리를 육괴라고 합니다. 한반도에는 낭림육괴, 경기육괴, 영남육괴가 존재하며 이러한 육괴는 한반도에서 가장 오래된 지층들이며, 이곳은 영덕지역에서 유일하게 영남육괴의 일부분인, 약 20억 년 전에 만들어진 편마암이 동해 바다에 의해 깎여 드러나 있습니다.

편마암은 지하 깊은 곳에서 아주 높은 열과 압력을 받아 변형되어 만들어진 암석으로 줄무늬(얼룩말 무늬) 구조가 잘 발달하며, 이 줄무늬 구조는 높은 열로 인해 원래 암석을 구성하고 있던 흰 광물과 검은 광물이 서로 분리되고, 동시에 강한 압력에 의해 눌리면서 만들어졌습니다. 이곳에서 관찰되는 줄무늬는 복잡하게 휘어져 있는데 이는 지하 깊이 뜨거운 곳에서 지표보다 무른 상태로 존재하던 편마암이 여러 방향으로 눌리면서 휘어진 것입니다. 또한 해안에서 관찰되는 편마암에서는 마치 칼로 흠집을 낸 것처럼 줄무늬 중 흰색 부분만 도드라져 보이며, 이는 편마암의 검은 부분이 덜 단단하기 때문에 파도에 의해 더 쉽게 깎여 나가면서 형성된 것입니다.

편마암: 땅속 깊은 곳에서 아주 높은 열과 압력을 받아 변형된 암석을 말합니다.

4. 영덕 대부정합

경북 영덕군 영해면 사진리 산141

부정합은 서로 나이 차이가 크게 나는 암층이 맞닿아 있는 구조를 의미하며, 지구의 역사를 해석하는데 핵심적인 역할을 합니다.

이곳에는 각각 약 17억 년의 시간 차이를 가지는 부정합이 존재하는데, 한반도는 여러 조각의 땅덩어리가 이동하다 충돌하여 만들어졌고, 가장 마지막 땅덩어리가 충돌한 시기가 약 2억 3천만 년 전 인 것으로 알려져 있습니다. 따라서 이 부정합의 한쪽 암층인 편암층은 한반도가 존재하지도 않았던 시기에 만들어져 있었고, 다른 한쪽 암층인 역암층은 한반도가 형태를 갖춘 이후에 쌓인 것으로, 매우 큰 시간 차이를 보인다고 볼 수 있습니다.

편암: 편마암보다 낮은 열과 압력을 받아 만들어진 암석입니다.
역암: 2mm 보다 큰 크기의 자갈이 쌓여 만들어진 암석입니다.

1억 살 역암
18억 살 편암

5. 고래불 해안

경북 영덕군 병곡면 병곡리 58-4

고래불 해안은 길이가 약 4.6km, 폭은 30~100m에 달하여, 오목하고 길쭉한 초승달모양의 해빈으로 경북 동해안에서 가장 큰 규모로써, '고래불'이라는 이름은 고려 말 학자 이색이 동해 바다에서 고래가 하얀 분수를 뿜으며 노는 것을 보고 '고래가 노는 불'이라 한 데에서 유래하였습니다.

고래불 해안을 따라 분포하는 염습지와 해안사구는 지형학적, 생물학적으로 높은 가치를 지니며, 염습지는 바닷물과 강물이 만나 섞여서 염도 변화가 큰 습지를 말하는데, 이곳에서는 바다나 육지에서 보기 힘든 식물들이 많이 자라며 조류, 어류 등 다양한 생물들의 산란지가 되고있습니다. 고래불 해안에는 육지 쪽에 모래가 언덕모양으로 쌓인 지형인 해안사구 또한 대규모로 발달하고 있는데, 이 해안사구는 해안선을 보호하는 자연제방 역할을 하며, 사구에 저장된 지하수는 해수의 침입으로부터 육지를 보호하고 사구 식물의 성장을 도와줍니다.

사빈

방재림

6. 철암산 화석산지

경북 영덕군 병곡면 영리 산77

철암산의 5.5km 등산로 코스는 우리나라에서는 드물게 약 2300만 년 전(신생대)의 굴, 가리비 화석이 잘 발견된다는 점 때문에 '화석 등산로'라 불리며, 체험학습의 장으로 활용하고 있습니다.

철암산을 이루고 있는 암석은 큰 자갈들이 박힌 암석인 역암으로, 화석들은 주로 이 역암에 분포하는데 특히 범바위와 솥바위 주변에서 가장 명확하게 나타납니다. 철암산에서 관찰되는 화석은 생물체의 잔해가 묻힐 때 껍데기와 같은 단단한 부분에 찍혀 오목하게 남은 모양이나, 반대로 오목한 부분을 채운 볼록한 모양으로 발견되며, 산 정상에 얹혀 있는 거대한 둥근 바위인 솥바위는 과거 암석층이 땅속 깊은 곳에서 둥근 덩어리로 나뉘어 부서진 이후, 주변을 둘러싼 흙이 제거되며 지표에 드러나게 된 것입니다. 뿐만 아니라 솥바위가 바다생물의 화석을 포함하고 있다는 점을 볼 때, 이 바위는 과거 동해 바다 속에 있었다가 오랜 시간을 거쳐 솟아올라 마침내는 산꼭대기까지 올라가게 되었다는 사실을 알 수 있습니다.

화석산지 곳곳에서는 역암에 박혀있던 자갈이나 화석이 빠져나가고 남은 구멍이 비바람에 깎여나가면서 크기가 커지고, 그 커진 구멍들이 모인 지형인 타포니를 보실 수 있습니다.

솥바위(정암바위, 토르)
Sot bawi(Jeongam bawi, tor)

조개화석(몰드)
Shell fish fossil(mold)

굴화석(몰드)
Oyster fossil(mold)

굴화석(캐스트)
Oyster fossil(cast)

사진 출처: 국가지질공원

솥바위

금강굴

범바위

*칠보산 온천 근처에 주차하신 후, 지진해일 대피로 이정표를 따라가시다 산길로 접어드셔야 합니다.

7. 영덕 화강섬록암 해안

경북 영덕군 영덕읍 창포리 산5-5

이곳은 선명하고 멋진 일출로 매년 수많은 관광객이 찾아오는 동해안의 대표적인 일출 명소입니다.

영덕 화강섬록암 해안에는 동해 바닷물에 의해 지속적으로 깎여 생긴 다양한 침식지형이 발달해 있고, 바닷가의 낭떠러지인 해식애, 바닷물에 의해 평평하게 깎인 땅인 파식대지, 그리고 서로 부딪혀서 둥글게 된 돌들이 모인 몽돌해변과 같은 경관은 이곳의 암석이 땅 위에 드러난 이후부터 오랜 시간 동안 파도에 의해 만들어졌으며, 이러한 과정은 현재에도 계속 진행 중입니다.

이곳의 흰 암석은 약 2억 년 전(중생대)에 땅 속 깊은 곳에서 마그마가 굳어져 만들어진 화강섬록암로, 이 화강섬록암에서 관찰되는 크고 작은 얼룩(포유암)은 오래 전 땅 속에서 화강섬록암의 마그마에 반쯤 섞인 검은 마그마로, 물에 섞인 기름방울처럼 대부분 둥근 모양을 가지고 있습니다.

약속바위

이곳의 한 바위 면에는 손등이 보이게 새끼손가락을 편 왼손 주먹모양의 약속바위가 있는데, 약속바위는 바위 면에 볼록하게 조각된 듯한 형태를 하고 있습니다. 이는 오랜 시간에 걸쳐 바위가 힘을 받아 갈라지면서 자연적으로 만들어진 것입니다.

화강섬록암: 화강암과 섬록암의 중간 정도 화학성분을 가진 암석입니다.
포유암: 마그마가 굳어 만들어진 암석 안에 포함된 다른 성분의 물질을 말합니다.

약속바위

포유암

화강섬록암

*해맞이공원에 주차 후 해안가로 내려가서 둘레길을 따라 관찰하세요.

울진군

지질공원의 가장 북쪽에 위치하는 울진군에는 주로 오래된 연령(약 20억 년~약 5억 년)의 암석과 관련된 4개소의 지질명소(덕구계곡, 불영계곡, 성류굴, 왕피천)가 있고, 태백산맥 인근에 위치한 울진은 서쪽으로 험준한 산악 지형과 맞닿아 있기 때문에 사람의 손길이 닿지 않고 보존된 다양한 자연·생태자원을 보유하고 있으며, 생태관광과 지질관광을 함께 즐기기에 적합한 환경을 가지고 있습니다.

- 성류굴
- 왕피천
- 불영계곡
- 덕구계곡

울진 덕구계곡

1. 성류굴(천연기념물 제155호)

경북 울진군 근남면 성류굴로 225

울진 성류굴은 탱천굴(撑天窟)·선유굴(仙遊窟)이라고도 합니다. 자연 조형이 금강산을 방불케 하여 일명 지하 금강이라고 불리기도 합니다. 불영사 계곡 부근에 있으며 길이는 915m(수중동굴 구간 포함) 정도이며, 석회암으로 구성되어 있으며 색깔은 담홍색·회백색 및 흰색을 띠고 있습니다.

동굴 안에는 9곳의 광장과 수심 4~5m의 물웅덩이 3개가 있으며, 종유석, 석순, 석주, 등 다양한 동굴생성물이 고루 분포하고 있습니다.

성류굴은 원래 신선들이 한가로이 놀던 곳이라는 뜻으로 선유굴이라 불리었으나 임진왜란(1592) 때 왜군을 피해 불상들을 굴 안에 피신시켰다는데서 유래되어 성스러운 부처가 머물던 곳이라는 뜻의 성류굴이라고 부르게 되었어요. 또 임진왜란 때 주민 500여 명이 굴속으로 피신하였는데 왜병이 굴 입구를 막아 모두 굶어 죽었다고 전해지기도 합니다.

석순의 단면
석순의 단면은 마치 나무의 나이테처럼 성장선이 있죠. 이러한 성장선은 석순이 자라는 동안에 지하수의 성분이 변화했다는 것과, 성장과 멈춤의 변화 또는 성장 속도가 변했다는 것을 알려주는 것입니다.

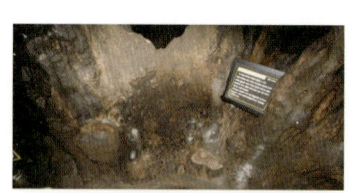

동굴호수와 석순, 석주
물속의 석순-여기 보이는 석순은 호수 속에 잠겨있죠, 석순은 천장에서 떨어지는 물에 의해서 만들어지는데? 왜 그럴까요 과거에 석순이 자랄 때 호수에 물이 없었거나 호수의 수면이 아주 낮았을 것이라고 생각합니다.

덧바닥

통로의 벽면을 따라 밑이 비어있으며, 동굴바닥처럼 보이는 것을 말해요. 덧바닥의 아래에는 원래 굳지 않은 퇴적물이 채워져 있었어요. 즉 처음에는 퇴적물이 동굴바닥에 쌓이고, 그 위를 물이 흐르면서 탄산칼슘이 침전되어 굳어져 퇴적물 위를 덮게 돼요. 그 이후 동굴바닥에 물이 흐르면서 굳지 않은 퇴적물은 모두 깍여 나가고 위에 있던 굳은 부분만 남은 것입니다.

부처님석실

이곳은 많은 석순등이 좁은 지역에서 자라고 있어요. 그 이유는 여러곳에 천장으로부터 물방울이 떨어지기 때문이죠. 물이 떨어지는 속도와 양에 따라 서로 다른 형태로 크는 것입니다.

동굴산호

가장 흔한 동굴생성물이죠. 실제로 살아있는 산호가 아니며 바닷속에 산호처럼 여러 모양을 보여주기 때문에 붙여진 이름입니다.

수중생물

동굴에는 빛이 전혀 없기 때문에 광합성을 하는 식물은 자랄 수가 없죠. 둥굴속게 적응하여 사는 동물들이 밖으로 나가서 먹이를 구할 수 없기에 동굴 속의 다른동물들을 잡아먹거나 박쥐의 배설물인 구아노를 먹이로 이용합니다. 동굴속 에는 우리가 상상하는것보다 다양한 동물들이 살고 있는데, 일반적으로 물고기류나, 도롱뇽처럼 큰동물 부터새우류, 거미류, 노래기류와 같은 작은 동물 그리고 나방류 같은 곤충도 살고 있습니다.

1. 성류굴(천연기념물 제155호)

2. 왕피천

경북 울진군 금강송면 왕피리 산194

사람의 접근이 어려운 왕피천 일대는 원시 자연환경을 그대로 간직하고 있어 멸종 위기종과 희귀 야생동물이 서식하고 있는 뛰어난 생태관광 명소입니다. 이러한 왕피천의 우수한 자연생태계와 동물들의 서식지 보전을 위해 왕피천 일대는 국내 최대 규모의 생태경관보전지역(총 면적 103㎢)으로 지정되었습니다.

이 일대는 약 20억 년 전에 지하 깊은 곳에서 강한 압력으로 만들어진 화강편마암으로 이루어져 있고, 동해로 흘러나가는 왕피천은 화강편마암으로 된 강바닥을 활발하게 깎아 깊은 계곡을 만들었으며, 북동 방향으로 흐르는 강을 가로질러 많이 발달한 갈라진 틈(절리)은 하천의 모양을 구불구불하게 만들었고, 이곳에서는 물이 흐르는 길의 방향이 변하면서 이전에 물이 흐르던 곳이 흔적으로 남아 있는 구하도를 잘 볼 수 있습니다. 또한, 왕피천에서는 암석의 갈라진 틈을 따라 암석 조각들이 떨어져 나가면서 만들어진 학소대와 거북바위, 왕피천 계곡의 물살을 따라 움직이는 자갈이 주변 암석을 접시 모양으로 깎아 만든 용소와 용머리 바위 등의 지질명소도 찾아볼 수 있습니다.

안내도

3. 불영계곡

경북 울진군 금강송면 하원리 130-20

불영계곡은 울진군 서면 하원리부터 근남면 행곡리까지 이어지는 약 15km의 긴 계곡으로, 이곳은 굽이진 계곡과 특이한 형태를 가지는 암석(부처바위, 사랑바위)이 어우러져 아름다운 경관을 자랑합니다.

불영계곡은 약 20억 년 전에 만들어진 편마암으로 이루어져 있는데, 편마암은 땅 속 깊은 곳에서 아주 높은 열과 압력을 받아 변형된 암석으로, 이러한 편마암이 드러나게 된 것은 동해로 흘러나가는 계곡물이 오랜 시간 편마암 위의 돌을 깎아냈기 때문입니다. 또한 이곳의 편마암에는 오랜 시간에 걸쳐 형성된 지질작용들의 흔적이 잘 보존되어 있는데, 그 중 가장 큰 특징인 흑백의 줄무늬(얼룩말 무늬)와 눈 모양 구조는 편마암이 땅 속 깊은 곳에서 만들어질 때 함께 만들어졌습니다. 줄무늬 구조는 높은 열에 의해 암석의 흰 성분과 검은 성분이 분리된 후 강한 압력에 눌려 흰 띠와 검은 띠가 생길 때 만들어지며, 눈 모양 구조는 흰 성분끼리 서로 뭉쳐서 만들어집니다. 이외에도 대규모 단층, 토르, 포트홀 등 많은 지질구조도 만날 수 있습니다.

편마암: 아주 높은 열과 압력을 받아 변형된 암석을 말합니다.

사랑바위

포트홀

수직절리

토르

불영사

불영사는 신라 진덕여왕 5년(651) 의상이 세웠다고 전하는데, 당시 이곳 연못 위에 다섯 부처님의 영상이 떠오르는 모습을 보고 거기 살던 용을 쫓아낸 뒤 절을 지었다는 전설이 전해져 오고 있습니다. 조선 태조 5년(1396) 나한전만 남긴 채 화재로 모두 불에 타 버렸고 임진왜란 때에도 영산전만 남기고 모두 불 타 버렸던 것을 훗날 다시 짓고 많은 수리를 거쳐 오늘에 이르고 있습니다.

불영사 대웅보전(보물 제1201호)

대웅보전은 절에서 석가모니불상을 모셔 놓은 중심 법당을 가리키며 지금 있는 건물은 안에 있는 탱화의 기록으로 영조 11년(1735)에 세운 것으로 생각하고 있으며, 규모는 앞면과 옆면이 모두 3칸씩이고 지붕은 옆면에서 볼 때, 여덟 팔(八)자 모양을 한 팔작지붕입니다.

불영사 영산회상도(보물 제1271호)

영산회상도는 석가가 설법하는 장면을 묘사한 그림으로, 대개 불상의 뒷벽에 위치합니다.
이 영산회상도의 석가여래는 오른쪽 어깨가 드러나는 우견편단의 옷을 걸쳤으며, 손가락을 땅으로 향하게 하여 마귀를 물리치는 의미를 지닌 항마촉지인의 손 모양을 하고 앉아 있고, 석가여래 주변으로 10대 보살, 사천왕상, 상단의 10대 제자 등이 배열되어 있습니다. 주로 영산회상도에서는 8대보살이 그려지는데, 이 그림에서는 10대보살을 표현한 점과 석가불 아래의 그 보살이 유난히 큰 점이 특징입니다. 석가의 옷이 붉은색이고 석가 뒤의 광배가 이중으로 붉은 테를 두른 점등은 조선 후기의 불화양식보다 약간 앞선 양식적 특징으로, 채색의 사용법이 유창하고 아름다우며 묘사법이 정밀하여 그림의 가치를 더욱 높여줍니다.

불영사 응진전(보물 제730호)

응진전은 석가모니를 중심으로 좌우에 아난·가섭과 16나한상을 모시고 있습니다. 1984년 수리 공사 때 발견한 기록으로 임진왜란 전·후에 여러번 고쳐 지었다는 것을 알 수 있으며 원래는 영산전이었다고 합니다.
규모는 앞면 3칸·옆면 2칸이고 지붕은 옆면에서 볼 때 사람 인(人)자 모양을 한 맞배지붕입니다.

4. 덕구계곡

경북 울진군 북면 덕구리 578-6

용소폭포

덕구계곡은 약 3km 의 계곡으로, 계곡을 따라 세계 곳곳의 유명한 다리들의 축소판이 재현되어 있어 특색 있는 경관을 자랑하며, 우리나라에서 유일하게 자연적으로 솟아나는 덕구온천이 있습니다.

덕구계곡 지역은 주로 화강편마암과 화강암으로 이루어져 있고, 이 암석들이 쪼개진 틈을 따라 올라와 굳은 안산암도 곳곳에서 발견되며, 덕구계곡의 계곡물은 북동쪽으로 흐르다가 동쪽으로 방향이 바뀌는데, 이는 북쪽 지역에 단단한 화강암층이 있어 계곡물이 파고들기 힘들기 때문입니다. 또한 동쪽방향에는 쪼개진 틈을 따라 발달한 안산암이 많은데, 이 안산암은 화강편마암이나 화강암보다 흐르는 물에 쉽게 깎여 물길을 만들기 쉽습니다. 덕구계곡의 명소인 용소폭포는 둥글게 굴곡진 폭포인데, 화강편마암이 계곡물에 잘 깎이지 않기 때문에 완만한 경사의 모양으로 만들어지게 되었습니다.

용소폭포

옛말에 끊임없이 떨어지는 물방울은 단단해 보이는 바위도 뚫어낸다는 말이 있습니다.

흐르는 물은 암석을 조금씩 깍아 내기도 하고, 물이 얼고 녹으면서 암석을 부수기도 합니다.

심지어 암석은 오랜 세월에 걸쳐 물에 아주 천천히 녹여내기도 합니다. 이처럼 덕구계곡을 따라 흐르는 계곡물은 이곳의 변성암들을 다양한 형태로 만들어냈고, 이 용소폭포 또한 물방울 들이 만들어낸 하나의 조각품이기도 합니다.

용소폭포는 위로 볼록한 경사면을 가지기 때문에 '철형 폭포'로 분류되면서 그 속에 작은 폭포들이 계단처럼 이어져 있어 '계단형 폭포'의 모습을 가지고 있습니다.

줄무늬를 가진 검정돌

이곳에서 관찰할 수 있는 '편암'은 약 20억 년 전 덕구계곡에서 가장 먼저 만들어진 암청색의 암석입니다. 아주 예전에 이 암석은 입자가 작은 모래와 진흙으로 구성된 암석이었으나, 자연이 지하 깊은 곳에서 높은 열과 강한 압력으로 이전의 암석에 들어있던 광물들을 무르게 하고 늘어뜨리면서, 현재 이 암석은 가늘고 길게 늘어난 얇은 줄무늬를 가지고 있습니다.

줄무늬를 가진 흰돌

덕구계곡에 나타나는 암석 중 흰 암석들은 편암이 만들어지고 1억 년 후인 19억년 전 만들어진 '화강편마암'입니다. 화강편마암은 화강암이 지하 깊은 곳에서 높은 열과 압력을 받아 만들어 집니다. 지하 깊은 곳에서는 높은 열에 의해 광물들이 녹았다가 굳을 때 흰색과 검은색 광물끼리 모입니다. 특히 검정 광물들은 높은 압력에 의해 눌려 늘어진 줄무늬를 만들게 됩니다.

물감처럼 뒤섞인 줄무늬 검정돌과 흰돌

검은 편암과 흰 화강편마암은 마치 색이 다른 물감들이 썩인 것처럼 덕구계곡 곳곳에 있습니다. 검은 편암과 흰 화강편마암은 과거 강한 열과 압력을 받아 엿가락처럼 늘어지면서 현재와 같이 복잡하게 섞인 형상을 띠게 되었습니다. 이러한 형상을 '혼성암'이라고 부르며, 이러한 혼성암은 덕구계곡이 가지는 어울림의 이미지를 가장 잘 나타내고 있습니다.

덕구계곡

포트홀

취향교

청운교, 백운교

*온천지구 주차장에 주차 후 등산로를 따라 가시면 되며, 왕복 3시간 정도 소요됩니다.

전북 서해안권 국가지질공원

전북 서해안 지질공원은 드넓은 서해와 아득히 긴 갯벌이 장쾌하게 펼쳐지는 부안군과 고창군에 속해있습니다. 원생대부터 신생대 제4기까지 암석 및 퇴적물이 곳곳에 자리 잡고 있어 지질학 발달과정을 관찰할 수 있는 최적의 자연학습장으로, 가장 눈여겨 볼 지질학적 가치는 중생대 백악기 화산암체입니다.

지질명소의 대부분을 차지하는 백악기 화산암체는 우리나라에서 일어난 백악기 화산활동의 과정과 그 전후에 나타난 다양한 화산분출 작용과 더불어 퇴적작용에 관한 정보까지 고스란히 품고 있고, 원형이나 타원형 모양의 화산암체들은 우리나라 백악기-신생대 화산암류 중 화산체의 형태가 잘 보존되어 지질학적, 학술적 가치를 평가 받아 2017년 9월 국내에서 10번째로 국가지질공원으로 인증을 받은 이후, 지역사회 경제 발전을 위한 목표를 가지고 유네스코 세계지질공원을 추진하고 있습니다.

○ 부안군

○ 고창군

적벽강

부안군

부안군은 동경 126° 40분, 북위 35° 40분에 위치하고 있으며, 전라북도의 서쪽에 위치하며 군산시와는 바다로 접경하고, 북동으로 김제시, 남동으로는 정읍시, 남으로는 고창군과 접해 있습니다. 해안선은 동진강 하구에서부터 줄포면 우포리 까지 99km 였으나 새만금방조제가 완공되면서 현재 66km의 해안선이 바다와 접해 있고, 동쪽이 낮고 서쪽이 높은 지형으로 황해에 불쑥 나와 있는 반도이며, 남서부는 변산이 겹겹이 싸여 있고, 북동부는 넓고 비옥한 평야를 이루고 있으며, 이러한 지형적인 영향과 북서계절풍의 영향으로 겨울철엔 눈이 많이 내리는 기후적 특성을 가지고 있습니다.

- 직소폭포
- 적벽강
- 채석강
- 솔섬
- 모항
- 위도
- 굴바위

1. 직소폭포

전북 부안군 변산면 중계리 산95-10

내변산의 대표적인 관광명소인 직소폭포는 약 30m 높이에서 곧바로 아래로 떨어진다 하여 붙여진 이름입니다.

직소폭포 주변부는 대부분 화산재가 쌓여 굳어진 응회암으로 이루어져 있으며, 화산폭발 시 응회암이 고온상태로 낙하하면서 용암이 유동할 때 광물들이 한 방향으로 거의 수평방향으로 배열하여 생긴 유상구조를 관찰할 수 있고, 또한 얇은 렌즈상의 검은 유리질 흑요석을 평평하게 나열된 용결 응회암과 화산쇄설물이 빠르게 냉각되면서 다각형으로 쪼개진 주상절리도 관찰할 수 있습니다. 주상절리는 최대 약 1m 미만의 오각형 또는 육각형이며, 수직으로 수 m에서 수십m 이상 줄지어 선 기둥 모양인 콜로네이드 형태입니다.

화산쇄설물이 퇴적된 후 빠르게 냉각되고 수축하는 과정에서 주상절리가 만들어졌는데, 이때 다각형의 절리가 만들어지고 길쭉한 콜로네이드를 형성하였습니다.

지표에 노출된 주상절리 내 절리면이 쉽게 풍화되고 침식되는 기계적 풍화작용도 관찰 할 수 있으며, 직소폭포 주변을 이루는 응회암에서 볼 수 있는 응결 조직과 물의 침식작용으로 생긴 폭포의 형성원리도 이해할 수 있는 지질명소입니다.

봉래구곡의 암각과 포트홀

포트홀

여러 형태의 지질 지형

주상절리

선녀탕

직소보 전망대

*내변산 탐방지원센타에서 출발하여 직소폭포까지는 왕복 1시간 40여분정도 소요됩니다.

1. 직소폭포

2. 적벽강

전북 부안군 변산면 격포리 산35-1

백악기 후기, 거대한 호수 아래 퇴적된 격포리층이 지질운동으로 솟아올랐다 침식되면서 적벽강이 만들어졌습니다.
적벽강에는 식물학적 분포 가치가 높아 천연기념물로 지정된 후박나무 군락이 자생하고, 퇴적암인 셰일과 화산암인 유문암의 직접적인 경계부로 다른 두 종류 암석의 상호작용에 의해 형성된 페퍼라이트를 관찰할 수 있는 곳으로, 후추를 뿌려 놓은 것 같다 하여 이름 붙여진 페퍼라이트는 물기가 많고 고화되지 않은 퇴적물이 화산활동으로 분출된 뜨거운 용암과 만나 폭발이 일어나면서 퇴적물과 용암이 뒤섞여 만들어진 암석 입니다.
적벽강 에서는 이 외에도 주상절리와 파도의 영향을 받아 형성된 돌개구멍, 불꽃구조, 해식 절벽, 해식동굴 등을 관찰할 수 있습니다.

수성당(전북 유형문화재 제58호)
수성당은 서해를 다스리는 개양할머니와 그의 딸 여덟 자매를 모신 제당으로 조선 순조 1년(1801)에 처음 세웠다고 하나, 지금 건물은 1996년에 새로 지은 것입니다.

수성당

개양할머니는 서해바다를 걸어다니며 깊은 곳은 메우고 위험한 곳은 표시하여 어부를 보호 하고, 풍랑을 다스려 고기가 잘 잡히게 한다는 바다의 신으로, 이 지역 어민들은 모두 정성껏 모시고 있다. 매년 음력 정초면 이 지역 주민들은 수성당제를 지냅니다.

부안 격포리 후박나무 군락(천연기념물 제123호)

후박나무는 녹나뭇과에 속하며 한반도에서는 주로 제주도를 비롯한 남부 지방의 섬과 해안 지역에서 자라며, 가지는 둥글고 털이 없으며 잎은 긴 타원형으로 꽃은 5~6월 사이에 황록색으로 피며, 열매는 이듬해 7월에 익습니다. 부안 격포리 후박나무 군락은 바닷가 절벽에 있으며 바람막이숲 역할도 하고 있습니다.

후박나무 군락(천연기념물 제123호)

불꽃구조

적벽강 퇴적층 내에서는 울퉁불퉁 돌기모양들을 관찰할 수 있습니다. 밀도가 큰 모래층의 하중에 의해 밀도가 작은 실트층이 가늘게 뚫고 올라가면서 불꽃모양과 같은 불꽃구조를 만들게 됩니다.

불꽃구조

2. 적벽강 **371**

페퍼라이트

적벽강에는 퇴적암과 유문암의 경계부를 따라 두 암석이 뒤섞여 있는 페퍼라이트가 잘 관찰됩니다. 외형이 마치 표범가죽 무늬와 비슷한데, 바탕에 해당하는 노란색 암편은 유문암질 용암이고, 무늬에 해당하는 검은색 암편은 퇴적암입니다.

페퍼라이트(노란색 암편 유문암질 용암)

페퍼라이트(검은색 암편 퇴적암)

해식지형

주상절리

해식동굴

해식절벽

돌개구멍

바다 직박구리

3. 채석강

전북 부안군 변산면 격포리 794-2

채석강하면 한강이나, 낙동강 같은 강 이름 같죠? 그런데 채석강은 전라북도 부안군 변산반도에서 서해 쪽으로 가장 많이 돌출된 곳으로 1.5km 길이로 쭉 늘어선 파도에 의해 만들어진 해안 절벽과 바닷가를 말합니다. 채석강이라는 이름이 붙은 이유는 아주 옛날 중국의 시인 이태백이 강물에 뜬 달 그림자를 잡으려다 빠졌다는 중국의 채석강과 비슷하기 때문이라고 합니다.

약 7,000천만 년 전 중생대 백악기부터 바닷물의 침식을 받으면서 쌓인 이 퇴적암은 격포리층으로 역암 위에 역암과 사암, 사암과 이암의 교대층, 셰일, 화산회로 이루어졌습니다.

이런 퇴적 환경은 과거 이곳이 깊은 호수였고, 호수 밑바닥에 화산분출물이 퇴적되었다는 것을 짐작해 볼 수 있으며, 또한 이 절벽에서 단층과 습곡, 관입구조, 파식대 등도 쉽게 관찰할 수 있고 다양한 크기의 자갈로 구성된 역암층. 삼각주와 파도의 침식작용으로 만들어진 해식애(해식 작용으로 인해 형성된 해안의 벼랑이나 급경사면), 넓은 파식대(해안 물결이 대지에 들어와 침식이 일어나서 바다쪽으로 완만하게 경사진 모습), 해식동굴, 돌개구멍이 발달했는데, 밀물 때 들어온 바닷물이 고여서 생긴 조수웅덩이도 곳곳에 있습니다.

지질 구조는 지층 속에 남아 있는 지각 변동의 흔적입니다.
단층은 지층이 어긋난 지질 구조인데 양쪽(바깥쪽)으로 잡아당기는 힘인 장력을 받아 상반이 미끄러져 내려간 정단층과 횡압력(양쪽에서 안쪽 으로 미는힘)을 받아 상반이 위쪽으로 밀려 올라간 역단층이 있습니다.

1) 단층(fault): 외부의 힘을 받은 지각이 두 개의 조각으로 끊어져 어긋난 지질구조입니다.
2) 정단층(normal fault): 상반이 하반보다 아래로 내려간 단층.
3) 역단층(reverse fault): 상반이 하반보다 위로 올라간 단층.

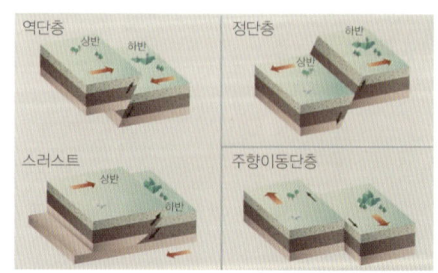

습곡

지층이 휘어지면서 주름이 생긴 지질구조를 말하는데 이런형태가 형성되기 위해서는 양쪽에서 미는 힘인 횡압력(양쪽에서 안쪽 으로 미는힘) 이 작용해야 합니다.

안산암질 암맥

지하 깊은 곳에 있는 마그마는 주변의 단단한 암석보다 더 가볍기 때문에 위로 올라오려는 성질을 가지고 있습니다. 마그마는 주변 암석의 깨진 틈을 다라 관입하여 굳어져서 암맥이 만들어 집니다. 또한 마그마는 퇴적암 층리를 따라 주입되어 관입하기도 하는데 이런 구조를 암상이라고 합니다. 암맥은 기원이 되는 마그마의 규산염 함량에 따라 크게 유문암질 암맥. 안산암질 암맥. 현무암질 암맥 으로 구분할 수 있습니다.

부정합

지층이 연속적으로 쌓이지 않고 퇴적이 한동안 중단되었다가 다시 쌓였을 때, 위와 아래 두 지층사이의 관계를 말하는데, 부정합 생성 되는 과정은 지층이 퇴적된 후 횡압력을 받아 습곡 이 형성 된 다음, 퇴적이 한동안 멈추고 오랜 시간 동안 풍화와 침식작용을 받게 됩니다. 이후 해수면상승, 지각 변동에 의해 바다 밑으로 가라앉게 되어 침식된 면 위에 퇴적물이 쌓여 새로운 지층이 만들어지는 것입니다.

변형구조

격포리층 에는 지층들이 구불구불 말려있는 다양한 규모의 변형구조들이 관찰됩니다. 지층들이 휘어진구조를 습곡이라하며, 이곳의 변형구조는 과거 퇴적물이 퇴적되는 동안 또는 직후에 만들어진 퇴적 동시성 변형구조입니다.

역암

변형구조

삼각주 로브 퇴적체(삼각주 퇴적층)

이 구조는 하천의 퇴적물이 호수 가까이에 쌓이면서 형성된 것으로 하천수가 호수로 진입하면서 유속이 느려지고 함께 운반되던 퇴적물이 더 이상 이동하지 못하고 호수 바닥에 쌓이게 되는데 이때 퇴적물은 하천수의 이동을 따라 가운데는 두껍게, 양 옆으로는 상대적으로 얇게 퇴적물이 쌓여 마치 렌즈 모양의 형태를 띠게 됩니다.

삼각주 퇴적체

괭이갈매기(어린새와 어미새)

해식동굴

우리나라 남해안과 동해안, 제주도의 해안에서는 주로 바닷물의 침식 작용으로 이루어진 동굴을 많이 볼 수 있는데 이런 동굴을 해식동굴 또는 파식굴이라 합니다. 해식동굴은, 파도가 밀어닥치면서 암벽을 침식하여 깎아내려 만들어진 것으로 보통 바닷가에서 많이 볼 수 있습니다. 대개 해식 동굴들은 만조 때의 해수면에서 밑으로 6, 7m에 해당하는 지점에서 형성됩니다.

곧 파도의 침식 작용이 미칠 수 있는 범위에서 발달하는 것으로 보통 수평굴로 되어 있으며 또한 직선을 이루고 있는 단순한 동굴입니다. 대표적인 해식동굴로는 여수의 오동도에 있는 해식동굴과 서귀포 서쪽의 해식동굴, 그리고 부안의 해식동굴 등이 있습니다.

동굴 밖   동굴 내부

4. 솔섬

전북 부안군 변산면 도청리/공유수면

후기 백악기 석포응회암으로 구성되어 있는 솔섬에는 자갈 크기의 화산 암편을 포함한 응회암과 응회암이 퇴적되면서 내부에 포함된 다량의 가스가 빠져나오면서 형성된 분기공 구조를 관찰할 수 있습니다. 솔섬 곳곳에는 둥그렇게 부풀어 오르거나 원통형으로 길게 연장해 놓은 듯 한 모양의 분기공 구조 단면을 관찰할 수 있는데 특히 이곳에서는 입체적으로 관찰할 수 있다는 점이 지질학적으로 중요한 의미를 가지며, 부석편의 경우 부석이 녹니석화 되어 녹색에서 연녹색을 띄고 있습니다.

용결 화산력 응회암

이차적 열수 주입에 의한 다양한 구조

*전북학생수련원에 주차 후 썰물때 관찰하실 수 있습니다.

5. 모항

전북 부안군 변산면 도청리 산23-4

모항에는 중생대 백악기 화산활동으로 만들어진 화산암류들이 분포하고, 화산쇄설물이 퇴적된 화산력응회암으로 이루어졌습니다. 화산력응회암 안에 두 개의 석영맥이 교차하여 마치 생선뼈처럼 보이는 광맥계도 나타나며, 적벽강에서 보이는 페퍼라이트와는 다른 형성 과정으로 생성된 페퍼라이트도 관찰되고, 모항에서 나타나는 이 구조는 서서히 식어가는 화산쇄설물에 고온의 마그마의 관입으로 생성되었습니다.

페퍼라이트

응회암

6. 위도

전북 부안군 위도면 치도리 155-1

위도의 벌금리 퇴적암에서는 화산 분출 후 호수로 다양 유입되는 고농도의 화산 쇄설물이 호수 바닥에 가까운 물의 흐름인 저층류에 의해 만들어진 점이층리, 층상구조 등과 같은 다양한 퇴적구조를 관찰할 수 있으며, 소리마을에서는 안산암과 유문암질 응회암의 경계부, 응회암과 중성암맥의 관입 경계를 관찰할 수 있습니다. 또한 응회암이 냉각되는 과정에서 형성된 주상절리와 약 8,500만 년 전 호수 환경에서 퇴적된 육식공룡의 알 화석을 관찰할 수 있어 풍부한 지질관광 자원을 보유하고 있는 곳입니다.

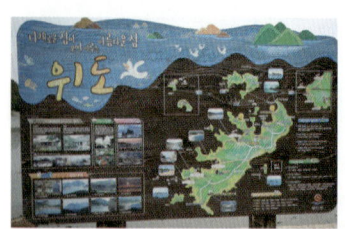
안내도

안산암과 응회암

응회암

용머리해안

선착장

*부안 격포항 출발→위도 벌금항 도착(50분 정도 소요)→용머리해안→소리마을

7. 굴바위

굴바위 는 천연동굴로써 내부의 길이는 약 30여m 정도이고, 바닥에서 천장까지 높은 곳은 약10m 정도 이며, 굴바위에 안에는 참샘이라 부르는 샘이 있는데 은복지개(밥그릇 뚜껑의 사투리)가 있어 이 은복지개로 참샘의 약수를 떠 마시면 모든 병이 낫는다 하며, 특히 문둥병에 효과가 있다 하여 예전에는 문둥병 환자들이 많이 찾아와 병을 고쳤다고 합니다. 또 천장에 '아들구멍'이 뚫려 있는데 아들 못 낳는 사람이 돌을 던져

천장

맞히거나 구멍 안으로 돌이 들어가면 아들을 낳는다고 합니다. 그리고 바닥의 바위돌에 조용히 귀를 대고 들어보면 냇물 흐르는 소리와 파도소리가 들린다고 하고, 여기에서 불을 땔 때면 그 연기가 80리(약32km) 떨어진 변산반도 북쪽 바닷가에 있는 해창(海倉)으로 나온다고 전해지고 있습니다.

내부

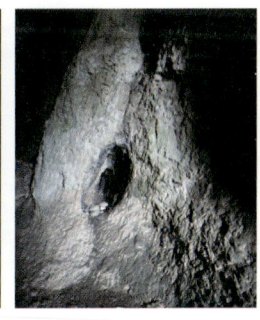
내부

참샘

벽면

*대불사(사찰) 주차 후 오솔길 따라 올라가시면 됩니다.(왕복 1시간 소요)

고창군

전라북도의 서남단에 위치하고 동경은 126도 26분으로부터 126도 46분에 이르고, 북위는 35도 18분으로부터 35도 34분에 달하여 그 연장이 동서 31km, 남북 31.5km 이며, 동북은 본도 정읍시, 부안군, 동남은 전남 장성군, 영광군에 인접하고 서북부 일대는 서해에 임하고 있습니다.

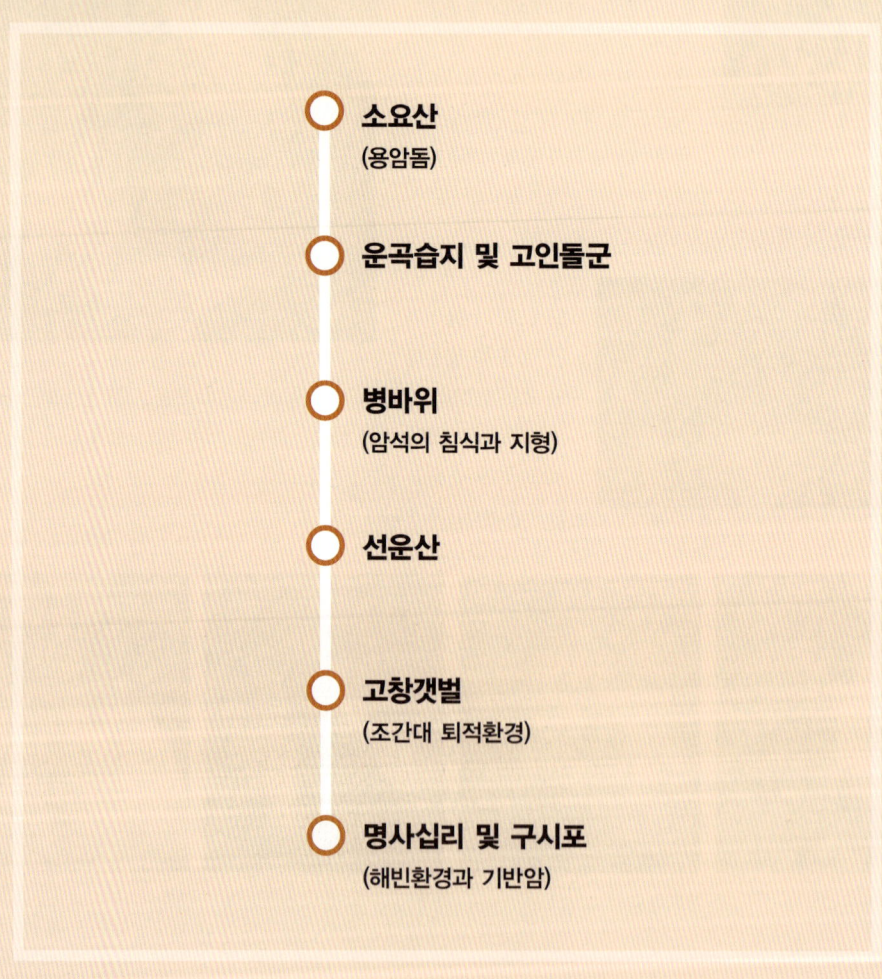

- 소요산
  (용암돔)

- 운곡습지 및 고인돌군

- 병바위
  (암석의 침식과 지형)

- 선운산

- 고창갯벌
  (조간대 퇴적환경)

- 명사십리 및 구시포
  (해빈환경과 기반암)

1. 소요산(용암돔)

전북 고창군 부안면 용산리 산148-3

소요산에서는 점성이 큰 유문암질 용암이 분출할 때 화구로부터 멀리 이동하지 못하고 굳어진 용암을 관찰 할 수 있는 곳입니다.

소요산 용암돔 에서는 양파껍질처럼 층을 이루면서 크게 휘어진 독특한 지층을 관찰할 수 있는데, 이는 선운산 화산암체가 유문암질 마그마의 관입에 의해 형성된 용암돔의 내부 구조와 수직방향으로 발달한 유상구조를 관찰할 수 있는 곳입니다.

용암돔은 어떻게 형성되었을까?

용암돔

용암돔은 일반적으로 점성이 큰 유문암질 용암의 분출로부터 만들어집니다.

소요산에서 볼 수 있는 용암돔은 화구를 통해 서서히 상승하다가 미처 땅위로 올라오지 못하고 화도 근처를 채운 후 또 한 차례의 다른 마그마가 상승하여 앞선 마그마 안 쪽에 자리 잡는 과정이 반복됩니다. 이후 마그마가 상승하면서 지층의 압력이 줄어들자 꽃망울 모양으로 팽창하면서 조성에 차이를 보인 마그마가 양파처럼 켜를 이룬 용암돔의 내부 구조를 볼 수 있습니다.

수직방향으로 발달한 유상구조

용암돔을 형성하는 유문암질 용암은 점성이 크기 때문에 천천히 식으면서 용암이 흐른 자국인 유상구조가 만들어 집니다.
소요산에서는 용암돔을 형성한 유문암질 용암의 상승에 의해 수직방향으로 발달한 유상구조를 관찰할 수 있습니다.

*산 길 따라 계속 올라가다 보면 거의 정상 근처에 있습니다. 근처에 사찰이 있습니다.

2. 운곡습지 및 고인돌군

전북 고창군 아산면 운곡리 25-1

운곡습지 주변은 선운산 화산암체의 일부인 유문암이 넓게 분포하고 있는데 입자의 크기가 작아 물 빠짐이 좋지 않아 습지를 형성한 것으로 보이며, 선사시대의 무덤양식인 고인돌은 유문암 또는 유문암질 응회암으로 구성되어 있으며 거대한 암석을 이용하였다는 점에서 우리나라 선사문화의 독창성과 과학성을 엿볼 수 있습니다.

운곡람사르습지

고창 운곡 람사르습지는 산지형 저층습지로서 생물의 다양성이 풍부하고, 생태적으로 우수한 자연환경이 보전된 지역입니다. 과거 운곡습지는 계단식 논 등으로 개간되어 경작이 이루어지던 경작지였으나, 폐경등 인위적인 간섭이 배제되어 현재는 생태계의 놀라운 회복과정을 거쳐 본래의 저층 산지습지로 자연복원 되고 있어, 폐경지(묵논 등) 와 같은 유휴농지의 습지복원 사례로 그 가치가 높은 지역입니다.

특히, 환경부 멸종위기 야생동물 1급인 수달, 2급인 삵, 말똥가리, 천연기념물인 붉은 배새매, 황조롱이 등 5종의 법적 보호종을 비롯하여 식물(459종), 포유류(11종), 조류(48종), 곤충(22종), 양서파충류(9종)등 총 549종의 생물이 서식하고 있습니다.

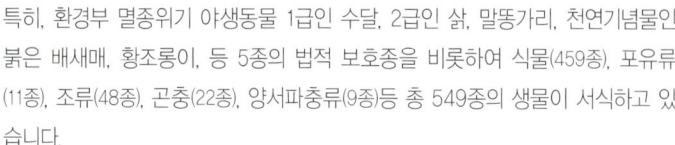

람사르 습지란?

"물새 서식지로서 특히 국제적으로 중요한 습지에 관한협약"으로 1971년 2월 2일 이란 람사르(ramsar)에서 채택되었고 물새 서식습지대를 국제적으로 보호하기위한 것으로 1975년 12월에 발효되었고 우리나라는 1997년 7월 28일 101번째로 람사르 협약에 가입하였습니다. 습지는 경제적, 문화적, 과학적, 여가적 으로 큰 가치를 가진 자원이며 이의 손실은 회복될 수 없다는 인식하에 현재와 미래에 있어서 습지의 점진적 침식과 손실을 막는 것이 목적입니다.

우리나라에는 총 23개소의 람사르습지가 있습니다.
(강화매화마름군락지, 송도갯벌, 대부도갯벌, 한강 밤섬, 두웅습지,서천갯벌, 고창·부안갯벌, 운곡 습지, 증도갯벌, 무안갯벌, 신안장도 산지습지, 순천만·보성갯벌, 순천 동천하구, 창녕우포늪, 울주 무제처늪, 한반도습지, 오대산국립공원습지, 대암산용늪, 제주물장오리 오름습지, 제주동백동산습지, 제주 숨은물뱅듸, 제주110고지습지, 제주물영아리습지.)

습지란?

사전적인 의미는 "물기가 축축한 땅"을 지칭하는 말로써 간단하게 말하면 물을 담고 있는 땅이라는 말입니다. 일반적으로 늪(땅바닥이 움푹 빠지고 늘 물이 괴어 있는 곳), 소택지(하천, 연못, 늪으로 둘러싸인 낮고 습한 땅), 이탄지(해안습지, 배후습지 등에서 수생식물, 정수식물의 유해가 미분해되거나 약간 분해된 상태로 두껍게 퇴적된 토지) 물이 있는 지역을 지칭하며, 일정기간동안 물에 잠겨있거나 젖어 있는 지역을 말합니다.

습지의 종류

하구형 습지: 강과 바다가 만나서, 염도가 해수(바다에 괴어 있는 짠물)와 담수(강이나 호수, 지하수와 같이 염분의 함유량이 낮은 육지의 물)의 중간정도인 지역으로 삼각주(하천이 바다 또는 호수와 만나는 하구에 퇴적물이 오랫동안 쌓여 만들어진 평평한 지형)갯벌, 염습지(바닷물이 드나들어 염분변화가 큰 습지)가 해당됩니다.

해양형 습지: 강의 흐름에 영향을 받지 않는 지역으로 해안, 산호초지대를 말합니다.
하천형 습지: 주기적으로 강이 범람하는 지역으로 범람원(하천의 하류 지역에서 하천의 범람으로 하천 양쪽에 물질이 퇴적되어 형성된 평탄한 지형), 우각호(하천의 일부가 막혀서 된 호수)를 말합니다.
소택형 습지: 물이 많거나 적거나 영구적으로 존재하는 지역으로 늪, 소택지가 해당됩니다.
호소: 물이 영구적으로 존재하지만 흐름이 거의 없는 지역으로 빙하호(빙하의 침식 작용과 퇴적 작용에 의하여 형성된 오목한 땅에 물이 괸 호수), 화구호(화산의 분화구에 물이 고여서 만들어진 호수)가 해당됩니다.

습지의 주요기능

홍수조절: 토사와 습지식물이 물을 저장하는 기능이 있어 하류의 홍수 피해를 줄여줍니다.
해안선의 안정화 및 폭풍방지 기능: 연안습지(강이나 호수, 바다 주변에 형성된 습지)는 폭풍에 의한 바람과 파도의 힘을 분산시켜 피해를 줄여줍니다.
수질정화: 질소나 인과 같은 영양염이 하층토에 쌓이거나 식물에 저장되어 수질정화 기능을 합니다.
지하수 재충전: 주기적으로 물에 잠기는 범람원에는 투수층이 있어 지하수 재충전에 중요한 기능을 합니다.
생물종 다양성 유지: 습지는 생물들이 살아가는 공간으로 물, 먹이를 얻고 생활하며 휴식도 취합니다. 서해안 갯벌과같은 습지는 철새들에게는 먹이와 휴식공간으로써 반드시 필요합니다.

붉노랑 상사화   달걀버섯

고인돌군

고창은 약 8,000만년 전 중생대 백악기의 화산활동에 의해 형성된 최대지름 13km의 화산암체가 선운산을 중심으로 그 흔적이 남아 있습니다. 그 화산암체의 일부분인 운곡습지와 고창고인돌 유적일대에 넓게 분포되어 있습니다.

고인돌의 주재료는 화산암의 일종인 유문암을 주로 사용하였으며 뜨거운 화산재가 두껍게 쌓여 만들어진 응회암과 데사이트(석영안산암)등이 사용되었으며, 응회암은 화산분출물이 쌓여 굳어진 화산쇄설암입니다. 이 암석은 고인돌 유적주변에 분포하는 암석과 광물조성, 조직등의 특성이 일치하여 주변에 분포한 안석을 이용하여 고인돌 축조에 사용되었음을 알 수 있습니다.

고창에는 무게가 300톤에 이르는 아시아 최대의 고인돌이 분포하며, 고인돌은 큰 바위로 무덤을 만든 것으로 선사시대의 기술과 사회문화를 이해할 수 있고, 고창 고인돌군 지역 인근의 고인돌 채석장에서는 큰 바위를 채굴하고 이동한 과학적 원리를 이해할 수 있습니다. 약 23곳의 채석장에는 쐐기구멍으로 추정되는 곳과 다양한 채석 흔적이 있습니다.
용암은 식을 때 수축되면서 틈이 생기기도 하고 땅속에 묻혀 있다가 지상에 노출되면 압력이 감소해 표면이 팽창하여 틈이 생기는데, 이런틈(절리)에 물을 부어 얼리는 방법으로 커다란 암석을 채굴했을 것입니다.

아시아 최대로 알려진 고인돌

응회암으로 만든 고인돌

절리가 발달한 바위

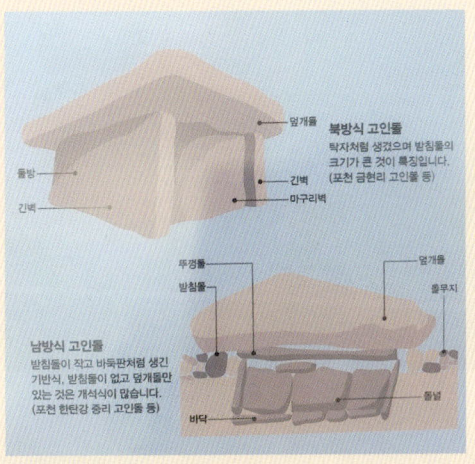
북방식·남방식 설명

고인돌 제작 과정

여러형태의 고인돌

3. 병바위(암석의 침식과 지형)

전북 고창군 아산면 반암리 산126

병바위는 병을 뒤집어 놓은 형상을 하고 있는 것 같다고 하여 붙여진 이름으로 신선이 술에 취해 술상을 발로 찼는데 이때 병이 거꾸로 꽂혀 바위가 되었다는 설화가 전해집니다.

유문암이 풍화와 침식을 받아 만들어진 병바위는 주변 화산력응회암보다 단단하고 치밀하여 풍화에 강해 지금의 모습으로 남아있는 것으로, 화산재와 암편으로 이뤄진 주변 암석은 쉽게 부서지지 않고 큰 절리로 쪼개져 절벽을 이루는 기암괴석이 잘 만들어집니다. 병바위는 유문암과 화산력응회암 사이의 차별적 풍화작용으로 가파른 수직 암석 단애를 이루고 전형적인 타포니 구조도 관찰 할 수 있습니다.

타포니

풍화혈

사람얼굴 형상을 닮은 병바위

*구암 마을회관 앞에서 조망하셔도 됩니다.

4. 선운산

전라북도 고창군 아산면 선운사로 158-6

선운산에는 약 8,000만 년 전 중생대 백악기의 화산활동에 의해 형성된 낙조대, 천마봉, 베멘바위 등과 같은 화산암체가 남아있습니다. 이들은 유문암으로 구성되어 있으며 용암이 흐르면서 형성된 유동구조나 중심으로부터 방사상으로 광물이 배열된 구과상 구조도 관찰 할 수 있으며, 선운산에는 신라 진흥왕이 왕위를 퇴위한 후 수도했다는 암굴로 알려진 진흥굴이 있는데, 유문암질 응회암에 발달한 절리를 따라 진행되는 침식으로 만들어진 동굴이며, 고려시대에 조각한 미륵불인 도솔암의 붉은 마애불상은 유문암에 포함된 산화철이 풍화되어 붉은 적색을 띠고 있고 그 아래에는 점성이 강한 유문암질 마그마가 흐르면서 생긴 유동구조가 나타납니다.

도솔암

마애여래좌상(보물 제1200호)

진흥굴

5. 고창갯벌(조간대 퇴적환경)

전북 고창군 심원면 고전리 산24-14

고창갯벌은 세계 5대 갯벌(캐나다 동부 해안, 미국 동부해안, 북해 연안 및 아마존강 유역) 중 하나로 람사르 습지와 유네스코 생물권 보전지역의 핵심지역입니다. 서해안을 대표하는 곰소만 갯벌의 일부로 머드와 같은 세립질 퇴적물을 공급하는 강과 하천이 가까운 곳, 조석간만의 차가 큰 완만하고 평탄한 해안에 형성되어 있고, 해안선과 평행하게 모래가 길게 쌓여 있는 쉐니어를 관찰할 수 있는 등 학술적 가치가 매우 높습니다.

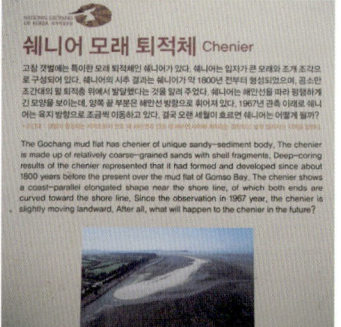

달랑게(흔적)

농게 수컷(빨간색)

짱뚱어

왜가리

6. 명사십리 및 구시포 (해빈환경과 기반암)

전북 고창군 해리면 동호리 928

약 8.5km의 직선으로 이어진 고창해안은 서해안에서 보기 드문 직선형 해안으로 평균 조차가 약 4m 이상 인 대조차를 보이며 주기적으로 드러나는 조간대 환 경은 모래 퇴적물로 이루어졌습니다. 세계적으로 드 문 이런 개방형 대조차 환경의 해안에서 넓고 긴 모 래 조간대 퇴적층을 관찰 할 수 있고, 해빈과 가까운 곳에 풍성 해안사구가 있는데 이 사구는 바람에 의해 퇴적된 파장 50cm 이상의 작은 언덕이나 능선이며, 이곳은 약 600m 이상의 넓은 모래질 조간대 환경과

염생식물

강한 북서 계절풍의 영향으로 모래 공급이 쉬워 해안사구 형성에 유리한 조건을 갖고 있습니다. 사구에는 해송과 다양한 사구식물이 자라고 바람, 해일로부터 해안 마을을 보호하는 완충 역할도 합니다.

명사십리

갯개미취

해국

백령·대청 국가지질공원

북한 황해도와 12km 떨어진 섬들로, 우리나라 서해 수호의 최전방에 위치하고 있으며 백령도와 대청도, 소청도는 우리나라에서 관찰할 수 없는 북한의 지질특성을 가지고 한반도에서 거의 관찰되지 않는 약 10억에서 7억년 전 신원생대(10억~5억4천백만 년전의 지질시대)의 암석들이 보고 되었으며, 우리나라에서 가장 오래된 스트로마톨라이트(과거 남조류의 활동으로 생성된 화석)가 나타나는 지역입니다.

백령도

*백령도, 대청도, 소청도는 물때를 썰물 때에 맞추어 방문하시고, 인천항 출발 대청도(1박)→백령도(1박)→소청도→인천항 도착. 2박 3일 일정으로 진행하시는 것이 좋습니다.
*또한 이곳 섬들은 지질 명소 찾기가 어렵습니다. 지역 주민들에게 자세히 설명을 듣고 이동하시길 바랍니다.

대청도

소청도

두무진 코끼리바위

백령도

백령도는 동서 11km, 남북 7km, 면적 51.18km2로 국내에서 8번째로 큰섬이며 진촌리, 북포리, 연화리, 남포리, 가을리 등5개 리로 구성되어 있고, 지질명소는 총5곳으로 두무진, 사곶해변, 진촌리현무암, 용틀임바위, 콩돌해안이 있습니다. 생태학적으로는 점박이물범(천연기념물 제331호), 노랑부리백로(천연기념물 제361호),와 가마우지를 비롯한 수 많은 조류가 번식하고 있습니다. 또한 우리나라 2번째 장로교회인 중화동 교회, 우리나라 최초의 신부인 성 김대건 신부등 국내 성지순례 코스로도 사용되고 있습니다.

- 두무진
- 용틀임 바위와 (남포리 습곡)
- 진촌리 (현무암)
- 콩돌해안
- 사곶해변
- 용기포 (등대 해안)

두무진

1. 두무진(명승8호)

인천광역시 옹진군 백령면 연화리 산 255-1

해식동굴

시아치

백령도 최북단 해안에 위치하는 두무진은 인천에서 북서 방향으로 228.8km, 황해도의 서쪽 끝인 장산곶과 불과 12km 정도 떨어져 있는 곳으로 장군들이 머리를 맞대고 모여 회의를 하는 모습이라 하여 두무진(頭武津)이라 불리고 있습니다. 두무진을 구성하는 암석들은 약 10억 년 전에 쌓인 모래들이 굳어져 만들어진 사암이 지하 깊은 곳에서 더 단단하고 치밀하게 굳어진 규암입니다. 지표로 드러난 암석들이 단층활동에 의하여 어긋난 틈을 물이나 바람이 점점 깎아내 해식동굴부터 해식아치, 해식기둥 순으로 발달하였으며, 두무진의 탐방로는 대부분 옛 단층활동이 일어난 단층면이며, 두무진 암석들을 자

두문진항 해식동굴

해식절벽

세히 살펴보면 10억 년 전에 모래가 쌓일 때 만들어진 퇴적구조가 그대로 남아있는 것이 특징입니다.

서해의 해금강이라고 불리는 두무진은 코끼리바위, 장군바위, 신선대, 선대암, 형제바위 등 온갖 모양의 바위가 바다를 향해 늘어서 있어 홍도의 기암과 부산 태종대를 합쳐놓은 듯한 풍경을 보여주며 특히, 선대바위는 "늙은 신의 마지막 작품"이라고 백령도로 귀양 온 이대기가 [백령지]에 소개 했을 정도로 풍광이 뛰어난 곳입니다.

형제바위

선대암

선대바위

규암

두무진

물결화석

갈매기

1. 두무진(명승8호) 397

2. 용틀임 바위와 남포리 습곡(남포리 습곡 천연기념물 제507호)

인천광역시 옹진군 백령면 남포리 산283-6

용틀임 바위는 주로 모래와 진흙이 굳어 만들어진 사암과 이암 기원이며, 모래와 진흙이 번갈아 가며 쌓였기 때문에 과거 10억 년 전 당시의 환경이 두무진보다 더 깊은 환경에서 생성된 것으로 해석되며, 용틀임 바위는 해식기둥이지만 두무진과 차이가 있는데, 이암이 포함되어 있어 침식작용에 대하여 견디는 정도가 다르기 때문에 쭉 뻗은 모습이 아닌 꼬불꼬불한 모습의 해식기둥이 되었습니다. 이 형태가 마치 용이 몸을 뒤틀면서 승천하는 것 같아 용틀임 바위라고 부르며, 우측 절벽을 돌아가면 천연기념물 제507호인 남포리 습곡구조가 나타나는데, 높이 약 70미터의 해안절벽에는 거대한 규모의 배사형 습곡과 단층이 잘 나타나고 있습니다.

습곡구조 | 용트림바위

용트림바위(습곡) | 풍화혈과 단층

2. 용틀임 바위와 남포리 습곡(남포리 습곡 천연기념물 제507호)

3. 진촌리 현무암(감람암 포획 현무암 분포지 천연기념물 제393호)

인천광역시 옹진군 백령면 진촌리 154-2

진촌리 현무암은 진촌리 하늬바다에 위치하며, 제주도를 이루는 암석과 동일한 암석인 현무암은 지각과 맨틀의 경계에서 만들어진 고철질 마그마(철과 마그네슘 함량이 높고 규소 함량이 낮은 마그마)가 지각을 뚫고 올라와 지표로 분출하여 만들어 졌습니다.

진촌리 현무암을 자세히 살펴보면 녹색을 띄는 알갱이 들이 박혀있는 것을 볼 수 있는데, 이것은 감람석이라고 하며 지각 밑의 맨틀을 구성하는 암석 중에 하나입니다.

제주도와 울릉도, 평택 등 일부지역의 여러 감람암 포획 현무암 분포지 중 가장 광범위하고 감람암이 잘 나타나고 있습니다.

현재 인류의 기술로는 맨틀까지 시추를 하거나 직접 채굴 할 수 없기 때문에 현무암에 포획되어 있는 감람암은 거의 유일하게 맨틀을 연구할 수 있는 귀중한 암석이요, 이 감람석들은 불순물이 적고 투명도가 높은 경우 페리도트(perldote)라는 보석으로 사용됩니다.

진촌리 현무암의 상부를 덮고 있는 토양층에서는 신석기인들의 생활을 알 수 있는 진촌리 말등패총이 분포하고 있습니다.

가스튜브

감람석

포획암

현무암

3. 진촌리 현무암(감람암 포획 현무암 분포지 천연기념물 제393호)

4. 콩돌해안(천연기념물 제392호)

인천광역시 옹진군 백령면 남포리 26-3

콩돌해안을 가득 채우고 있는 자갈들은 콩알만 한 크기의 콩돌이며, 백령도의 해안에서 떨어져 나온 암석들이 약 만5천년의 시간동안 파도에 휩쓸리고 서로 부딪혀 마모되어 만들어졌습니다.

백령도를 구성하는 암석들(규암, 이암, 사암, 현무암 등)이 풍화와 침식작용으로 부서진 후 파도와 바람이 쉼 없이 그 조각들을 굴려 서로의 마찰로 인하여 둥글게 변한 콩돌 들이 무수히 많이 모여 있는 해안입니다.

콩돌해안은 하루에 두 번씩 일어나는 썰물과 밀물에 의하여 만들어지는 범(berm) 지형이 나타나는 계단식 해안으로, 밀려오는 파도와 나가는 파도의 힘 차이와 밀물썰물에 의한 해수면 변동에 의하여 4개정도의 층이 만들어지는데, 이 층들은 거의 비슷한 크기의 자갈들로만 구성되며, 태풍이나 강한 파도가 치는 날에는 콩돌 들이 모두 휩쓸려나가지만, 몇일이 지나면 다시 콩돌이 해안을 가득 채우게 됩니다.

콩돌해안

콩돌

5. 사곶해변(천연기념물 제391호)

인천광역시 옹진군 백령면 진촌리 1381-16

담수호와 사곶해변

세계에서 비행기의 실제 이착륙 기록이 남아있는 두 곳의 천연비행장 중 하나 입니다. 폭 200m, 길이 약 2km의 광활한 해변을 자랑하고, 그 특유의 단단함 때문에 많은 사람들이 차를 타고 달려보고 싶어 하기도 합니다. 그러나 제방 설치로 인하여 현재는 단단한 정도가 많이 약해져, 일부분은 발이 푹푹 빠지 기도 합니다. 70~80년대까지는 실제 군용 기가 사곶해변을 통하여 이착륙을 하였다 고 하며, 지금도 공항식별부호(K-53, RKSE) 가 있는 천연비행장입니다.

사곶해변

6. 용기포 등대 해안

인천광역시 옹진군 백령면 백령로 12

용기포 등대해안은 규암절벽이 풍화와 침식을 받아 만들어진 해식동굴, 해식아치, 해식기둥 그리고 규암에서 떨어져 나온 암석 덩어리가 몽돌로 변하는 과정을 한 번에 볼 수 있는 곳입니다. 이곳은 여러 개의 규암지층이 첩첩이 쌓여 있고, 단층에 의하여 수직으로 갈라진 곳이 많이 있습니다. 이 갈라진 틈이 파도에 의하여 아랫부분이 점점 떨어져 나가 해식동굴이 만들어지고 상층부가 바닥으로 무너지고, 파도에 의해 하층부가 더욱 깊어지는 것이 반복되면서 해식동굴은 점점 커지거나 해식아치가 만들어지게 되는 것이고 해식동굴이나 해식아치의 윗부분이 모두 없어지게 되면 남포리의 용트림바위와 같은 해식기둥이 만들어지게 됩니다.

해식동굴 해식절벽

콩돌해안 파식대지와 해식기둥(시아치)

이곳도 다녀오세요!

끝섬 전망대에서 본(선착장)

끝섬 전망대에서 본(북녘땅)

400년 된 노송(천년송)

사자바위

천안함 46용사(위령탑)

심청각

중화동 교회

대청도

대청도는 백령도 4/1크기이며 소청도와 함께 대청면을 구성하며, 대청도는 7개리로 구분됩니다. 이곳의 지질명소는 총 4곳이며 서풍받이, 농여해변과 미아해변, 옥죽동 해안사구, 검은낭이 있습니다.

주민들은 대부분 어업에 종사하며, 우리나라 홍어의 주요산지입니다.

대청도에는 사구지형이 많이 분포하고 있으며, 이에 따라 사구에서 서식하는 많은 생물들을 볼 수 있는 지역으로, 이러한 사구 지형은 많은 모래가 공급되어야 하는데, 대청도는 모래공급이 많은섬 으로 해안을 따라 소규모 사구들도 많이 발달하고 있습니다. 대표적으로 농여해변에는 풀 등이 발달하고 있으며, 모래울동은 지명에 '모래'가 들어갈 정도입니다.

이 섬에는 곳곳에 적송들이 군락을 이루고 있으며, 이 적송들은 수령이 100년에 달하며, 웅장한 모습입니다. 과거 대청도는 유배지로 사용되었고, 원나라 마지막황제인 순제가 어린시절 유배 온 곳으로, 현재는 대청초교와 중고등학교가 들어선 곳이 과거 순제의 궁궐터였다고 합니다.

대청도는 서해5도 중에서 가장 높은 산인 삼각산이 있는 곳으로, 삼각산의 정상에 오르면 백령도와 소청도, 북한까지 한 번에 볼 수 있습니다.

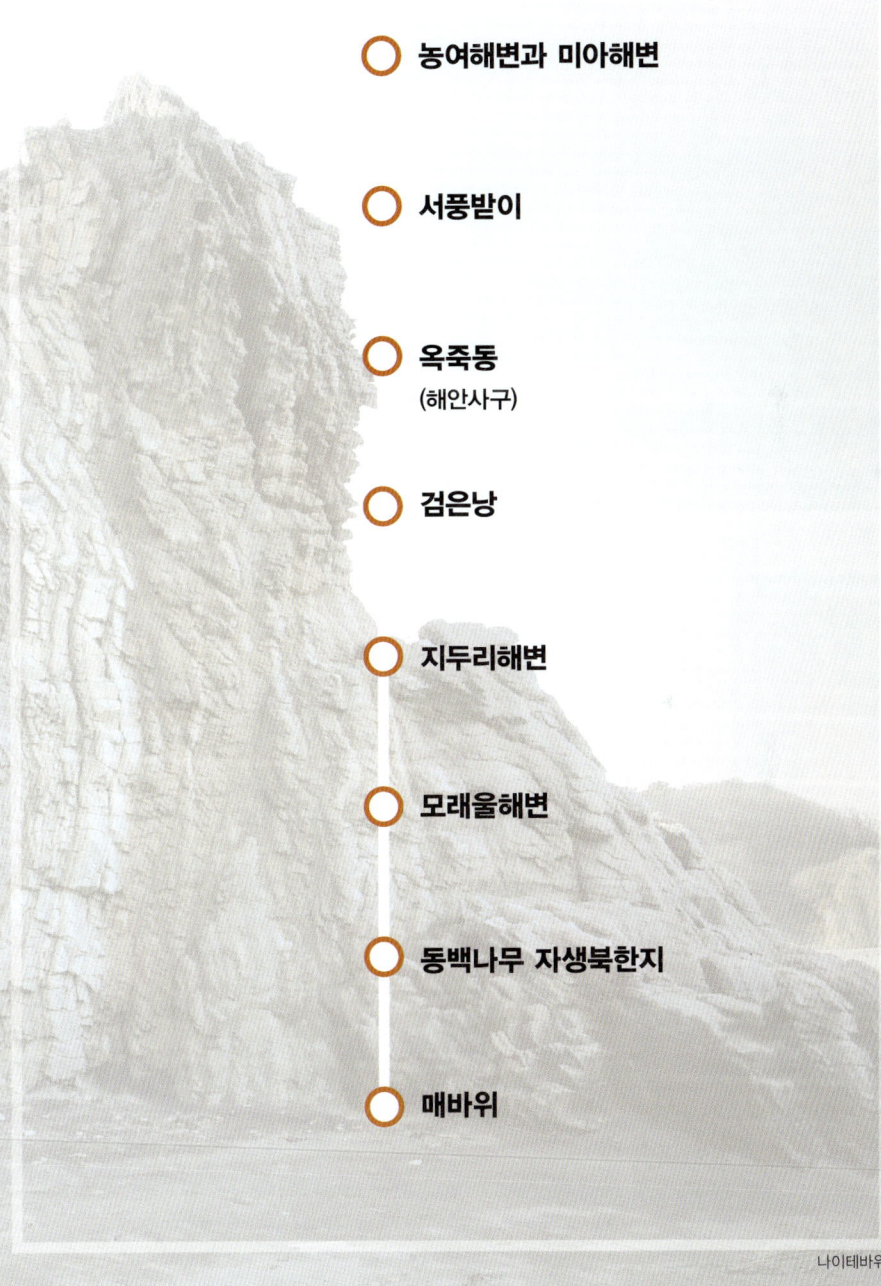

○ 농여해변과 미아해변

○ 서풍받이

○ 옥죽동
　(해안사구)

○ 검은낭

○ 지두리해변

○ 모래울해변

○ 동백나무 자생북한지

○ 매바위

나이테바위

1. 농여해변과 미아해변

인천광역시 옹진군 대청면 대청리 산228-1

옥죽동 전술 헬기장에서 본 (풀등)

미아해변

농여해변과 미아해변은 대청도에서 가장 아름다운 해변으로 썰물 때에 서로 이어지며, 농여해변은 자갈이 많으며, 특히 대청도에서 가장 특이한 나이테바위(고목바위)가 있습니다. 나이테바위는 지층이 구부러진 습곡의 윗부분이 풍화작용으로 사라져 수직으로 서 있는 것처럼 보이는데, 나이테바위 또한 백령도에 있는 용틀임 바위와 같은 일종의 해식 기둥입니다. 백령도 방향에는 썰물 때만 드러나는 풀등이 생성되어 있습니다. 모래가 많은 미아해변의 절벽은 쭈글쭈글한 주름이 많이 나타나는데, 약 10억 년 전에 만들어진 연흔(물결자국)으로 과거 물이나 바람이 흐른 방향을 알려주는 지표입니다. 미아해변의 모래사장에는 연흔과 똑같이 생긴 물결자국을 볼 수 있는데, 10억 년 전과 현재의 자연현상은 동일하다는 것을 보여줍니다.

미아해변

미아해변 연흔(물결무늬)

미아해변 연흔(화석)

나이테바위(고목바위) 정면

나이테바위(고목바위), 뒷면

풍화혈

습곡

2. 서풍받이

인천광역시 옹진군 대청면 대청리 산301

서풍받이는 대청도에서 가장 웅장한 모습을 보여주는 지질명소로써, 90°에 가까운 경사의 절벽이 거의 100여 미터에 이릅니다. 이름에서와 같이 서풍받이는 겨울철 대청도에 불어오는 매서운 북서풍을 온 몸으로 막아주기 때문에 식생이 서식하지 못하지만, 서풍받이에 의하여 겨울철 찬바람을 받지 않는 반대편 사면은 온갖 식생들의 천국입니다. 서풍받이는 두무진과 같이 규암으로만 구성되어 있으며, 서풍받이에서 동쪽을 바라보면 볼 수 있는 기름아가리의 절벽들은 지층의 휘어짐을 잘 보여주는 교과서와 같습니다. 농여해변부터 미아해변, 매 바위, 삼각산으로 이어지는 대청도 서풍받이 지오트레일의 마지막 코스입니다.

갈대원

기름아가리

조각바위 언덕

3. 옥죽동 해안사구

인천광역시 옹진군 대청면 대청리 산16-1

국내에 존재하는 해안사구 중 그 규모가 매우 큰편에 속하는 해안사구로써 대청도 북쪽 옥죽포에 위치하고 있는 활동성 해안사구입니다. 과거 마을 주민들의 삶을 위한 방사림 조성에 의하여 활동성이 많이 떨어졌지만, 방사림 조성 전에는 축구장 60여 개의 규모를 자랑하였습니다. 옥죽포 주민들은 과거 모래 서 말은 먹어야 시집을 간다고 했으며, 해안사구에서 날린 모래들은 산을 넘어 답동까지 덮었다고 합니다. 해안사구의 모래들은 대진동 해안과 옥죽동 해안, 농여해변에서 공급되었는데, 현재는 방사림에 의하여 옥죽동 해안에서만 공급이 되고 있으며, 그 규모가 많이 축소되어 있습니다. 그러나 겨울철 바람이 강해지는 시기에는 모래가 바람을 타고 강물처럼 흐르는 모습을 볼 수 있으며, 또한 봄부터 가을까지는 다양한 사구 생물들을 관찰 할 수 있습니다.

바람에 날아온 모래와 조개 껍데기

방풍림

4. 검은낭

인천광역시 옹진군 대청면 대청리 421-1

습곡

검은낭은 대청도 동편의 해안절벽의 이름으로 '낭'은 현지 사투리로 낭떠러지를 뜻합니다. 검은낭은 대청도를 주로 구성하는 암석인 규암이 아닌 어두운 색의 이암들로 구성되어 있는데, 퇴적암이 검은색을 띄는 이유는 역암이나 사암이 아닌 이암으로 구성되며, 이 이암은 어두운 색을 띄는 광물인 흑운모나 녹니석 등으로 이루어져 있기 때문입니다.

규암 사이에 껴있는 이암들은 규암에 비하여 상대적으로 잘 늘어나고 구부러지는 성질을 가지기 때문에 검은낭의 이암들은 규암에 비하여 매우 복잡한 형태를 보이고 있습니다. 검은낭은 답동 운동장부터 약 1km에 걸쳐 최대 약 40여 m의 해안산책로가 조성되어 있어 바다와 하늘 그리고 땅을 모두 즐길 수 있는 명소입니다.

이암

해안산책로

5. 지두리해변

인천광역시 옹진군 대청면 대청리 산269-1

'지두리'는 문짝의 경첩을 뜻하는 대청도사투리입니다. 해변의 모양이 경첩처럼 보인다 하여 붙여진 이름으로 이곳 지두리 해변은 다양한 성분의 지층이 매우 큰 압력에 의해 구불구불하게 구부러지고, 또 강하게 접혀있는 모양을 볼 수 있습니다. 바위는 지표면에서는 매우 딱딱 하지만 지하 깊은 곳에서는 높은 온도로 인하여 흐물흐물한 상태가 되어 쉽게 구부러지게 됩니다. 지두리 해변에서 볼 수 있는 구불구불한 지층들이 과거에 이 지역이 지하 깊은 곳에 위치했었음을 보여 주는 것입니다.

지두리(경첩)해변

습곡

6. 모래울해변

인천광역시 옹진군 대청면 대청리

모래울해변은 바다에서 파도에 의하여 밀려온 모래들이 쌓여 만들어진 해안사구입니다. 이 해안사구에 쌓인 모래들은 현재 높이가 약 20m에 달하는데, 이렇게 쌓인 모래들이 모래울 마을을 지켜주는 일종의 방파제 역할을 하고 있습니다. 이러한 해안사구 뒤에는 대부분 습지가 만들어지며, 민물이 솟아나기 때문에 예전부터 동식물들의 보금자리 또는 마을이 형성되었습니다. 해안사구 위에는 형상과 자태가 아름다운 적송이들이 군락을 이루는데 그 수령이 100여년에 이르며 한그루 한그루 관리가 되는 유전자 보호림으로 지정되어 보호되고 있습니다.

해안사구

적송

적송군락지

대갑죽도

수면위로 얼굴형상을 한 대갑죽도는 예로부터 하늘을 향해 매일매일 어민들의 무사귀환을 기원하는 섬으로 이곳 대청도에서는 중요한 섬입니다.

대청부채

대청부채는 붓꽃속 식물이며 우리나라에서는 대청도, 백령도, 함경북도에 자생하며, 대청부채라는 이름은 대청도에서 최초로 발견되어 대청부채라고 명명하게 된것이고, 현재 멸종위기 야생식물2급으로 지정되어 보호되고 있습니다.

대청부채는 꽃을 피우고 오므리는 시각이 일정한 생물시계로 유명한데, 오전에는 피지 않다가 오후 3시경 꽃을 피우고 밤 10시경에 진답니다.
생물시계(생체시계)란 생물의 몸 속에서 시간의 경과를 인식하고 생리적으로 반응하는 시간측정기구를 말합니다. 꿀벌이 매일 정해진 시간에 일정한 먹이장소로 모이거나 철새가 어느 시간에 태양의 위치로부터 일정한 방향을 아는 것 등이 그 예입니다.

대청부채   모래울해변

7. 동백나무 자생북한지 (천연기념물 제66호)

인천광역시 옹진군 대청면 대청리 산267-1

동백나무는 차나무과에 속하는 상록교목으로 우리나라를 비롯하여 일본·중국 등에 분포하고 있습니다. 우리나라에서는 남쪽 해안이나 섬에서 자라고, 꽃은 이른 봄에 피는데 매우 아름다우며 꽃이 피는 시기에 따라 춘백(春栢), 추백(秋栢), 동백(冬栢)으로 부릅니다. 따뜻한 지방에서 자라는 나무로, 난대식물 중 가장 북쪽에서 자라는 나무이므로 평균기온에 따라 식물들이 자랄 수 있는 지역을 구분하는데 표시가 되는 나무입니다.

대청도의 동백나무 자생지는 한때 전국적으로 동백나무가 불법 채취될 때 파괴되어 그 수가 많이 줄어들었습니다. 약 60년 전의 기록에 의하면 지름이 20㎝에 이르는 큰 나무가 147그루 있었고 높이 3m에 지름 27㎝의 큰 나무도 있었다고 하는데, 현재는 큰 나무들을 찾아보기 어렵습니다. 대청도의 동백나무 자생지는 동백나무가 자연적으로 자랄 수 있는 북쪽 한계지역으로 학술적 가치를 인정받아 천연기념물로 지정·보호하고 있습니다.

8. 매바위

인천광역시 옹진군 대청면 대청리

매바위 전망대에 올라 경관을 바라보면 날개를 펼치고 날아가는 형상을 닮은 매바위가 보입니다. 예로부터 대청도는 송골매의 일종인 "해동청"의 채집 지였다고 합니다. 대청도 서내동(대청1리)에는 "매막골"이라는 지명이 남아 있어, 예로부터 매를 기르고 훈련시키는 매막이 있었음을 추측할 수 있습니다. 고려시대 귀족층에서는 매사냥이 성행 했는데 고려충렬왕은 매사육 및 매사냥을 담당하는 응방(鷹坊)이라는 관청을 두기까지 하였습니다.

매바위 전망대에서 본 모래울해변과 서풍받이

매바위 전망대

매 사냥

매는 날카로운 부리와 발톱, 빠른 비행능력을 가지고 있습니다. 특히 송골매는 지구에서 가장 빠른 새로 먹이를 쫓아가는 속도가 시속 370km까지 체크되었다고 하는데 이는 우주왕복선이 이착륙할 때 속도와 맞먹습니다. 고구려 고분벽화의 매사냥 그림이나 [삼국유사], [삼국사기] 등의 매사냥 기록을 보면, 우리나라에서도 오랜 옛날부터 매사냥이 성행되어 있음을 알 수 있습니다. 인류 역사상 가장 오래된 수렵문화 중 하나인 대한민국 매사냥은 전통적 가치와 희귀성을 인정받아 2010년 11월 유네스코 인류무형문화유산으로 등재되어 있습니다. 또한 해동청(송골매의 일종)은 최근 개체수가 급격히 줄어들어 멸종을 막기 위해 천연기념물로 지정·보호되고 있습니다.

해넘이 전망대

대갑죽도와 서풍받이

기름아가리와 독바위

소청도

소청도는 대청도의 4/1로 백령·대청 지질공원중 가장 작은 섬입니다. 예동과 노화동 2개의 마을로 이루어져 있으며, 지질명소는 '분바위와 월띠'가 천연기념물 제508호 로 지정되어 있습니다. 우리나라에서 가장 오래된 화석을 볼 수 있으며, 썰물시간에 맞추서 가면 드러나는 길을 따라 분바위를 둘러볼 수 있고, 예동 마을포구에는 과거에 내렸던 빗방울 자국이 남은 화석을, 지구에 산소를 공급한 생물인 남조류의 화석 '스트로마톨라이트'를 보실 수 있습니다. 또한 서해안에서 2번째로 세원진 소청등대를 볼 수 있습니다.

소청도 등대

스트로마톨라이트와 분바위 (천연기념물 제508호)

인천광역시 옹진군 대청면 소청리 산55-1

백색의 대리암으로 이루어진 '분바위'는 소청도의 주민들이 바위가 분칠을 한것처럼 하얗다 하여 분바위라 불렀으며, 달빛이 비추는 밤바다에서 바라보면 소청도를 하얀띠가 둘러싸고 있다하여 '월띠'라고도 불리며 등대역할을 하였습니다.

분바위는 '분'과 같이 하얗고, 월띠는 달 밝은 밤바다에서 보았을 때 달빛에 반사된 긴 하얀 띠처럼 보인다하여 주민들이 부르는 명칭입니다. 분바위는 백령도와 대청도의 다른 곳과 다르게 약 7억 년 전 생명체의 사체가 쌓여 만들어진 석회암이 더 높은 온도와 압력에 의해서 대리암으로 변한 것이다. 특히 분바위 동쪽에는 스트로마톨라이트라고 하는 화석이 산출하는데, 이 화석은 과거 지구 대기에 산소를 공급한 남조류(시노아 박테리아)의 화석입니다.

주민들은 이 스트로마톨라이트를 '굴딱지 돌'이라고 불렀다고 하며, 과거 소청도가 따뜻한 바다에 위치했음을 알려 주기도하는 것입니다. 분바위 곳곳에는 썰물 때 드러나는 물웅덩이들은 수많은 해양생물들의 번식지가 되고 있으며, 분바위는 간조 2시간 전 후로 드러나는 길인 '겟티길'이 있어, 소청1리인 예동마을부터 예동 스트로마톨라이트-위령탑-분바위 스트로마톨라이트-분바위-국가철새연구센터-예동으로 이어지는 분바위 지오트레일을 즐길 수 있습니다.

분바위

대리석 암석층

돌개구멍

스트로마톨라이트

스트로마톨라이트는 박테리아의 한 종류인 '시아노박테리아'가 광합성을 했던 흔적이 남아있는 암석속의 퇴적구조입니다. 시아노박테리아는 광합성을 하면서 산소를 내뿜었는데, 이런 과정이 오랜 시간 동안 계속되면서 마치 나무의 나이테와 비슷한 모양의 퇴적물이 만들어 졌는데 이것이 바로 스트로마톨라이트 입니다. 세계 여러 곳에서 엄청나게 많은 스트로마톨라이트가 발견되고 있는데 이것을 보면 시아노박테리아가 수 없이 많은 세대를 반복하면서 막대한 양의 산소를 내뿜었다는 것을 알 수 있습니다.

스트로마톨라이트

세계에서 가장 오래된 스트로마톨라이트 화석은 호주에 있고 한국에서 가장 오래된 화석은 이곳 소청도에 존재합니다. 대략 10억 년 전까지 올라가는 이 화석에선 국내 최초로 박테리아 화석이 보고되어, 고생대 이전인 선캄브리아누대의 고환경과 생명의 탄생 기원을 이해하는 데 매우 중요한 학술적 유적이자 교육적으로도 가치를 지니고 있습니다.

스트로마톨라이트　　퇴적된 층리　　코끼리바위

스트로마톨라이트는 어떻게 만들어질까?

스트로마톨라이트는 약 35억 년 전 처음으로 지구상에 나타났고 이후 10~20억 년 전 대번성의 시기를 거치며 줄어들긴 하였지만, 현재까지도 만들어지고 있습니다.

낮 초기 포획단계
표면에 있는 점성물질이 모래 등의 물 속 부유물을 포획한다.

밤 형성단계
활동을 정지하고, 포획한 입자는 굳어서 층을 형성한다.

낮 포획단계
다시 활동을 시작하여 전날 고정된 층위에 새로운 입자를 포획한다.

(강원도 태백 자연사박물관 에 있는 스트로마톨라이트 화석)

스트로마톨라이트와 분바위(천연기념물 제508호)

진안·무주 국가지질공원

면적: 1,154.62km2(진안 613.98km2, 무주 540.64km2)

지질명소: 10개소

우리나라 내륙 지방 중 가장 중심부에서 아름다운 비경을 품고 있는 진안군과 무주군은 높은 산악 지대인 진안고원에 위치하고 있으며, 백악기 역암이 지각의융기에 의해 형성된 진안의 마이산(687.4m)은 우뚝 솟아오른 봉우리 두 개가 말의 귀 모양을 닮은 특이한 지형입니다. 마이산 암·숫마이봉을 중심으로 동서의 봉우리가 연결되어있고, 마이산 주변 진안군의 북부와 동부에는 화산암으로 이루어진 운장산(1.126m), 구봉산(1,002m), 천반산(647m) 등이 솟아 있습니다.

이렇게 높은 고원 지대를 이루는 산줄기는 낙동강과 금강, 섬진강, 동진-만경강까지 4개 하천의 수계분수령을 이루고 있고, 마이산을 중심으로 암마이와 숫마이봉에 내린 빗물은 떨어진 위치에 따라 북쪽으로는 금강으로 흘러들어가고 남쪽으로는 섬진강 수계로, 운장산과 구봉산의 서쪽으로는 망경간 수계를 따라 굽이굽이 흘러가면서 아름다운 풍경을 만들고 목마른 대지를 적셔주고 있습니다.

오래전부터 험준한 산줄기는 가까운 거리에 사는 사람들의 왕래를 막아서 서로 다른 생활상과 고유한 문화를 만들었고, 주민들은 이런 지질과 지형을 극복하기 위해 애를 썼고, 나제동문은 인접 지역과 왕래를 단절시켜 서로 다른 전라도와 경상도 문화권을 만들었고, 천반산 병풍바위와 금강버릇길은 험준한 지형과 암반을 뚫어서라도 경제활동과 생활을 하려고 했던 지역주민의 의지와 애환이 담겨 있습니다.

진안·무주 지질공원은 소백산 지괴 형성을 알려주는 중요한 암석인 고원생대 변성암이 기저를 이루고 있고, 백악기 퇴적암과 화산암은 한반도에서 일어난 백악기 인리형 분지(양쪽에서 잡아당기는 힘에 의해 만들어져 생긴 분지) 형성 과정을 잘 보여주고 있으며, 아시아 지구조의 진화를 해석하는 데도 매우 중요한 곳입니다. 또, 화산암이 풍화와 침식을 받으면서 만들어진 타포니와 감입곡류 하천, 계단형 폭포, 절리 내 폭포, 포트홀 등이 분포하고 있어 아름다운 경관과 더불어 지질학 교육 장소로서도 가치가 높습니다.

마이산 도립공원(1979년)과 덕유산 국립공원(1975년)은 자연공원으로 지정하여 특별히 보호 관리하고 있고, 지질명소에 속하는 외구천동 지구(파회와 수심대, 나제통문), 적상산 천일폭포도 덕유산 국립공원 안에 자리 잡고 있습니다.

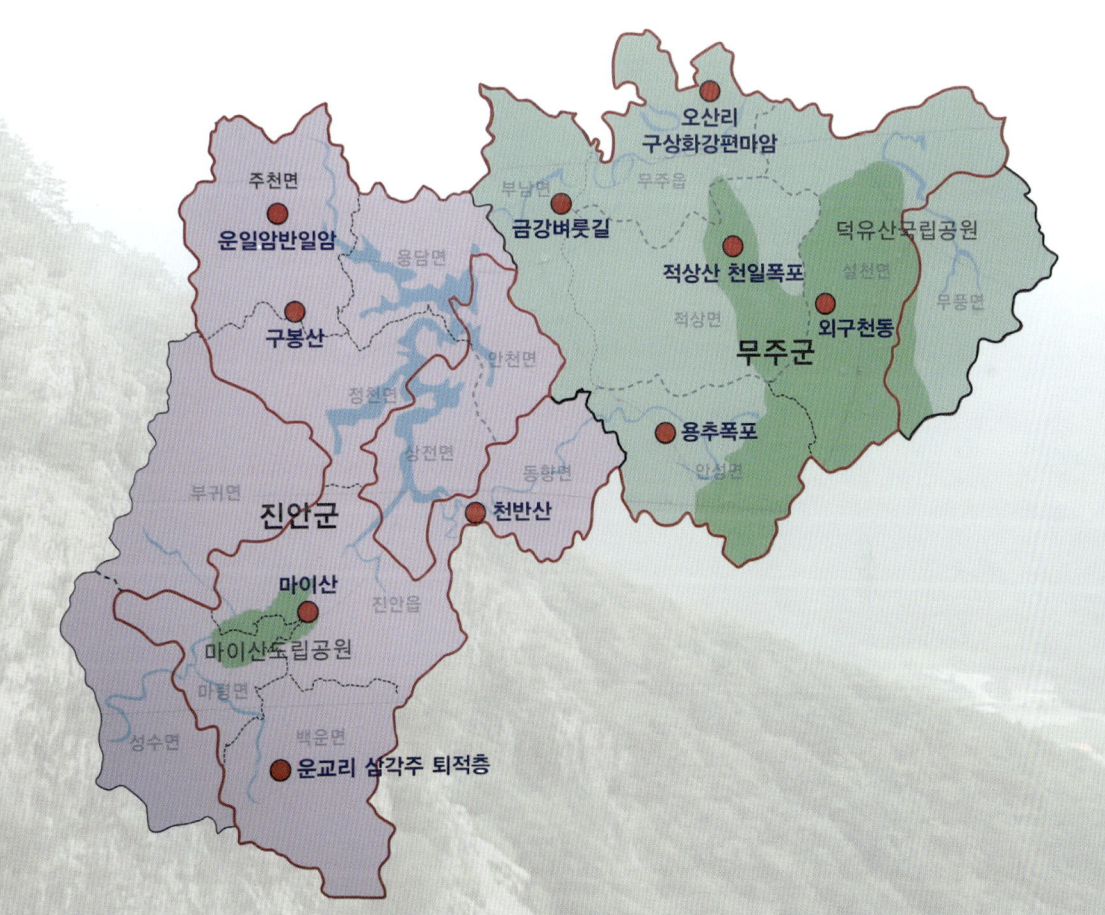

진안군

전북의 동부 산악권에 위치하고 있는 진안군은 동쪽으로 무주, 장수, 남쪽으로 임실, 서쪽으로 완주, 북쪽으로 충남, 금산이 인접하여 소백산맥과 노령산맥이 형성한 진안고원과 소백산맥이 태백산맥에서 갈라져 삼남지방이 남을 남서로 관통합니다.

진안고원은 중생대 쥐라기의 대보조산운동 및 백악기 말의 단층운동, 에 따라 지역이 융기하여 침식을 받으면서 형성되었고 분지의 해발고도는 300~500m, 분지벽(盆地壁) 및 주변산지는 해발고도 600~1,100m이며 이 시기에 형성된 마이산(동봉 681.1m, 서봉 687.4m)은 도립공원으로 지정되어 있습니다.

○ 마이산

○ 구봉산

○ 천반산

○ 운일암·반일암

○ 운교리 삼각주 퇴적층

천반산

1. 마이산

전북 진안군 마령면 마이산남로 367

남부

북부

681.1m의 수마이봉, 687.4m 의 암마이봉으로 구성된 두 봉우리의 마이산은 약 1억년 전 자갈과 모래, 진흙 등이 쌓여 만들어진 암석(역암)으로 구성되어 있으며, 암마이봉 남쪽에서는 타포니라 불리는 거대한 구멍 혹은 동굴을 관찰할 수 있는 진안·무주 지질공원의 대표 명소입니다.

백악기 전기와 중기(약 1억3천만년 전~8천만년 전) 사이에 시베리아 지괴가 한국과 중국을 포함한 지괴와 충돌하면서 남쪽으로 가해진 압력에 의해 한반도내에 존재하던 북동방향단층들이 움직였습니다.

이때 두 단층 사이에 위치한 진안지역이 잡아당겨져 침강하면서 진안분지가 형성되었고, 현재 마이산이 위치한 진안분지의 동남쪽 가파른 경계에서 굵은 자갈과 바위가 분지 내 호수에 공급·퇴적되어 콘크리트와 비슷한 역암이 형성되었습니다.

그리고 약 3천8백만년전 신생대에 인도가 아시아대륙과 충돌하면서 동쪽으로 가한 힘에 의해 한반도내 북동방

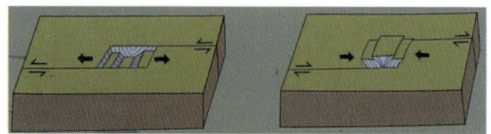

A 백악기 좌수향 이동단층   B 신생대 우수향 이동단층

향단층이 백악기와 반대로 움직이면서 진안분지에 압축력이 가해졌는대 이때 호수 밑에서 형성된 역암이 솟아올라 마이산이 형성되었습니다.

탑사

타포니

이곳 마이산에는 천연기념물 제386호 청실배나무, 제380호 줄사철나무, 보물 제2055호 수선루, 등의 우수한 생태자원을 비롯한 다양한 볼거리가 가득한 곳이기도 합니다.

마이산 타포니 지형

마이산을 남쪽에서 보게 되면 봉우리 중턱 급경사면에 여기저기 마치 폭격을 맞았거나 무엇인가 파먹은 것처럼 움푹 파여 있는 크고 작은 많은 굴들을 볼 수 있는데 ,이를 타포니 지형이라고 합니다. 풍화작용은 보통 바위표면에서 시작되나 마이산 타포니 지형은 이와 달리 바위 내부에서 얼었다 녹았다를 반복하며, 내부가 팽창되면서 밖에 있는 바위 표면을 밀어냄으로써 만들어진 것으로 세계에서 타포니 지형이 가장 잘 발달한 곳입니다.

여러 형태의 타포니

타포니(Tafoni)

타포니는 코르시카 말로 '구멍투성이' 라는뜻인 "타포네라"라는 말에서 따온이름으로 풍화로인해 암석표면에 스폰지나 벌집처럼 생긴 구멍을 말합니다.

마이산은 주로 역암으로 이루어 져있는데 역암은 자갈이나 진흙, 모래 등이 굳어져 만들어진 암석입니다. 오랜 세월 동안 암석 속에 흘렀던 지하수에 의해 역암 내 결합물질인 석회질이 녹아나오면서 역암의 결합이 약화되게 됩니다. 또한 겨울철에 역암속의 물이 얼면서 부피가 늘어나 역암 내 균열이 만들어지는 동결쐐기 작용에 의해 역암의 결합력이 약화됩니다. 그 결과로 역이나 바위가 암석으로부터 떨어져 나와 크고 작은 구멍이 생기는 것입니다. 이러한 현상이 계속되면서 여러 작은 구멍들이 늘어나고 서로 연결되면서 큰 규모의 타포니 가 형성됩니다.

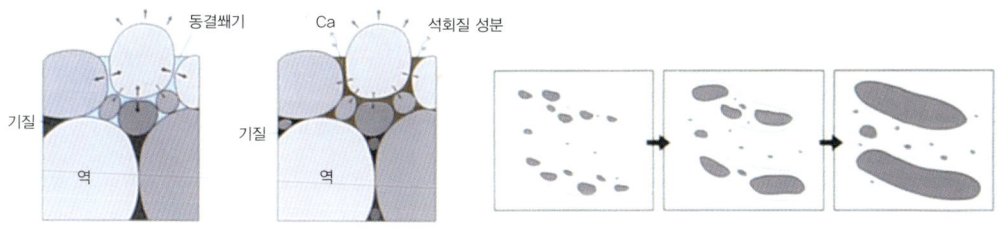

겨울철 동결쐐기 작용에 의한약화   대형 타포니가 만들어지는 과정

청배실나무

청배실나무(천연기념물 제386호)

은수사에 있는 청배실나무는 한국 재래종으로 장밋과 산돌배나무의 변종으로, 산돌배나무는 낙엽활엽교목으로, 잎은 타원형이고 가장자리는 톱니처럼 거칠며, 이 청배실나무는 수령 650년 이상으로 추정하며, 높이 15m, 가슴높이의 둘레는 2.5m입니다.

나무의 모습은 커다란줄기 하나가 위에서 네 줄기로 갈라져 윗부분을 떠받치는 듯하다가, 다시 두 줄기가 서로붙은 후 여러갈래로 갈라져 있습니다.

줄사철나무 군락(천연기념물 제380호)

줄사철나무는 노박덩굴과에 속하는 상록활엽만경류로, 줄기에서 뿌리가 내려 바위나 나무를 기어오르는 습성이 있고, 꽃은 5~6월 연한 녹색으로 피고 열매는

줄사철 나무 군락

10월에 연한 홍색으로 익습니다.

마이산 줄사철나무는 높이 3~7m, 가슴높이의 둘레 6~38cm 정도로 은수사 경내 법고 전면을 비롯하여 수마이봉 부근에 20여 그루가 기암절벽에 붙어 자라고 있습니다.

수선루(보물 제2055호)

수선루는 연안 송씨(진유, 명유, 철유, 서유)가 선조의 덕을 기리고 심신수련을 위해 1686년(숙종 12년) 타포니를 이용해서 지운 2층 누정(누각과 정자)으로 지질과 문화가 잘 어울리는 지질명소입니다.

수선루

송씨 수선루

*수선루: 전북 진안군 마령면 강정리 산 57
*구산시, 구산서원 근처에 주차 후 좌측 숲길을 따라 2~3분 가량 올라가시면 됩니다.

화엄굴

천연동굴인 화엄굴은 마이쌍봉이 서로 이어지는 잘룩한 부분에서 동봉으로 약150m 올라간 지점에 있습니다. 이곳에 작은 샘이 있는데 이 샘물은 아래에서 솟는 물이 아니라 동봉의 봉우리에서부터 바위틈을 타고 내려오는 석간수입니다.

화엄굴이라 이름붙인 것은 예전에 한 스님이 이 굴에서 연화경, 화엄경 등 두 경전을 얻었다는데서 유래 했다고 합니다.

동굴내부

동굴 입구

계단 입구

용궁

섬진강 발원지

2. 구봉산

전북 진안군 주천면 운봉리 산185

제3봉

구봉산

진안군 주천면과 정천면 경계에 우뚝 솟아 오른 구봉산의 9개 봉우리는 백악기 중기(9천만년~8천만년 전)에 형성된 진안분지 주변의 단층을 따라 선상으로 관입한 마그마에 의해 형성 되었고, 구봉산 하부에서는 반정질조직을 보여주는 반심성암이 나타나며, 상부로 가면서 암석내 반정의 입자크기가 줄어들고 반정의 양이 감소하여 유리질이 늘어나 구봉산 상부는 거의 유리질로만 이루어진 유문암으로 구성되어 있습니다.

이는 구봉산 하부가 천부 지하에서 상대적으로 천천히 식었고 상부는 지표에 노출되어 빨리식었음을 말하는것이며, 그리고 노두에는 마그마 내부의기체 성분이 상부로 이동하면서 만들어진 수직 맥들이 많이 관찰됩니다. 구봉산을 구성하는 유문암질 화성암이 관입후 냉각되면서 수직절리(균열)가 만들어졌고, 절리를 따라 일어난 풍화 침식에 의해 9개의 봉우리가 형성되었을 것으로 예상됩니다.

특히 이곳에는 제4봉과 제5봉 사이에는 산악형 보도현수교(구름 다리)가조성되어 색다른 체험을 할 수 있는 곳입니다.

수직절리

현수교

화성암의 종류

화성암은 마그마가 지표에 나와서 식거나 아니면 지하 깊은 곳에서 식어서 만들어진 암석을 말하며, 마그마가 식는 위치에 따라 화산암과 심성암으로 나누어지게 됩니다.

1) 화산암

지하 깊은 곳에 있던 마그마가 땅 위로 분출하여 차가운 공기와 만나 빨리 식어 굳어진 것을 말합니다. 이렇게 만들어진 것을 분출암 또는 화산암이라고 하는데 이것들은 현무암, 안산암, 유문암, 흑요암, 조면암, 포놀라이트로 구분합니다.

현무암: 알갱이 크기가 작고, 밝은색 알갱이의 함량이 적어 일반적으로 검은색 또는 회색을 띠고 있습니다.
조면암: 회색에 가까운 색을 가지고 있습니다.
흑요암: 표면이 매끄럽고 검은색을 띠고 있습니다.
포놀라이트: 청회색 빛을 띱니다.

2) 심성암

마그마가 지하 깊은 곳에서 천천히 식어 굳어진 것으로 반려암(어두운 색의 조립질 심성암으로 사장석, 단사휘석을 주성분으로 하는 암석), 섬록암, 화강암(알갱이 크기가 크며, 유리알 같은 알갱이와 흰색 알갱이, 검은색 알갱이로 구성되어 있다. 석영과 장석류를 주성분으로 하는 조립완정질 암석)이 여기에 속합니다.

현무암

화강암

섬록암

반려암

*양명마을(주차장)~1봉~9봉(정상)~바랑재~양명마을(총 7.6km, 약 4~5시간 소요)

안산암

3. 천반산

전북 진안군 상전면 수동리 산13

천반산은 백악기 중기(9천만년~8천만년 전)에 이지역에서 화산이 폭발하였으며 천반산은 화산폭발시 공중으로 비상한 암편, 광물, 화산재, 용암이 떨어져 쌓여 만들어진 유문암질 응회암으로 이루어져 있습니다.

응회암 형성이후 이 지역이 빠르게 융기할 때 하천 측방 보다는 하천 바닥 침식이 주로 일어났고, 그 결과 이 지역이 평탄하였을 때 발달하였던 곡류하천의 형태가 잘 유지되면서 하천주변에 수직 절벽이 발달된 감입곡류가 형성되어 아름다운 경관을 자랑합니다.

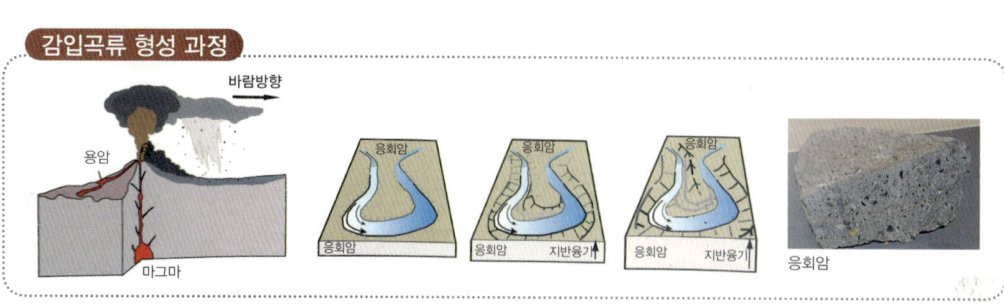

> **응회암(凝灰岩)**
> 재(화산재)가 굳어서 된 암석'으로, 화산폭발에 의 공중으로 솟구친 암석 조각들이 쌓여서 만들어진 퇴적암입니다.

수직절벽

감입곡류

응회암

노란망태버섯

흰가시광대버섯

달걀버섯

*안내소에 주차하시고 왼쪽 산길에 들어서서 조망하시면 됩니다.

4. 운일암 반일암

전북 진안군 주천면 대불리 산230-4

기암괴석   토르

수 많은 기암괴석과 험준한 절벽이 절경을 이루는 운일암 반일암 은 진안의 대표적인 여름철 관광지로손 꼽히는 곳입니다. 운일암 반일암은 구름만이 오갈 수 있으며 햇빛을 볼 수 있는 시간이 반나절 밖에 되지 않는다 하여 붙여진 이름이며, 이곳의 기암괴석과 절벽들은 중생대 백악기의 화산활동에 의해 생성된 것으로 알려져 있으며, 과거 화산활동의 흔적인 주상절리, 기공 구조 등의 지질구조가 계곡 곳곳에 남아있습니다.

대불바위와 열 두굴

운일암 반일암의 28경중의 하나인 열 두굴은 유문암질 용암동굴로 내부길이가 28m이며, 박쥐서식지로 승상굴, 채금굴, 금강굴 등 여러 이름으로 전해오며, 운선대라고 각자해놓은 위쪽에 있습니다.

대불바위와 열 두굴

5. 운교리 삼각주 퇴적층

전북 진안군 마령면 계서리 1739-1

마이산 도립공원으로부터 5km 남쪽의 백마교 일대에 위치한 길버트 타입 델타 지형은 백악기 퇴적물들의 퇴적과정을 단면적으로 잘 보여주는 지형입니다. 운교리 삼각주 퇴적층은 약 1억년 전 자갈, 모래, 진흙등의 쌓여 만들어진 퇴적암으로, 절벽에서 보이는 줄무늬(층리)를 관찰해보면, 한 쪽 방향으로 경사진모습을 볼 수 있는데, 이러한 퇴적층을 삼각주 퇴적층이라 부르며, 경사의 각도에 따라 여러 형태로 구분되며, 삼각주 퇴적층은 과거 퇴적층이 만들어질 당시 주변환경과 흐르는 물의 방향 등을 연구하는 데 귀중한자료가 됩니다.

층리

퇴적암의 퇴적구조에서 보이는 줄무늬를 말합니다.

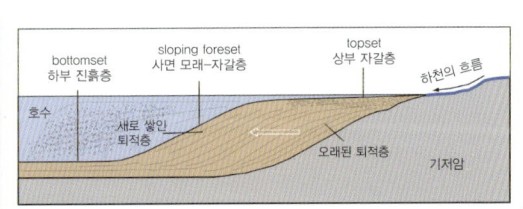

삼각주 퇴적층

안내 해설판

*농로길 따라 들어가시면 중간 지점에 주차 후 관찰하실 수 있습니다.

무주군

무주군은 남북으로 뻗은 소백산맥을 사이에 두고 삼한시대때 동편은 변진, 서편은 마한에 속해 있었고, 삼국시대는 변진의 무풍땅은 신라에 속하여 무산현이라 했으며, 마한의 주계땅은 백제에 속하여 적천현이라 했던 것을 통일 신라 이후에는 종전의 무산을 무풍으로, 적천을 단천으로 개칭했던 것인데 고려 건국과 함께 무풍의 지명은 그대로 두고 단천을 주계로 바꾸어 사용해 왔습니다. 그 후 조선 태종 14년 전국의 행정구역을개편할때 옛 신라땅의 무풍과 백제땅 주계를 합병, 하나의 행정구역으로 편제하면서 두 고을 이름의 첫자를 따 무주라는 새로운 지명을 붙여 사용하게 된 것이 오늘에 이르고 있습니다.

○ 용추폭포

○ 외천동지구

○ 오산리
 (구상화강편마암)

○ 적정산
 (천일폭포)

○ 금강 벼룻길

1. 용추폭포

전북 무주군 안성면 공정리 1217-3

용추폭포를 구성하고 있는 화강편마암은 20~19억 년 전에 안데스 산맥과 같은 대륙화산호 지역에서 형성된 화강암이 18억 6천만 년 전에 변성작용을 받아 형성된 변성암입니다.

변성작용의 원인은 분명치 않으나 히말라야와 같은 대륙충돌에 의해 발생하였을 가능성이 있고, 용추폭포는 선캄브리아기 화강편마암의 절리를 따라 물줄기를 쏟아내고 있으며, 특히 폭포수의 침식 작용으로 암반이 떨어져 나가면서 마치 계단과 같은 지형이 형성되어, 현재와 같은 용추폭포의 멋진 경관을 만들어 내고 있습니다.

변성암: 암석이 높은 열과 압력을 받아 성질이 변하여 만들어진 암석을 말합니다.

변성암의 종류
① **편암**: 셰일이 열과 압력을 받아 만들어진 것.
② **편마암**: 화강암이나 편암이 높은 열과 압력을 받아 만들어진 것.
③ **규암**: 사암이 열과 압력을 받아 만들어진 것.
④ **대리암**: 석회암이 열과 압력을 받아 만들어진 것.

편암

대리암

상단

중단

하단

2. 외구천동지구

전북 무주군 설천면 심곡리 320

수심대와 파회는 중생대 백악기의 화산활동으로 형성된 유문암질 응회암이 분포하며, 이들 암석의 오랜 풍화와 침식으로 험준한 절벽과 하천 바닥의 평평한 지형이 만들어져 현재와 같은 멋진 경관을 연출합니다. 특히 수심대와 파회를 따라 크게 굽이쳐 흐르는 하천들은 지질명소의 대표적 경관자원입니다.

수심대

무주구천동의 33경중 제12경에 해당하는 수심대는 신라 때 일지대사가 이곳에서 흐르는 맑은 물을 보고 깨우침을 얻은 이야기에서 기원했다고 전해지며, 이곳은 파회에서 0.4km 구간이 연계된 명승지로 절벽을 이룬 기암괴석이 병풍처럼 주변을 둘러싸고 있습니다. 이러한 모습이 금강산과 비슷해 이곳을 소금강이라고 부르기도 하며 물이 돌아 나가는 곳 이라하여 수회라고도 합니다.
험준한 절벽과 하천 바닥의 평평한 지형이 어우러진 이곳의 멋진 경관은 오랜 풍화와 침식으로 만들어진 곳입니다.

수심대

파회

파회는 구천동 3대 명소 중 하나로 고요한 연못이 급류가 되어 암석에 부딪치며 뱀 모양을 그리는 보기드문 경관을 지니고 있습니다.

파회

나제통문

과거백제와 신라의 경계이자, 두 나라의 관문으로 알려진 나제통문은 일제 감정기에 물자의 수송 등을 위해 만들어진 인공 굴이며, 주변에서는 선캄브리아기의 변성암 등을 관찰할 수 있습니다. 나제통문이 위치한 산과 하천은 예로부터 주변 지역의 교류에 걸림돌이 되었던 것으로 전해지며, 이로 인해 통문 양쪽 지역의 언어, 생활풍습 등의 차이를 발생시켜 독특한 문화를 형성케 하였습니다.

나제통문

무주삼공리반송(천연기념물 제291호)

3. 오산리 구상화강편마암(천연기념물 제249호)

전북 무주군 무주읍 오산리 산166

무주 오산리 구상화강편마암의 위치는 오산리 왕정마을 동북방의 계곡 산중턱 고도320m 지점으로 주로 화강암질 편마암이 분포하고 있으며 함전기석 우백질 편마암으로 구성되어 있습니다. 무주 오산리 구상화강편마암에 나타나는 둥근무늬인 구상은 지름이 5~10cm이고 색깔은 어두운 회색이거나 어두운녹색이며 일부는 주변에 흰색의 외연부를 보여줍니다. 대부분의 구상암은 화학작용에 의해 만들어지는데 비해 무주오산리의 구상암은 기존 암석이 열과 압력 등에 의한 변성작용으로 만들어 진 것으로 알려져 있습니다.

호랑이(표범)이나 엽전을 연상케하는 원형 무늬가 아름다운 모습을 보여주며, 이러한 무늬 때문에 예전부터 주변 마을 주민들로부터 호랑이(표범)바위라 불려왔으며, 엽전 과 흡사한 무늬 때문에 돌을 만지면 부자가 된다는 전설이 전해오고 있습니다. 또한 구상화강 편마암이 분포하는 지역 일대는 한반도 최후의 호랑이가 발견된 곳이기도 합니다.

우리나라에서 산출되는 대표적인 구상 암석으로 무주의 오산리 구상 화강편마암, 상주 운평리 구상화강암, 부산 전포동 구상반려암이 있으며, 이들 모두 천연기념물로 지정되어 보호 중입니다.

안내판

구상화강편마암

4. 적상산 천일폭포

전북 무주군 적상면 북창리

붉게 물든 가을 단풍이 한국 백경중 하나로 손꼽히는 적상산 (1,034m)의 천일폭포는 높이 약 30m의 천연 폭포입니다. "하늘 아래 단 하나뿐인 폭포"라 해서 천일폭포라는 이름으로 부릅니다. 천일폭포는 9천만년 전 백악기에 일어난 화산 폭발시 공중으로 비산한 화산재, 암석파편, 광물들이 떨어져 쌓인 화산쇄설암인 응회암으로 이루어져 있으며, 천일폭포는 응회암이 식을 때 일어난 부피 감소에 의해 만들어진 균열을 따라 형성된 매우 보기드문 폭포입니다.

와인동굴

> **화성쇄설암**
>
> 폭발적인 화산활동에서 분출한 화성쇄설물이 고결되어 생성된 암석으로 화산쇄설암 또는 화쇄암이라고도 함

*머루와인동굴에서 계속 올라가시면 주차장이 나옵니다. 비가 많이 온 후에 탐방하시면 좋을 것 같습니다.

5. 금강벼룻길

전북 무주군 부남면 대소리 1593

굽이굽이 흐르는 금강 상류의 기암괴석과 절벽을따라 조성된 금강벼룻길은 강과 절벽, 생태환경이 연출하는 경관적 가치가 매우 높은 곳입니다. 이 벼룻길의 대표 명소인 각시바위와 주변에서는 선캄브리아기의 변성암, 습곡 구조등을 볼 수 있습니다.

대문바위

부남면사무소에서 1.8km정도 떨어진 사과밭부터 밤소마을(율소마을, 밤송이마을)에 이르기까지 강변을 따라 이어진 1.5km의 길이입니다.

여러 형태의 지질 지형

각시바위

인공동굴

하식절벽

습곡구조

안내도

금강 벼룻길

단양 국가지질공원

한반도의 중심지역인 충북 최북단 지역에 위치한 유서 깊은 역사 문화의 고장으로 북쪽으로는 강원도 영월군, 동쪽으로는 경상북도 풍기읍, 남쪽으로는 경상북도 예천군과 문경시, 서쪽으로 제천시와 경계하고 있는 3도 접경의 도 경계를 형성하고 있으며, 백두대간의 소백산과 소백산맥을 따라 군 지역을 북에서 남으로 관류하는 남한강이 어우러져 빚어낸 산자수명한 많은 자연경관으로 예로부터 명승지로 널리 알려진 고장이며, 총면적은 780.67㎢이며, 군청 소재지는 단양읍 별곡리입니다.

- 도담삼봉
- 다리안부정합 (옥동단층)
- 삼태산
- 노동동굴
- 고수동굴
- 구담봉
- 만천하경관
- 온달동굴
- 여천리 카르스트 지형
- 두산활공장
- 사인암
- 선암계곡

도담삼봉

1. 도담삼봉(명승 제44호)

충북 단양군 매포읍 삼봉로 644

도담삼봉은 고생대 오르도비스기의 암석으로 구성되었으며, 남한강 중앙의 하천에 남아있는 잔존암괴이면서도 석회암의 불용성 부분이 남아서 만들어진 카렌입니다.
카렌은 지표가 용식될 때 차별용식으로 인하여 용식구 사이에 잔존하는 돌출부를 말합니다.
석회암 카르스트 지형이 만든 원추 모양의 봉우리로, 그 형상이 남한강과 어우러져 뛰어난 절경을 이루는 지질명소입니다. 다양한 역사와 전설이 있으며, 김홍도가 그린 그림과 현재 모습을 비교하여 침식의 정도를 추정할 수 있습니다. 이곳은 단양팔경 중 제 1경에 속합니다.

카렌

강 건너에서 본 도담삼봉

석문(명승 제45호)

도담삼봉에서 상류로 200m정도 거슬러 올라간후 계단을 따라 올라가면 왼쪽강변에 있습니다.

석문은 단양팔경의 하나이며, 자연이 만들어낸 구름다리모양의 거대한 돌기둥이 독특한 형태입니다. 아주 오래전에 석화동굴이 무너진 후 동굴 천장의 일부가 남아 지금의 구름다리 모양이 되었을 것으로 추정하고 있다고 하며, 석문의 규모는 동양에서는 가장 큰 것으로 알려져 있습니다.

석문

금굴 유적(충청북도 기념물 제102호)

금굴은 구석기시대(약 70만년 전)부터 청동기시대(약 4천년 전)까지의 선사시대의 문화가 남아있는 석회암 동굴의 유적입니다. 전기 구석기 문화층(약 70만년 전)에서는 찍개, 주먹도끼, 사냥돌, 주먹대패 등 형태가 단순한 큰 석기들이 출토되었고, 중기 구석기문화층(약 10만년 전)에서는 큰 석기가 줄고 밀개, 홈날, 톱날 등 작은 격지석기가 늘어난 양상을 보여줍니다. 또한 이시기의 문화층에서 코뿔소, 원숭이, 사자, 하이에나 등 짐승 화석 37종이 출토 되었으며, 후기 구석기 문화층(2만 3천년 전)에서는 돌날떼기수법으로 만든 밀개, 새기개 등 후기 구석기시대의 특징을 잘 나타내주는 짐승화석 14종과 석기가 출토 되었습니다.

금굴

구석기에서 신석기로 옮겨가는 중석기 문화(1만 1천년 전)가 확인되어 학계의 주목을 받았습니다. 신석기문화층에서는 불을 땐 자리와 빗살무늬토기, 바늘, 송곳 등과 남해안의 투박조개로 만든 치레걸이(장신구) 등은 남해안 지역과의 교류가 있었던 것으로 보여줍니다.

청동기 문화층(약 4천년 전)에서는 짐승화석 7종, 민무늬토기와 간석기가 출토되었습니다. 금굴유적은 선사시대의 각 시기별 문화가 잘 발달되어 있어, 우리나라 선사문화연구를 위한 대표적인 유적으로 평가됩니다.

금굴 내부

2. 다리안부정합(옥동단층)

충북 단양군 단양읍 천동리 산9-1

회색의 암석 투명한 석영 입자와 우유빛의 장석 그리고 흑운모로 구성된 화강암으로 선캄브리아 시대의 (약 18억년 전)의 암석입니다.

밝은 색을 띠는 암석은 석영으로 구성된 규암으로 캠브리아기 (약 5억년 전)의 암석입니다.

선캄브리아 화강편마암과 고생대 장산규암이 만나는 지역으로 두 층의 시간 간격이 13.1억년의 시간

차이가 있고, 이 두 경계는 옥동단층이라 하며, 북쪽의 옥동에서부터 남쪽으로 문경까지 발달하고 있는 큰 단층입니다. 그 경계선의 압력을 받아 화강암내의 줄무늬(엽리)가 생기게 되었습니다.

부정합: 지층이 연속적으로 쌓이지 않고 퇴적이 한동안 중단되었다가 다시 쌓였을 때, 위와 아래 두 지층사이의 관계를 말하는데, 부정합 생성 되는 과정은 지층이 퇴적된 후 횡압력을 받아 습곡이 형성 된 다음, 퇴적이 한동안 멈추고 오랜 시간 동안 풍화와 침식작용을 받게 됩니다. 이후 해수면상승, 지각 변동에 의해 바다 밑으로 가라앉게 되어 침식된 면 위에 퇴적물이 쌓여 새로운 지층이 만들어지는 것입니다.

다리안폭포

이 폭포가 있는 곳으로 들어오려면 입구 골짜기에 놓여 있었던 구름다리를 건너야만 했다고 하여 다리안폭포 라는 이름이 붙여졌다고 전해집니다.

폭포수의 흐름은 3단 폭으로 크고 작은 소(沼)를 이루고 있으며, 용이 승천할 때 힘껏 구른 발자국이 크게 찍힌 곳이 소가 되었다고 하여 용담폭 이라고도 부릅니다.

부정합

*소백산 국립공원 주차 후 800m 정도 올라가면 관찰하실 수 있습니다.

3. 삼태산

충북 단양군 어상천면 대전리 130-3

석회암 침식지형인 카렌과 석회암 풍화토인 테라로사가 잘 발달되어 있고, 특히 고생대 삼엽충 화석이 처음으로 발견된 지역으로 층서학적 대비에 매우 중요한 지질 명소입니다.

카렌 습곡

4. 노동동굴(천연기념물 제262호)

충북 단양군 단양읍 노동리 산74

노동동굴은 우리나라의 대표적 수직 동굴 중 하나로써, 남한강 줄기가 충주호 북쪽으로 흘러 들어가는 노동천 부근에 있으며 동굴의 총길이는 약 1,500m, 이며, 주굴(主窟) 800m, 지굴(支窟)이 700m입니다.

형성구조는 석회암 동굴로 입구는 협소하나 내부는 급경사를 이루면서 남북으로 발달하였고, 동굴 내부에는 부분적으로 낙반석이 있으나 제2차 생성물체인 종유석·석순. 종유폭포등이 다양하게 잘 발달하였고 원형 보존상태가 양호하며, 종유관 및 막상(幕狀) 종유석 석회화유폭(石灰化流瀑) 등의 발달상과 수려함은 다른 동굴에서는 찾아보기 힘들정도입니다.

동굴 내부에 동물 골격의 화석이 종유로 응고되어 있고, 연대 미상의 자기·토기류 등의 파편을 볼 수 있는데, 이것은 임진왜란(1592) 당시 주민들이 이곳으로 피난했던 흔적이라고 합니다.
2008년 1월 관람객과 외부 공기의 유입 등으로 훼손되어 폐쇄하였습니다.

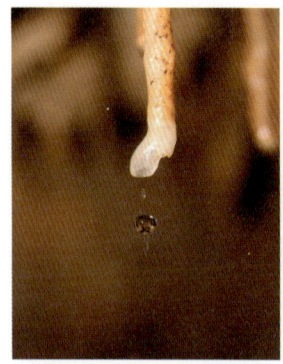
종유관

종유석과 석순

휴석과 종유석

*폐쇄되어 있습니다.

5. 고수동굴(천연기념물 제256호)

충북 단양군 단양읍 고수리 130-1

고수동굴은 고생대 조선누층군 두무동층에 위치한 석회동굴입니다.

고수동굴이 있는 지역에는 석회암 지대로 근처에 천동동굴(시도기념물 제19호), 노동동굴(천연기념물 제262호), 온달동굴(천연기념물 제261호) 등 많은 석회동굴이 분포되어 있습니다.

이 지역의 석회암은 지금으로부터 약 4억5천만 년 전인 고생대 오르도비스기에 퇴적된 것입니다. 이 석회암층은 한반도가 작은 땅덩어리로 적도 부근에 위치하고 있을 때 얕은 바다에서 퇴적된 퇴적물이 암석으로 변한 것입니다. 중생대 동안(약 2억3천만년~6천500만 년 전) 북쪽으로 이동한 땅덩어리는 현재의 위치에 도착한 후 지금의 육지가 되었으며 그 후 오랫동안 빗물이 지하로 스며들어 석회암을 천천히 녹이면서 고수동굴이 만들어졌습니다.

동굴의 총길이는 1,395m이며, 현재 공개하여 관광코스로 이용하고 있는 구간은 940m이고, 안쪽의 미공개 지역455m는 동굴 환경을 보존하기 위하여 출입통제 구역으로 설정되어 있으며, 고수동굴은 지하에 흐르는 지하수가 마치 뱀이 움직이듯 구불구불한 모양으로 흐르면서 아래층의 통로가 형성되었고 위에 있는 좁은 통로는 석회암의 약한 틈(절리면)을 따라 흐른 물에 의해 석회암이 녹으면서 복잡한 형태로 되어 있습니다.

동굴 내부에는 동굴의 수호신이라고 할 수 있는 사자바위를 비롯하여, 웅장한 폭포를 이루는 종유석, 선녀탕이라 불리는 물웅덩이와 7m 길이의 고드름처럼 생긴 종유석, 땅에서 돌출되어 올라온 석순, 석순과 종유석이 만나 기둥을 이룬 석주와 곡석·석화·동굴산호·동굴 진주·동굴 선반·천연교·천장용식구 및 세계적으로 희귀한 아라고나이트가 만발하여 석회암동굴 생성물의 일대 종합전시장을 이루며, 동굴내부의 기온은 연평균 약 15, 습도는 95%, 수온은 10-11를 유지합니다. 동굴내부에는 고수갈르와벌레, 아시아동굴옆새우, 씨벌레류 등 총 46종의 다양한 생물이 살고 있습니다.

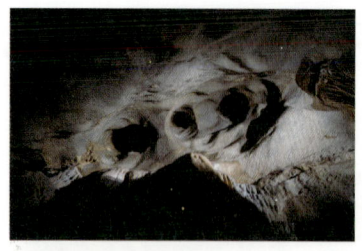

용식공
동굴 속 에는 벽이나 천장을 이루고 있는 석회암이 여러 모양으로 변하는데 움푹 들어 간 모양, 툭 튀어 나온 것들로 여러 가지 모양이 있는데 이것은 동굴 벽 속으로 움푹 들어간 모양입니다. 이것을 용 식공 이라하는데 동굴 이 만들어진 다음에 동굴 속을 흐르던 물이나 동굴 속 공기 중의 수증기에 의하여 석회암이 녹으면서 만들어졌다고 합니다.

허공에 떠 있는 암석
이런 형태의 동굴생성물은 과거에 이 동굴생성물의 바닥까지 퇴적물이 쌓여 있었다는 것을 알려 주는 것 입니다. 퇴적물 위로 이 동굴생성물이 자란 후에 동굴바닥까지 흐르던 하천에 의해 퇴적물이 다시 깍이고 사라지면서 이런 형태가 만들어집니다.

천장에 있는 관
편평하게 보이는 천장에 좁고 구불구불한 홈이 있죠. 이것은 동굴 속을 흐르던 물이 천장까지 차오르면서 천장의 약한 틈 사이로 물이 들어가면서 석회암을 깍고 녹이면서 이런 형태의 원형 또는 반원형의 관이 만들어지는 것입니다.

자갈
동굴 벽면에 자갈이 왜 있을까요. 그 이유는 동굴 속을 흐르던 물의 수면이 높았고, 그물이 아주 빠르게 흘렀기 때문에 동굴 속에서 흐르는 물은 바깥 환경 변화에 따라 수면이 높았다 낮아졌다 하면서 바닥에 퇴적물을 쌓기도 하고 깍 기도합니다. 이것은 과거에 동굴 바닥에 쌓였던 것이며 지금은 거의 다 깎여져서 없어지고 이 부분만 남은 것이랍니다.

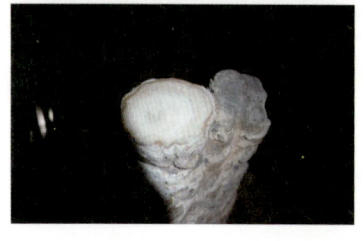

석순나이테
석순을 잘라보면 둥근 선들이 많이 보여요. 나무의 나이테처럼 보이는 동그란 선을 성장선이라고 해요. 성장선은 석순이 자라다가 잠시 자라는 것을 멈추면 만들어지거나 또는 석순을 자라게 한 물속에 다른성분이 포함될 때 만들어집니다. 그러나 나무의 나이테처럼 1년에 한 번씩 만들어지지는 않습니다.

유석
유석은 벽면에서 흘러내리는 물에의 해서 자랍니다.

박쥐서식지
천장이 검은 이유는 이곳에 박쥐가 매달렸던 자리로 박쥐의 몸에서 나온 유기물들이 암석의 표면에 묻어서 검게 변한 것입니다.
고수동굴에는 지금까지 관박쥐, 물윗수염박쥐, 붉은박쥐등이 발견되었으며, 아래바닥에는 박쥐의 배설물인 '구아노'가 쌓이는데 이것은 동굴에 사는 다른 생물들에 중요한 먹이가 됩니다.

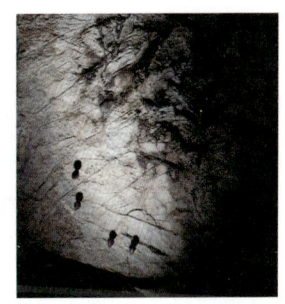

석주
천장에서 고드름 모양의 종유석이 자라고 종유석에서 떨어지는 물에 의해 아래에서는 석순이 자라죠. 종유석은 아래로 석순은 위로 자라기 때문에 오랜 시간이 지나면 서로 만나게 됩니다. 이것을 석주라고 합니다.

휴석소
동굴의 경사진 바닥에 물이 천천히 흐르면 논두렁처럼 생긴 동굴 생성 물이 성장하게 되는데 이것을 '휴석'이라고 하며, 이때 휴석 속에 물이 많이 고여 있으면 '휴석소'라고 합니다.

미공개 구간
우리가 볼 수 없는 고수동굴의 총길이는 455m로 바닥에는 지하수가 흐르고 있고, 이곳은 입구 통로의 물을 빼내야만 출입이 가능하며 끝부분은 물이 고여 있는 작은 호수로 되어 있어 동굴이 얼마나 더 길고 큰지는 알 수 없습니다. 아마 이곳도 여러 동굴생성물들이 자라고 있을 겁니다.

6. 구담봉

충북 단양군 단성면 장회리 산32-1

월악산국립공원 내 충주호에 인접한 구담봉은 중생대 백악기 흑운모 화강암으로 이루어져 있습니다. 구담봉은 정면으로 보이는 기암절벽 형태가 거북모양을 닮았고, 물속에 비친 바위가 거북무늬(龜)를 띠고 있어 구담 이라합니다.

퇴계이황 선생은 구담의 장관을 보고 다음과 같은 시를 읊었다고 합니다.

"碧水丹山界 淸風明月樓 仙人不可待 怊悵獨歸舟"

"벽수단산계 청풍명월루 선인불가대 초창독귀주"

[푸른물은 단양의 경계를 이루고 청풍에는 명월루가 있다.

선인은 어찌기다리지 않고 섭섭하게 홀로 배만 돌아 오는가]

구담봉

기암절벽

7. 만천하경관

충북 단양군 적성면 애곡리 산1-27

만학천봉 전망대에서 본 소백산, 비로봉, 양반산

소백산 죽령고개, 단양호

단양의 전경을 볼 수 있는 경관 명소로 진입로를 따라 시대순의 지층을 관찰 할 수 있다. 부정합과 다양한 퇴적암의 변화양상, 단층, 습곡, 관입 등을 볼 수 있는 지질명소입니다.

천연동굴   데크길

*주차 후 셔틀버스로 이동합니다. 돌아오시는 길에 데크길을 따라 걸어서 이동하시면 좋습니다.

8. 온달동굴(천연기념물 제261호)

충북 단양군 영춘면 하리 산62

휴석소

온달동굴은 옛날 온달 장군이 성을 쌓았다는 온달산성의 밑에 있기 때문에 붙여진 이름으로 생성시기는 최장 4억5천 년 전으로 추정하고 있습니다. 동굴의 총길이는 700m가량 되며 입구에서부터 이어진 주굴(主窟)과 이곳에서 갈라진 5개의 지굴(支窟)로 구성되어 있고, 연한 회색의 석회암으로 이루어져 있으며, 온달동굴의 출입구는 해발 약 160m이며 남한강 수면으로부터는 약 10m로 홍수기에는 침수되기도 합니다.

동굴이 물에 잠겨 동굴에 사는 생물은 찾아볼 수 없고, 강물이 동굴 내부를 깎아내려 비교적 단조로운 형태입니다.

협곡 형태의 동굴속 에는 단층면이나 절리 면을 따라 종유석, 석순, 석주 등의 동굴생성물들이 발달되어 있습니다. 신동국여지승람 제14권 충청북도 영춘현의 고적 조항에는 동굴 내부의 모습과 함께 '석굴'로 기록되어 있습니다.

구룡폭포

해탈문

극락전

무량탑

오백나한상

선녀와 나뭇꾼

8. 온달동굴(천연기념물 제261호)

9. 여천리 카르스트 지형

충북 단양군 가곡면 여천리 194

자연경관 1등급인 여천리 카르스트 지형은 우묵하게 풍화·침식된 돌리네가 밀집한 지역으로, 직경이 100m 이상인 것도 있으며, 석회암이 풍화되며 생성된 테라로사(붉은색 토양)가 관찰되는 지질명소입니다.

카르스트 지형: 흐르는 물에 의해 석회암(조개껍데기 등이 퇴적되어 형성된 퇴적암)이 약한 산성의 물에 녹아 형성된 지형을 카르스트 지형이라고 하며, 카르스트 지형의 종류로는 돌리네, 우발라, 폴리에,탑 카르스트, 석회동굴 등이 있습니다.

석회암이 지하수나 빗물 에 의해서 녹는 과정에서 움푹 파인 땅이 만들어지는데 이것을 돌리네라고 하는데, 이 곳은 물 빠짐이 좋아 주로 밭으로 이용 되고 있습니다.

돌리네가 2개 이상 연결되어 움푹 패인지형을 '우발라', 여러 개의 돌리네가 합쳐져서 생긴 분지를 '폴리에', 물에 약한 부분이 빠르게 녹고, 강한 부분이 볼록하게.탑처럼 남은 것을 '탑 카르스트', 지하수가 석회암층에 생긴 절리를 따라 흘러 들어가 침식하여 생긴 동굴 '석회 동굴' 등이 있습니다.

돌리네

10. 두산활공장
충북 단양군 가곡면 사평리 246-32

해발 520m 정상부에 위치하는 활공장에서 사행천, 하안단구, 테라로사(붉은색 토양), 카르스트지형, 석회광산의 경관을 관찰할 수 있는 전망 명소입니다.

사행천

카르스트지형

하관구조

석회광산

*산 정상까지 차량으로 이동할 수 있습니다.

11. 사인암

충북 단양군 대강면 사인암2길 42

단양8경 중 하나인 사인암은 중생대 백악기 흑운모로 구성되어 있으며, 높이 약50m의 판상절리와 수직절리가 규칙적으로 발달되어 있습니다. 상부에는 토르가 발달한 특이한 형태로 이루어져 있고, 하천은 포트홀 등이 관찰됩니다.

토르    주상절리

주상절리

기둥모양의 절리(節理, joint)라는 뜻으로, 암석에 생기는 갈라진 틈 또는 결을 의미합니다. 보통 고온의 마그마 또는 용암이 차가운 공기나 물과 만났을 때 급격한 냉각과정에서 수축되면서 만들어지게 되는데, 보통 이 과정에서 생기는 절리에 의해 기둥모양 돌들이 다발로 나타나서 붙여진 이름입니다.

수직방향의 긴 기둥모양의 돌들이 특징적으로 나타나 독특한 지

형을 형성하는 것이 보통이지만, 반드시 수직방향으로 나타나는 것은 아닙니다. 주상절리와는 달리 쪼개지는 절리의 방향이 수평으로 넓게 나타나는 절리를 판상(板狀)절리라고 합니다.

포트홀

하천바닥이나 개천, 바다 밑바닥 등에 있는 암석의 작은 틈에 모래나 자갈이 들어가 물이 빠르게 흘러내리면 물이 소용돌이를 치면서 암석을 깎아 내면서 만들어지는 것입니다. 암석의 종류와 물 흐름의 형태에 따라 원통형, 나선형, 단지모양 등, 구멍이 생기는 것을 말하며, 깊이는 수cm에서 수m에 이르는데 이것을 돌개구멍이라고도 합니다.

포트홀

판상절리

11. 사인암 461

12. 선암계곡
충북 단양군 단성면 대잠리 574

부처바위

단양에서 백악기 불국사 화강암을 관찰할 수 있는 지역으로 하천이 화강암의 절리를 따라 흐르고 있는 특징을 가지고 있고, 하류는 사암층으로 변하면서 퇴적구조를 함께 관찰할 수 있는 지역입니다.

상선암

상선암은 삼선구곡을 이루는 마지막 경승지입니다. 정조 우암 송시열의 수제자 수암 권상하가 명명 하였다고 하며 크고 웅장한 바위와 올망 졸망한 바위들이 모여 있습니다.

중선암

조선 효종조 문신인 곡운 김수증이 명명하였고 큰 바위에는 '사군강산삼선수석' 이라는 글씨가 써있는데 단양, 영춘, 제천, 청풍, 네 곳의 군(郡) 중에서 상·중·하선암이 가장 아름답다는 뜻을 담고 있으며, 삼산구곡의 중심지로 순백색의 바위가 층층대를 이루고 맑고 깨끗한물이 그 위를 흐르고 있습니다.

"사군강산삼선수석"

하선암

하선암은 삼산구곡을 이루는 첫 경승지로 3층으로 된 흰바위는 넓이가 백여척이나 되어 마당을 이루고 그 위에 둥글고 커다란 바위가 덩그렇게 앉아있는 웅장한 형상이 미륵 같다하여 '불암'이라고 부르기도 합니다.

불암

*하선암과 상선암에는 주차 할 수 있습니다.
중선암 주차장은 개인소유지입니다.

'태고의 신비를 만나다!'
한국의 지질공원

초판인쇄_ 2022년 3월 2일
초판발행_ 2022년 3월 10일
저자_ 宣法 김상일
표지디자인_ 오영아
본문디자인_ 오영아
인쇄_ 인화씨앤피
제본_ 광우제본
발행인_ 金相一
발행처_ 혜성출판사
등록번호_ 제6-0648호
주소_ 서울시 동대문구 신설동 114-91 삼우빌딩 A동 205호
전화_ 02)2233-4468 FAX: 02)2235-6316
E-mail_ hyesungbook@live.co.kr

정가: 25,000원

ISBN 979-11-86345-47-4 (03910)

국가지질공원투어 전문여행사
제주도: (주)한일국제문화여유교류 064)742-1777
대청도: 엘림여행사 032)836-8367, 백령도: 백령캠핑 여행사 032)836-2080

*본서의 무단복제를 금합니다.